省部级重点图书

普通高等学校高等职业教育环境保护类专业系列教材

水体监测

主编　武戊良　吴琴琴　毛海亮

主审　宋刚福

黄河水利出版社

·郑州·

内容提要

本书全面系统地介绍了水体监测基础知识，重点介绍了水环境调查及监测方案制订，水体监测报告编制，水样采集、保存及预处理，水样的感官物理指标、一般化学指标、非金属指标、金属指标、有机物指标、生物指标的测定，综合实训等专业知识。本书力求切合行业需求，注重理论与实践结合，突出技能要求，深入浅出、循序渐进，满足社会及行业对专业技术人才的培养要求。

本书为高职高专环保类专业教学用书，也可作为相关专业及环境保护企事业单位职业资格培训参考用书。

图书在版编目(CIP)数据

水体监测/武戊良，吴琴琴，毛海亮主编. —郑州：黄河水利出版社，2020.10

省部级重点图书　普通高等学校高等职业教育环境保护类专业系列教材

ISBN 978-7-5509-2672-1

Ⅰ.①水…　Ⅱ.①武…　②吴…　③毛…　Ⅲ.①水体-监测-高等职业教育-教材　Ⅳ.①P341

中国版本图书馆 CIP 数据核字(2020)第 084693 号

策划编辑：王志宽　电话：0371-66024331　E-mail：wangzhikuan83@126.com

出 版 社：黄河水利出版社　网址：www.yrcp.com

地址：河南省郑州市顺河路黄委会综合楼 14 层　邮政编码：450003

发行单位：黄河水利出版社

发行部电话：0371-66026940、66020550、66028024、66022620(传真)

E-mail：hhslcbs@126.com

承印单位：河南承创印务有限公司

开本：787 mm×1 092 mm　1/16

印张：14

字数：323 千字　印数：1—3 100

版次：2020 年 10 月第 1 版　印次：2020 年 10 月第 1 次印刷

定价：35.00 元

省部级重点图书
普通高等学校高等职业教育环境保护类专业系列教材
编审委员会

前　言

针对日益严峻的环境污染和资源短缺问题,环境保护及可持续发展已成为时代的主题,"生态兴则文明兴,生态衰则文明衰",随着生态文明、绿色发展、美丽中国、健康中国、乡村振兴、污染防治等国家重大战略的实施,以及"水十条""大气十条"的细化落实和"土十条"的出台,环境保护被提到前所未有的高度,水体监测是环境保护工作的基石,为环境工程设计、环境规划管理、环境评价、环境治理提供了科学依据。为满足高等学校环境保护相关专业对水体监测专业知识的需求,结合水体监测行业发展趋势,编者根据多年水环境监测教学及企业实践经验,编写了本教材。

本书以环境监测一线企业岗位能力需求为培养目标,以工作过程为导向,以职业能力培养为核心,强调教学主体,深化教学内涵,以实际监测项目引导教学,以任务引领知识,以实践过程组织教学内容。借助"互联网+",利用在线教学平台及教学微课等信息化资源,切实提高学生水质监测的实际操作能力和专业应用能力。本书共设置上下两篇,上篇包括水体监测的基础知识、水体监测实验室基础知识、水环境调查及监测方案制订,水体监测报告编制;下篇包括水样采集、保存及预处理,水质指标的测定等。

本书由甘肃林业职业技术学院武戊良、广西生态工程职业技术学院吴琴琴、甘肃林业职业技术学院毛海亮担任主编,四川水利职业技术学院梁洁、铜仁职业技术学院李干蓉担任副主编。兰州交通大学李华、马锋锋,黄河水利职业技术学院刘抒影参编。具体编写分工如下:吴琴琴编写第一章第一节、第六章第二节,武戊良编写第一章第二节、第三章、第四章,毛海亮编写第二章,李华编写第五章,梁洁编写第六章第一节,马锋锋编写第六章第三节、第四节,刘抒影编写第六章第五节、第六节,李干蓉编写第七章。本书由华北水利水电大学宋刚福担任主审。甘肃省环境监测中心站付宁、杨旭军对书稿提出了宝贵建议,在此表示感谢!

由于作者水平所限,书中难免存在不妥之处,敬请各位读者批评指正。

编　者

2020 年 6 月

目　录

上　篇

第一章　水体监测的基础知识

第一节　基础知识

一、环境监测基础知识

环境监测是指由环境监测机构按照规定程序及相关法规要求,对环境质量状况进行监视和测定的活动。

环境监测过程一般可细分为8个环节,具体为:①现场调查;②监测方案设计;③优化采样布点;④样品采集;⑤样品运输与保存;⑥样品分析测试;⑦数据处理;⑧综合评价。

环境监测的对象主要包括3个方面,分别为:

(1)反映环境质量变化的各种自然因素,如水温、色度、透明度等;

(2)对人类活动与环境有影响的各种人为因素;

(3)对环境造成污染危害的各种成分,如重金属污染物、持久性有机污染物等。

只有对环境监测信息进行全方位的综合解析,才能客观、全面、准确地揭示监测数据的内在含义,才能对环境质量及其变化做出正确评价。

(一)环境监测的发展进程

环境监测的发展进程可分为污染监测阶段、环境监测阶段和污染防治监测阶段等3个阶段。

1. 污染监测阶段

环境污染自古存在,但长期未引起人们的重视。直至20世纪50年代前后,日本水俣病、洛杉矶光化学烟雾事件、伦敦烟雾事件等一系列污染事件频频发生,环境科学才作为一门学科逐渐发展,人们开始对环境样品进行化学分析。这一阶段,被称为污染监测阶段或被动监测阶段。

污染监测阶段,人们对环境样品的分析主要以确定其组分和含量为主,由于环境污染物含量大多为痕量级(mg/L、μg/L)甚至更低,且与实验室分析不同,环境样品涉及时空分布变化,因此对分析灵敏度、准确度、分辨率及分析速度等均提出了很高要求。故而,环境监测分析实际上是分析化学的延伸发展。

2. 环境监测阶段

20 世纪 70 年代以后，人们逐渐意识到除化学因素外，噪声、光、热等物理因素以及病菌、动植物等生物因素也可影响环境质量，而单纯依靠样品化学分析手段已无法满足人们对环境质量评判及预测的需求。因此，逐渐衍生出物理监测手段、生物监测手段等多种手段，并从点污染监测逐渐衍变为面污染监测，乃至区域性立体监测。这一阶段，被人们称为环境监测阶段，或主动监测阶段。

3. 污染防治监测阶段

随着环境监测手段和监测范围的不断扩大，人们在一定程度上能够对区域性环境质量进行说明，但仍然受到采样方法、频率、数量、分析速度及数据处理速度等因子限制，无法及时监视环境质量变化，无法准确迅速地预测变化趋势，更无法根据监测结果采取应急措施。

为了解决上述问题，20 世纪 80 年代，发达国家相继建立了自动连续监测系统和宏观生态监测系统，借助遥感技术、地球信息系统技术、全球卫星定位系统技术等技术手段，以有线或无线的方式将数据传输至监测中心控制室，实现监测的实时性、连续性和完整性，实现在极短时间内观察到空气、水体等污染浓度的变化，预测未来环境质量趋势。这一阶段，被人们称为污染防治监测阶段，或自动监测阶段。

（二）环境监测的目的

环境监测的目的是准确、及时、全面地反映环境质量现状及发展趋势，为环境管理、污染源控制、环境规划等提供科学依据。其主要目的可归纳为以下 4 点：

（1）根据环境质量标准评价环境质量。

（2）根据污染分布情况，追踪寻找污染源，为实现监督管理、控制污染提供依据。

（3）收集本底数据，积累长期监测资料，为研究环境容量、实施总量控制和目标管理、预测预报环境质量提供数据。

（4）为保护人类健康、保护环境，合理使用自然资源，制定环境法规、标准、规划等服务。

（三）环境监测的特点

环境污染具有时间分布性和空间分布性特点，污染物排放强度随时间变化，且进入环境后会受到气象条件、化学作用、生物作用等影响，是一个复杂的综合体。由于污染物的多变性、复杂性，为实现监测目的，环境监测需具备以下特点。

1. 综合性

环境监测的综合性主要表现在监测手段和监测对象的综合性，以及对监测数据进行综合处理分析等 3 个方面。在监测手段方面，环境监测手段包括化学、物理、生物、物理化学、生物化学及生物物理等一切可以表征环境质量的方法。在监测对象方面，环境监测对象包括空气、水体、土壤、固体废物、生物等多方面，只有对其进行综合分析，才能准确地描述环境质量状况，预测环境质量发展趋势。在监测数据处理分析方面，数据处理统计分析时除考虑自然因素外，还需考虑社会因素，只有综合考虑，才能准确分析阐明数据内涵。

2. 连续性

由于环境污染具有时间分布性、空间分布性等特点，环境监测必须长期进行才能找到污染物变化规律，并预测其变化发展趋势。监测数据越多，预测的准确性就越高。因此，监测布点及监测网络建设必须具有科学性、代表性，一旦监测点位确定，必须长期坚持监测。

3. 可追溯性

环境监测全过程包括监测方案制订、样品采集、样品保存和运输、样品预处理、样品分析测定、数据处理等多个过程。为避免人为操作、监测方法、监测仪器、技术水平、实验室管理水平等对监测数据产生的影响，需建立环境监测质量保证体系，以追溯环境监测全过程，确保监测数据具有可比性、代表性及完整性。

（四）环境监测的分类

环境监测可根据监测目的或监测对象进行分类。

1. 按监测目的分类

按监测目的不同，可将环境监测分为监视性监测、特定目的监测和研究性监测等 3 类。

监视性监测又称例行监测或常规监测，是指对指定的有关项目进行定期的、长期的监测，以确定环境质量及污染源状况，评价控制措施的效果，衡量环境标准实施情况和环境保护工作的进展。监视性监测包括对污染源排放和区域环境质量进行的例行监测，是环境综合整治和环境管理的基础，也是环境监测的主体。

特定目的监测又称特例监测或应急监测，根据特定目的可分为以下 4 种类型：

（1）污染事故监测，即在发生污染事故时进行的应急监测，其目的是确定污染物的扩散方向、速度和危及范围，为控制污染提供科学依据。

（2）仲裁监测，即在发生污染事故纠纷、环境法执行矛盾冲突时进行的监测。该类监测应由国家指定的权威部门进行，以提供具有法律效力的监测数据，供执法部门、司法部门仲裁。

（3）考核验证监测，即人员考核、方法验证以及污染治理项目竣工验收监测。

（4）咨询服务监测，即为政府部门、科研机构、生产单位所提供的服务性监测，如环境影响评价时，根据评价要求进行监测。

研究性监测，又称科研监测，是指针对特定目的科学研究而进行的高层次监测，如环境本底监测。

2. 按监测对象分类

按监测对象不同，可将环境监测分为水环境监测、空气环境监测、土壤环境监测、固体废弃物监测、生物监测、电磁辐射监测、噪声监测等。

二、水体监测基础知识

（一）水体及水污染

1. 水体的定义

水体是指河流、湖泊、沼泽、水库、地下水、冰川及海洋等储水体的总称。在环境科学领域，水体不仅包括水，还包括水中的悬浮物、底泥及水生生物等。

按类型可将水体分为海洋水体和陆地水体，其中陆地水体又包括地表水和地下水。

其中，地表水包括河流、湖泊、沼泽、水库、冰川及海洋，地下水包括潜水和承压水。

按区域划分水体，是指某一具体的被水覆盖的地段，如青海湖、鄱阳湖、洞庭湖为3个不同区域的水体，但又同属于地表水。

2. 水污染的定义

《中华人民共和国水污染防治法》指出，水污染是指水体因某种物质的介入，而导致其化学、物理、生物或者放射性等方面特性的改变，从而影响水的有效利用，危害人体健康或者破坏生态环境，造成水质恶化的现象。

（二）水体自净

广义的水体自净是指污染物排入江河湖海等水域后，经扩散、稀释、沉淀、氧化、微生物作用而分解，导致污染物浓度降低，水体基本或完全恢复到原状态的过程。狭义的水体自净是指在水体中微生物的作用下，有机污染物被氧化分解，从而使水质得到净化的过程。

水体自净过程缓慢，且自净能力有限，一旦排入水体的污染物浓度超过某一界限，将会造成永久性的水体污染，这一界限被称为水体自净容量或水环境容量。

水体自净可分为物理净化、化学净化和生物净化等3类，其中，物理净化主要包括稀释、扩散、淋洗、挥发和沉降等过程；化学净化主要包括氧化还原反应、化学吸附、凝聚、交换、配位等化学反应过程；生物净化主要依靠水生生物对污染的吸收、降解作用完成。

影响水体自净能力的因素很多，例如水中微生物的种类及数量、水温及复氧状况、水文地形条件、污染物的性质和浓度等，这些因素相互作用，多种过程相互影响。一般而言，水体自净过程以物理过程和生物化学过程为主。

（三）水质指标

水及水中杂质所共同表现出来的综合性质被称为水质，描述水质优劣及被污染程度的参数被称为水质指标。常见水质指标如表1-1所示。

表1-1 常见水质指标

指标类型	具体指标
物理感官性状指标	温度、色度、浊度、电导率、嗅气和味道、固体含量
一般性化学指标	pH、硬度、氧化还原电位、酸度、碱度
非金属指标	溶解氧、营养盐、硫酸盐、硫化物、氟化物
金属指标	铬、汞、铅、镉、砷
有机物指标	生化需氧量、化学需氧量、总有机碳、总需氧量、挥发酚、石油类
细菌污染指标	细菌总数、总大肠杆菌数、粪大肠菌群数、游离余氯

1. 物理感官性状指标

1）水温

水温对水中气体溶解度、水生生物活动、化学反应速率、盐度、pH等都可产生影响。以氧气为例，随着水温的升高，氧气在水中的溶解度逐渐降低，而好氧反应速率逐渐增大，最终有可能导致水体缺氧，水生动植物死亡。

2)色度

纯水为无色液体,水体颜色深浅可反映水体外观指标,可定性表征水体受污染情况。天然水体多呈现绿色、黄色、蓝色等色泽,这些颜色主要来源于以下几个方面:

(1)水生植物,如硅藻可使水体呈现亮绿色或浅棕色。

(2)有机物分解,如水体流经沼泽、森林等地后,大量有机物进入水体并分解产生腐殖酸、单宁酸等物质,可使水体呈现黄褐色。

(3)金属离子及矿物质,如含低铁化合物的水体呈淡蓝绿色,含高铁化合物的水体呈橘黄色。

(4)泥沙,泥沙富集的水体多呈现黄色、红色。

(5)工业废水及生活污水,其对水体色度的影响取决于污水中的着色成分。

3)浊度

水中悬浮物对光的散射以及溶质分子对光的吸收会阻碍光线透过,水体对光线透过所产生的阻碍程度可用浊度表示。

4)嗅气和味道

天然水体无嗅、无味,当水体受到污染后会产生气味,这些气味主要来源于以下几个方面:

(1)硫化氢、沼气、氯气等恶臭气体。

(2)水中动植物大量死亡、腐烂后散发的异臭。

(3)含酚、煤焦油等挥发性有机物的工业废水。

(4)铁盐、锰盐等矿物盐类。

此外,水体中所含物质成分及浓度不同,也会使水体呈现不同的味道。例如,氯化钠带咸味,硫酸镁和氯化镁带苦味,硫酸钙带甜味,铁盐带涩味等。

2.一般性化学指标

1)pH

水体中氢离子活度的负对数即可用pH表征,其高低表示水体的酸碱性,是最常用的水质指标之一。一般而言,天然水体pH为6~9。

2)硬度

水体硬度是指水抵抗与肥皂产生肥皂泡的能力,以及水体中2价金属离子与水中某些阴离子发生化合作用产生水垢的能力。按照阳离子成分不同,可将水体硬度分为钙硬度、镁硬度、铁硬度、铝硬度等,其总和即为总硬度。按照阴离子成分不同,可将水体硬度分为碳酸盐硬度和非碳酸盐硬度。由于碳酸盐硬度主要由碳酸钙、碳酸镁和重碳酸盐组成,经煮沸可去除,故又被称为暂时硬度。非碳酸盐硬度主要由硫酸钙、硫酸镁及氯化物等组成,不能用煮沸及加石灰方法来降低,故又被称为永久硬度。

在生活中,适当的硬度并不会对卫生产生不利影响,反而有利于人体健康。研究表明,长期饮用含有一定硬度水体的人群死于心脏病、癌症和慢性病的概率要比长期饮用软水的人群低10%~15%。但若硬度过高,会导致水体味道苦涩,还会引起肠胃不适。在工业上,水体硬度过高会导致锅炉、循环水等系统内部产生水垢,降低锅炉导热能力,堵塞循环水管道。

3）氧化还原电位

水体中存在多种氧化还原电位，构成了一个复杂的氧化还原体系，而氧化还原电位可用于表征多种氧化物质与还原物质发生氧化还原反应的综合结果。该指标虽不能作为某种氧化物质与还原物质的浓度指标，但有助于人们了解水体电化学特征，分析水体性质，是一项综合性指标，且必须进行现场测定。

一般来说，氧化还原电位越高，水体氧化性越强；反之，水体氧化性越弱。氧化还原电位为正，表示溶液显示出一定的氧化性；氧化还原电位为负，表示溶液显示出一定的还原性。

4）酸度

水体总酸度是指水体中能与强碱发生中和反应的物质的量的总和，包括未离解的酸浓度及已离解的酸浓度，其大小可用滴定法确定，因此总酸度又称为可滴定酸度。水体中酸度主要有以下几个来源：

（1）雨水淋洗大气中 SO_2 后汇入地表水体；

（2）大气中 CO_2 进入水体；

（3）细菌分解反应释放的 CO_2；

（4）含酸废水的排放。

水体酸度过大会破坏水体缓冲系统，阻碍水体净化，抑制微生物、水生生物、农作物等正常生长。

5）碱度

水的碱度是指水中能与强酸发生酸碱中和反应的物质的量的总和，主要由碳酸钾、碳酸钠、碳酸钙、碳酸镁等碳酸盐、碳酸氢盐及氢氧化物引起。水体碱度过高，会破坏水体缓冲系统，阻碍水体净化，影响金属离子溶解性、价态及毒性。此外，还可能造成土地盐碱化，导致表土易干燥、易板结，抑制农作物生长。

3. 非金属指标

1）溶解氧

溶解氧是指溶解于水体中的分子态氧，其含量大小与大气压、水温、含盐量等有关。其中，大气压与溶解氧含量成正比，水温、含盐量与溶解氧含量成反比。

2）营养盐

水体中的氮、磷是植物生长所必需的营养元素。其中，氮元素主要来源于降雨冲刷、人工施肥、水生生物代谢废物及残骸、生活污水、含氮工业废水等。按照氮元素价态的不同，可将其分为有机氮、氨氮、亚硝酸盐氮和硝酸盐氮。水体自净过程中，有机氮逐渐转变为氨氮、亚硝酸盐氮和硝酸盐氮。因此，测定水体中各类含氮化合物含量，可有助于了解水体自净情况。

磷元素主要来源于水生生物代谢废物及残骸、沉积物交换、人工施肥及工业废水等。按照磷存在形式的不同，可将水体总磷分为溶解态总磷和颗粒态总磷。其中，溶解态总磷又可分为溶解有机磷和溶解无机磷，颗粒态总磷又可分为颗粒有机磷和颗粒无机磷。

水体中营养盐有利于水生植物生长，但若其浓度过高，易引发水体富营养化，导致水中溶解氧降低，水质恶化，水生生物大量死亡。

3）硫酸盐

硫酸盐是硫元素在水体中的主要存在形式，也是生物获取硫元素的主要形式。除硫酸盐外，硫元素还可以亚硫酸盐、硫化物、有机硫化物等形式存在于水体之中。

4）硫化物

水中硫化物的存在形态包括溶解性硫化物（如 H_2S、HS^-、S^{2-}）、酸溶性金属硫化物、不溶性硫化物及有机硫化物。硫化物主要来源于地下水，特别是温泉水，以及生活污水、工业废水。硫化氢具有腐蚀性、毒性，可腐蚀金属设备，可造成细胞组织缺氧，严重时可危及性命，故硫化物是水体污染的重要指标之一。

5）氟化物

氟化物广泛存在于天然水体之中，氟是人体必需元素，缺乏氟元素易导致龋齿。但氟元素含量过高也会引发斑齿病，严重时甚至会使人体骨骼变形，并对肾脏造成损害。在饮用水中，氟离子适宜浓度为 0.5 ~ 1.0 mg/L。

4. 金属指标

水体中重金属主要有铬、汞、铅、镉、镍、类金属砷、铜、锌、钴、锡等，这些重金属在水中存在的价态不同，产生的毒性差别迥异。以重金属铬为例，Cr^{6+} 有强毒性和致癌性，其毒性比 Cr^{3+} 大 100 倍。此外，含汞、铅、砷的有机物毒性远大于其无机物。因此，测定水中重金属含量时，应区分其存在价态。

1）铬

自然界中，铬常以二价、三价、六价化合物存在。在水体中，三价铬和六价铬可以相互转化。其中，六价铬毒性最大，有致癌性，一般以 CrO_4^{2-}、$HCr_2O_7^-$、$Cr_2O_7^{2-}$ 等形式存在；三价铬毒性次之；二价铬毒性最低。

2）汞

单质汞在水体中并不稳定，易被转化成无机和有机的含汞化合物，如氯化亚汞、氯化汞、甲基汞等。水体中汞污染主要来源于工业废水的排放，少部分来自含汞岩石风化。

3）铅

铅可富集在人体和动植物组织中，当铅摄入体内后会降低红细胞输氧能力，造成中枢神经系统损害，严重时会导致儿童智力低下。

4）镉

水体中镉主要来源于电镀、采矿、冶炼、染料等工业废水的排放，长期饮用受到镉污染的自来水或地表水会引起镉在肾脏富集，造成肾损伤，进而引发骨软化症，即痛痛病。

5）砷

水体中砷污染主要来自冶金、采矿、化工、化学制药、农药、染料、制革等工业废水的排放，砷化物均有剧毒，其中以三价砷化物毒性最强。三价砷离子被摄入体内后可导致细胞代谢失调、神经受损、运动功能失调、听力障碍、肝脏受损等症状。

6）铜

铜是人体必需的微量元素，缺铜会引发贫血、腹泻等病症。但其摄入量也不可过高；否则，会引发急性肠胃炎，长期富集于肝脏中会造成肝大、肝功能异常等症状。

5. 有机物指标

水体中有机物种类繁多，成分复杂，现有技术难以实现逐一分辨并单独测定，而水体中有机物在分解过程中会消耗大量氧，导致水体中溶解氧降低，甚至出现缺氧环境。因此，实际工作中会采用生化需氧量、化学需氧量、总有机碳、总需氧量等综合性指标来反映有机物的相对含量。

1）生化需氧量

生化需氧量简称生化需氧量（BOD），是指在溶解氧存在的条件下，好氧微生物分解水中有机物所消耗的溶解氧量。生化需氧量可反映水体被有机污染物污染的程度，可用于研究废水的可生化降解性。

2）化学需氧量

化学需氧量（COD）是指利用强氧化剂氧化水体中的还原性物质时，强氧化剂的消耗量。其中，强氧化剂包括高锰酸钾、重铬酸钾等。水体中的还原性物质主要包括有机物、亚硝酸盐、亚铁盐、硫化物等。化学需氧量可反映水体被这些还原性物质污染的程度。

3）总有机碳

总有机碳是以碳的含量表示水中溶解性和悬浮性有机物的总量，采用燃烧法进行测定，比生化需氧量和化学需氧量更能反映水体有机物总量。

4）挥发酚

酚及其化合物具有中等毒性，可通过皮肤、黏膜、呼吸道、口腔等进入人体。当酚摄入量大于肝脏解毒功能后，会造成头昏、头疼、食欲不振等，严重时可能导致昏迷和死亡。

6. 生物指标

1）细菌总数

细菌总数是指 1 mL 水样在营养琼脂培养基中，于 37 ℃下经 24 h 培养后，所生长的细菌菌落的总数。该指标可用于判定饮用水、水源水、地表水受细菌污染程度。

2）大肠菌群

粪便中存在大量的大肠菌群细菌，是粪便传染的指示菌，该指标可用于表征水体被粪便污染的程度。此外，大肠菌群数还可间接表征伤寒、痢疾、霍乱等肠道病菌存在的可能性。

三、水体中污染物的来源及分类

（一）污染物的来源

《中华人民共和国水污染防治法》指出，水污染物是指直接或者间接向水体排放的，能导致水体污染的物质。水污染的来源可分为天然源污染和人为源污染。其中，天然源污染是由于自然过程产生的有害物质含量超过水体自净能力而导致的；人为源污染则是由人类活动所致，是造成水体污染的主要原因。

（二）污染物的分类

按照污染物来源及生成途径的不同，可将水体污染物分为一次污染物和二次污染物。其中，一次污染物是指由污染源直接排放进入环境且其物理、化学性质未发生变化的污染物，也被称为原生污染物；二次污染物是指一次污染物在物理、化学或生物作用下发生了变化，抑或是与环境中其他组分发生反应所形成的与原本物化性状有所不同的污染物，也被称为次生污染物。一般来说，二次污染物的危害大于一次污染物的。

按照污染物性质的不同，可将水体污染物分为物理性污染物、化学性污染物和生物性污染物。其中，物理性污染物是指排入水体后会引起水体物理性质发生变化的污染物，如悬浮物质污染、放射性污染、热污染等，衡量指标主要包括浊度、色度和悬浮物等。

化学性污染物是指因化学因素产生的污染物，主要由人类活动引起。按照污染物性质，可将其分为无机污染和有机污染；按照污染物带来的损害程度，可将其分为环境荷尔蒙类损害污染物，致癌、致畸、致突变化学品类损害污染物，以及有毒化学品突发污染损害污染物等类型。

水体中常见的化学性污染物见表 1-2。

表 1-2　水体中常见的化学性污染物

污染物分类	典型污染物
非金属有毒物	硫化物、氰化物、氟化物
重金属	铬、汞、铅、镉、铜、锌、类金属砷
放射性物质	锶－90、铯－137、铀－235、钚－239
油类	石油及其制品
有机物	酚、苯、醇、农药、洗涤剂
致色物质	铁盐、锰盐、腐殖质
恶臭物质	硫化物、氨、硫醇、胺类

四、水体污染物的迁移和转化

污染物进入水体后会发生迁移和转化，并与其他环境要素发生物理、化学或物理化学作用。

水体污染物的迁移是指污染物在环境中发生空间位置或分布范围的变化，主要体现为浓度随空间分布、位置范围的变化而变化，具体包括以下 3 种方式：

（1）物理迁移：污染物在水体中进行机械运动，如重力沉降、随水流扩散等。

（2）化学迁移：污染物通过化学反应发生迁移，如解离、氧化还原、水解、化学沉淀等。

（3）生物迁移：污染物通过生物吸收、繁殖、死亡等过程发生转变。

水体污染物的转化是指污染物在水体中经过物理、化学或生物作用导致其存在形态发生变化，或转变为不同物质的过程，具体包括以下 3 种方式：

（1）物理转化：污染物的相变、渗透、物理吸附、放射性衰变等过程。

（2）化学转化：污染物通过化学反应导致价态、存在形态发生改变的过程，如从溶解态变成固态沉淀，从低价态变成高价态等。

（3）生物化学转化：水体生物的新陈代谢过程。

【拓展知识】

水体富营养化

水体富营养化是指水体中由于氮、磷等营养盐含量过多所引起的水质污染现象。氮、磷等营养物质的富集会引起藻类及其他浮游生物迅速繁殖,使得水体中溶解氧含量迅速下降,导致水生生物衰亡甚至绝迹。

水体出现富营养化时,主要表现为浮游生物的大量繁殖。这些浮游生物占据水面,常导致水面呈现出蓝色、红色、棕色和乳白色等颜色。在江河、湖泊和水库中发生的水体富营养化称为水华,在海洋中发生的水体富营养化称为赤潮。

水体中氮、磷营养盐主要有天然源和人为源两大来源,其中天然源包括降水中的氮磷营养盐、土壤侵蚀及淋溶的氮磷营养盐等;人为源包括生活污水、农业化肥、禽畜粪便等。

水体富营养化在我国频频发生,不仅对水生生态系统造成严重破坏,还对人们的生活产生了极大的影响。自 2007 年起至今,青岛已连续 13 年遭受浒苔入侵。2008 年,青岛的茫茫大海更是变成了一望无际的"草原"(见图 1-1)。为保障奥运会帆船赛顺利举行,青岛共出动 10.9 万人次,在岸边打捞清理运送 14 万多吨浒苔。

图 1-1　青岛浒苔——海洋变草场

第二节　水环境相关标准

一、环境标准

环境标准是指为保护人群健康、防治环境污染、促使生态良性循环,同时又合理利用资源,促进经济发展,依据环境保护法律法规和有关政策,对环境中有害成分含量及其排放源规定的限量阈值和技术规范。环境标准是政策、法规的具体体现。

(一)环境标准的作用

(1)环境标准既是环境保护和有关工作的目标,又是环境保护的手段。它是制订环境保护规划和计划的重要依据。

(2)环境标准是判断环境质量和衡量环保工作优劣的准绳。评价一个地区环境质量的优劣、评价一个企业对环境的影响,只有与环境标准相比较才有意义。

(3)环境标准是执法的依据。环境问题的诉讼、排污费的收取、污染治理的目标等执法的依据都是环境标准。

(4)环境标准是组织现代化生产的重要手段和条件。通过实施标准,可以制止任意排污,促使企业对污染进行治理和管理;采用先进的无污染、少污染工艺;进行设备更新,以及资源和能源的综合利用等。

总之,环境标准是环境管理的技术基础。

(二)环境标准的分类和分级

我国环境标准分为环境质量标准,污染物排放标准(或污染控制标准),环境基础标准,环境方法标准,环境标准样品标准,环保仪器、设备标准等6类。

环境标准分为国家标准和地方标准两级,其中环境基础标准、环境方法标准和环境标准物质标准等只有国家标准,并尽可能与国际标准接轨。

国家环境标准代码介绍如下:GB——国家标准;GB/T——国家推荐标准;GB/Z——国家指导性技术文件;GHZB——国家环境质量标准;GWPB——国家污染物排放标准;GWKB——国家污染物控制标准;HJ——国家环保总局标准;HJ/T——国家环保总局推荐标准。

1. 环境质量标准

环境质量标准是为了保护人类健康、维持生态良性平衡和保障社会物质财富,并考虑技术经济条件,对环境中有害物质和因素所作的限制性规定。它是衡量环境质量的依据、环保政策的目标、环境管理的依据,也是制定污染物控制标准的基础。

2. 污染物控制标准

污染物控制标准是为了实现环境质量目标,结合技术经济条件和环境特点,对排入环境的有害物质或有害因素所作的控制规定。由于我国幅员辽阔,各地情况差别较大,因此不少省市制定了地方排放标准,但应该符合以下两点:①国家标准中所没有规定的项目;②地方标准应严于国家标准,以起到补充、完善的作用。

3. 环境基础标准

环境基础标准是在环境标准化工作范围内,对有指导意义的符号、代号、指南、程序、规范等所作的统一规定,是制定其他环境标准的基础。

4. 环境方法标准

环境方法标准是在环境保护工作中以实验、检查、分析、抽样、统计计算为对象制定的标准。

5. 环境标准样品标准

环境标准样品是在环境保护工作中,用来标定仪器、验证测量方法、进行量值传递或质量控制的材料或物质。对这类材料或物质必须达到的要求所作的规定称为环境标准样品标准。

6. 环保仪器、设备标准

环保仪器、设备标准是为了保证污染治理设备的效率和环境监测数据的可靠性与可比性,对环境保护仪器、设备的技术要求所作的统一规定。

二、水环境质量标准

水环境质量标准:《地表水环境质量标准》(GB 3838—2002)、《地下水环境质量标准》(GB/T 14848—2017)、《海水水质标准》(GB 3097—1997)、《生活饮用水卫生标准》(GB 5749—2006)、《渔业水质标准》(GB 11607—1989)、《农田灌溉用水水质标准》(GB 5084—2005)、《生活饮用水水源水质标准》(CJ 3020—1993)等。

每一标准的标准号是不变的。标准通常几年修订一次,新标准自然代替老标准。

(一)《地表水环境质量标准》(GB 3838—2002)主要内容及适用范围

1. 主要内容

本标准将标准项目分为地表水环境质量标准基本项目、集中式生活饮用水地表水源地补充项目和集中式生活饮用水地表水源地特定项目。按照地表水环境功能分类和保护目标,规定了水环境质量应控制的项目、限值以及水质评价、水质项目的分析方法和标准的实施与监督。

本标准项目共计 109 项,其中地表水环境质量标准基本项目 24 项,集中式生活饮用水地表水源地补充项目 5 项,集中式生活饮用水地表水源地特定项目 80 项。

2. 适用范围

本标准适用于中华人民共和国领域内江河、湖泊、运河、渠道、水库等具有使用功能的地表水水域。具有特定功能的水域,执行相应的专业用水水质标准。

地表水环境质量标准基本项目适用于全国江河、湖泊、运河、渠道、水库等具有使用功能的地表水水域。

集中式生活饮用水地表水源地补充项目和特定项目适用于集中式生活饮用水地表水源地一级保护区和二级保护区,与近海水域相连的地表水河口水域根据水环境功能按本标准相应类别标准值进行管理,近海水功能区水域根据使用功能按《海水水质标准》(GB 3097—1997)相应类别标准值进行管理。

批准划定的单一渔业水域按《渔业水质标准》(GB 11607—1989)进行管理,处理后的城市污水及与城市污水水质相近的工业废水用于农田灌溉用水的水质按《农田灌溉水质标准》(GB 5084—2005)进行管理。

3. 水域环境功能和标准分类

水域环境功能:依据地表水水域环境功能和保护目标,按功能高低依次划分为五类:

Ⅰ类:主要适用于源头水、国家自然保护区。

Ⅱ类:主要适用于集中式生活饮用水水源地一级保护区、珍贵鱼类保护区、鱼虾产卵场等。

Ⅲ类:主要适用于集中式生活饮用水源二级保护区、一般鱼类保护区及游泳区。

Ⅳ类:主要适用于一般工业用水及人体非直接接触的娱乐用水区。

Ⅴ类:主要适用于农业用水区及一般景观要求水域。

水域环境功能与水质标准:对应地表水上述五类水域功能,将地表水环境质量标准基本项目标准值分为五类,不同功能类别分别执行相应类别的标准值。水域功能类别高的标准值严于水域功能类别低的标准值。同一水域兼有多类使用功能的,执行最高功能类别对应的标准值。实现水域功能与达功能类别标准为同一含义,《地表水环境质量标准》(GB 3838—2002)基本项目标准限值见表1-3。

表1-3 《地表水环境质量标准》(GB 3838—2002)基本项目标准限值(单位:mg/L)

序号	项目＼标准值＼分类	Ⅰ类	Ⅱ类	Ⅲ类	Ⅳ类	Ⅴ类
1	水温(℃)	人为造成的环境水温变化应限制在: 周平均最大温升≤1 周平均最大温降≤2				
2	pH(无量纲)	6～9				
3	溶解氧≥	饱和率90% (或7.5)	6	5	3	2
4	高锰酸盐指数≤	2	4	6	10	15
5	化学需氧量(COD)≥	15	15	20	30	40
6	五日生化需氧量(BOD_5)≤	3	3	4	6	10
7	氨氮(NH_3-N)≤	0.15	0.5	1.0	1.5	2.0
8	总磷(以P计)≤	0.02	0.1	0.2	0.3	0.4
9	总氮(湖、库,以N计)≤	0.2	0.5	1.0	1.5	2.0
10	铜≤	0.1	1.0	1.0	1.0	1.0
11	锌≤	0.05	1.0	1.0	2.0	2.0
12	氟化物(以F^-计)≤	1.0	1.0	1.0	1.5	1.5
13	硒≤	0.01	0.01	0.01	0.02	0.02
14	砷≤	0.05	0.05	0.05	0.1	0.1
15	汞≤	0.000 05	0.000 05	0.000 1	0.001	0.001
16	镉≤	0.001	0.005	0.005	0.005	0.01
17	铬(六价)≤	0.01	0.05	0.05	0.05	0.1
18	铅≤	0.01	0.01	0.05	0.05	0.1
19	氰化物≤	0.005	0.05	0.2	0.2	0.2
20	挥发酚≤	0.002	0.002	0.005	0.01	0.1
21	石油类≤	0.05	0.05	0.05	0.5	1.0
22	阴离子表面活性剂≤	0.2	0.2	0.2	0.3	0.3
23	硫化物≤	0.05	0.1	0.2	0.5	1.0
24	粪大肠菌群(个/L)≤	200	2 000	10 000	20 000	40 000

（二）《地下水环境质量标准》（GB/T 14848—2017）

本标准规定了地下水质量分类、指标及限值，地下水质量调查与监测，地下水质量评价等内容。

1. 地下水质量分类

依据我国地下水质量状况和人体健康风险，参照生活饮用水、工业、农业等用水质量要求，依据各组分含量高低（pH 除外），分为五类。

Ⅰ类：地下水化学组分含量低，适用于各种用途。

Ⅱ类：地下水化学组分含量较低，适用于各种用途。

Ⅲ类：地下水化学组分含量中等，以 GB 5749—2006 为依据，主要适用于集中式生活饮用水水源及工农业用水。

Ⅳ类：地下水化学组分含量较高，以农业和工业用水质量要求以及一定水平的人体健康风险为依据，适用于农业和部分工业用水，适当处理后可作生活饮用水。

Ⅴ类：地下水化学组分含量高，不宜作为生活饮用水水源，其他用水可根据使用目的选用。

2. 地下水质量分类指标

地下水质量分类指标分为常规指标和非常规指标，常规指标是指反映地下水质量基本状况的指标，包括感官性状及一般化学指标、微生物指标、常见毒理学指标和放射性指标。非常规指标是常规指标的拓展，是根据地区和时间差异或特殊情况确定的地下水质量指标，反映地下水中所产生的主要质量问题，包括比较少见的无机和有机毒理学指标。

（三）《生活饮用水卫生标准》（GB 5749—2006）

本标准规定了生活饮用水水质卫生要求、生活饮用水水源水质卫生要求、集中式供水单位卫生要求、二次供水卫生要求、涉及生活饮用水卫生安全产品卫生要求、水质监测和水质检验方法。本标准适用于城乡各类集中式供水的生活饮用水，也适用于分散式供水的生活饮用水。

1. 供水方式分类

生活饮用水根据供水方式不同可以分为集中式供水、二次供水、农村小型集中式供水、分散式供水。

集中式供水：自水源集中取水，通过输配水管网送到用户或者公共取水点的供水方式，包括自建设施供水。为用户提供日常饮用水的供水站和为公共场所、居民社区提供的分质供水也属于集中式供水。

二次供水：集中式供水在入户之前经再度储存、加压和消毒或深度处理，通过管道或容器输送给用户的供水方式。

农村小型集中式供水：日供水在 1 000 m^3 以下（或供水人口在 1 万人以下）的农村集中式供水。

分散式供水：用户直接从水源取水，未经任何设施或仅有简易设施的供水方式。

2. 生活饮用水水质卫生要求

生活饮用水水质应符合下列基本要求，保证用户饮用安全：

（1）生活饮用水中不得含有病原微生物。

(2)生活饮用水中化学物质不得危害人体健康。

(3)生活饮用水中放射性物质不得危害人体健康。

(4)生活饮用水的感官性状良好。

(5)生活饮用水应经消毒处理。

(6)生活饮用水水质应符合表1-4的要求。集中式供水出厂水中消毒剂限值、出厂水和管网末梢水中消毒剂余量均应符合表1-5的要求。

表1-4　水质常规指标及限值

指标	限值
1. 微生物指标①	
总大肠菌群(MPN/100 mL或CFU/100 mL)	不得检出
耐热大肠菌群(MPN/100 mL或CFU/100 mL)	不得检出
大肠埃希氏菌(MPN/100 mL或CFU/100 mL)	不得检出
菌落总数(CFU/mL)	100
2. 毒理指标	
砷(mg/L)	0.01
镉(mg/L)	0.005
铬(六价,mg/L)	0.05
铅(mg/L)	0.01
汞(mg/L)	0.001
硒(mg/L)	0.01
氰化物(mg/L)	0.05
氟化物(mg/L)	1.0
硝酸盐(以N计,mg/L)	10 地下水源限制时为20
三氯甲烷(mg/L)	0.06
四氯化碳(mg/L)	0.002
溴酸盐(使用臭氧时,mg/L)	0.01
甲醛(使用臭氧时,mg/L)	0.9
亚氯酸盐(使用二氧化氯消毒时,mg/L)	0.7
氯酸盐(使用复合二氧化氯消毒时,mg/L)	0.7
3. 感官性状和一般化学指标	
色度(铂钴色度单位)	15

允许排水量，分别为：

1997 年 12 月 31 日之前建设（包括改、扩建）的单位，水污染物的排放必须同时执行表 1-6 ~ 表 1-8 的规定。

1998 年 1 月 1 日起建设（包括改、扩建）的单位，水污染物的排放必须同时执行表 1-6、表 1-9、表 1-10 的规定。

建设（包括改、扩建）单位的建设时间，以环境影响评价报告书（表）批准日期为准划分。

表 1-6　第一类污染物最高允许排放浓度　（单位：mg/L）

序号	污染物	最高允许排放浓度	序号	污染物	最高允许排放浓度
1	总汞	0.05	8	总镍	1.0
2	烷基汞	不得检出	9	苯并(a)芘	0.000 03
3	总镉	0.1	10	总铍	0.005
4	总铬	1.5	11	总银	0.5
5	六价铬	0.5	12	总 α 放射性	1 Bq/L
6	总砷	0.5	13	总 β 放射性	10 Bq/L
7	总铅	1.0			

表 1-7　第二类污染物最高允许排放浓度

（1997 年 12 月 31 日之前建设的单位）　（单位：mg/L）

序号	污染物	适用范围	一级标准	二级标准	三级标准
1	pH	一切排污单位	6 ~ 9	6 ~ 9	6 ~ 9
2	色度（稀释倍数）	染料工业	50	180	—
		其他排污单位	50	80	—
3	悬浮物（SS）	采矿、选矿、选煤工业	100	300	—
		脉金选矿	100	500	—
		边远地区砂金选矿	100	800	—
		城镇二级污水处理厂	20	30	—
		其他排污单位	70	200	400
4	五日生化需氧量（BOD_5）	甘蔗制糖、苎麻脱胶、湿法纤维板工业	30	100	600
		甜菜制糖、酒精、味精、皮革、化纤浆粕工业	30	150	600
		城镇二级污水处理厂	20	30	—
		其他排污单位	30	60	300

续表 1-8

序号	污染物	适用范围	一级标准	二级标准	三级标准
5	化学需氧量（COD）	甜菜制糖、合成脂肪酸、湿法纤维板、染料、洗毛、有机磷农药工业	100	200	1 000
		味精、酒精、医药原料药、生物制药、苎麻脱胶、皮革、化纤浆粕工业	100	300	1 000
		石油化工工业（包括石油炼制）	60	120	—
		城镇二级污水处理厂	60	120	500
		其他排污单位	100	150	500
6	石油类	一切排污单位	5	10	20
7	动植物油	一切排污单位	10	15	100
8	挥发酚	一切排污单位	0.5	0.5	2.0
9	总氰化合物	一切排污单位	0.5	0.5	1.0
10	硫化物	一切排污单位	1.0	1.0	1.0
11	氨氮	医药原料药、染料、石油化工工业	15	50	—
		其他排污单位	15	25	—
12	氟化物	黄磷工业	10	15	20
		低氟地区（水体含氟量 <0.5 mg/L）	10	20	30
		其他排污单位	10	10	20
13	磷酸盐（以 P 计）	一切排污单位	0.5	1.0	—
14	甲醛	一切排污单位	1.0	2.0	5.0
15	苯胺类	一切排污单位	1.0	2.0	5.0
16	硝基苯类	一切排污单位	2.0	3.0	5.0
17	阴离子表面活性剂（LAS）	一切排污单位	5.0	10	20
18	总铜	一切排污单位	0.5	1.0	2.0
19	总锌	一切排污单位	2.0	5.0	5.0
20	总锰	合成脂肪酸工业	2.0	5.0	5.0
		其他排污单位	2.0	2.0	5.0
21	彩色显影剂	电影洗片	1.0	2.0	3.0

续表 1-8

序号	污染物	适用范围	一级标准	二级标准	三级标准
22	显影剂及氧化物总量	电影洗片	3.0	3.0	6.0
23	元素磷	一切排污单位	0.1	0.1	0.3
24	有机磷农药(以P计)	一切排污单位	不得检出	0.5	0.5
25	乐果	一切排污单位	不得检出	1.0	2.0
26	对硫磷	一切排污单位	不得检出	1.0	2.0
27	甲基对硫磷	一切排污单位	不得检出	1.0	2.0
28	马拉硫磷	一切排污单位	不得检出	5.0	10
29	五氯酚及五氯酚钠(以五氯酚计)	一切排污单位	5.0	8.0	10
30	可吸附有机卤化物(AOX)(以Cl计)	一切排污单位	1.0	5.0	8.0
31	三氯甲烷	一切排污单位	0.3	0.6	1.0
32	四氯化碳	一切排污单位	0.03	0.06	0.5
33	三氯乙烯	一切排污单位	0.3	0.6	1.0
34	四氯乙烯	一切排污单位	0.1	0.2	0.5
35	苯	一切排污单位	0.1	0.2	0.5
36	甲苯	一切排污单位	0.1	0.2	0.5
37	乙苯	一切排污单位	0.4	0.6	1.0
38	邻二甲苯	一切排污单位	0.4	0.6	1.0
39	对二甲苯	一切排污单位	0.4	0.6	1.0
40	间二甲苯	一切排污单位	0.4	0.6	1.0
41	氯苯	一切排污单位	0.2	0.4	1.0
42	邻二氯苯	一切排污单位	0.4	0.6	1.0
43	对二氯苯	一切排污单位	0.4	0.6	1.0
44	对硝基氯苯	一切排污单位	0.5	1.0	5.0
45	2,4-二硝基氯苯	一切排污单位	0.5	1.0	5.0
46	苯酚	一切排污单位	0.3	0.4	1.0
47	间甲酚	一切排污单位	0.1	0.2	0.5
48	2,4-二氯酚	一切排污单位	0.6	0.8	1.0

续表 1-8

序号	污染物	适用范围	一级标准	二级标准	三级标准
49	2,4,6-三氯酚	一切排污单位	0.6	0.8	1.0
50	邻苯二甲酸二丁酯	一切排污单位	0.2	0.4	2.0
51	邻苯二甲酸二辛酯	一切排污单位	0.3	0.6	2.0
52	丙烯腈	一切排污单位	2.0	5.0	5.0
53	总硒	一切排污单位	0.1	0.2	0.5
54	粪大肠菌群数(个/L)	医院*、兽医院及医疗机构含病原体污水	500	1 000	5 000
		传染病、结核病医院污水	100	500	1 000
55	总余氯(采用氯化消毒的医院污水)	医院*、兽医院及医疗机构含病原体污水	<0.5**	>3(接触时间 ≥1 h)	>2(接触时间 ≥1 h)
		传染病、结核病医院污水	<0.5**	>6.5(接触时间≥1.5 h)	>5(接触时间≥1.5 h)
56	总有机碳(TOC)	合成脂肪酸工业	20	40	—
		苎麻脱胶工业	20	60	—
		其他排污单位	20	30	—

注:其他排污单位:指除在该控制项目中所列行业以外的一切排污单位。

* 指 50 个床位以上的医院。

* * 加氯消毒后须进行脱氯处理,达到本标准。

表 1-9 部分行业最高允许排水量(1997 年 12 月 31 日之前建设的单位)

序号	行业类别			最高允许排水量或最低允许水重复利用率
1	矿山工业	有色金属系统选矿		水重复利用率 75%
		其他矿山工业采矿、选矿、选煤等		水重复利用率 90%(选煤)
		脉金选矿	重选	16.0 m^3/t(矿石)
			浮选	9.0 m^3/t(矿石)
			氰化	8.0 m^3/t(矿石)
			碳浆	8.0 m^3/t(矿石)
2	焦化企业(煤气厂)			1.2 m^3/t(焦炭)
3	有色金属冶炼及金属加工			水重复利用率 80%

续表 1-9

序号	行业类别				最高允许排水量或最低允许水重复利用率
4	石油炼制工业(不包括直排水炼油厂) 加工深度分类: A. 燃料型炼油厂; B. 燃料 + 润滑油型炼油厂; C. 燃料 + 润滑油型 + 炼油化工型炼油厂(包括加工高含硫原油页岩油和石油添加剂生产基地的炼油厂)			A	>500 万 t,1.0 m^3/t(原油)
					250 万~500 万 t,1.2 m^3/t(原油)
					<250 万 t,1.5 m^3/t(原油)
				B	>500 万 t,1.5 m^3/t(原油)
					250 万~500 万 t,2.0 m^3/t(原油)
					<250 万 t,2.0 m^3/t(原油),
				C	>500 万 t,2.0 m^3/t(原油)
					250 万~500 万 t,2.5 m^3/t(原油)
					<250 万 t,2.5 m^3/t(原油)
5	合成洗涤剂工业	氯化法生产烷基苯			200.0 m^3/t(烷基苯)
		裂解法生产烷基苯			70.0 m^3/t(烷基苯)
		烷基苯生产合成洗涤剂			10.0 m^3/t(产品)
6	合成脂肪酸工业				200.0 m^3/t(产品)
7	湿法生产纤维板工业				30.0 m^3/t(板)
8	制糖工业	甘蔗制糖			10.0 m^3/t(甘蔗)
		甜菜制糖			4.0 m^3/t(甜菜)
9	皮革工业	猪盐湿皮			60.0 m^3/t(原皮)
		牛干皮			100.0 m^3/t(原皮)
		羊干皮			150.0 m^3/t(原皮)
10	发酵酿造工业	酒精工业	以玉米为原料		150.0 m^3/t(酒精)
			以薯类为原料		100 m^3/t(酒精)
			以糖蜜为原料		80.0 m^3/t(酒)
		味精工业			600.0 m^3/t(味精)
		啤酒工业(排水量不包括麦芽水部分)			16.0 m^3/t(啤酒)
11	铬盐工业				5.0 m^3/t(产品)
12	硫酸工业(水洗法)				15.0 m^3/t(硫酸)
13	苎麻脱胶工业				500 m^3/t(原麻)或 750 m^3/t(精干麻)
14	化纤浆粕				本色:150 m^3/t(浆) 漂白:240 m^3/t(浆)

续表 1-9

序号	行业类别		最高允许排水量或最低允许水重复利用率
15	粘胶纤维工业（单纯纤维）	短纤维（棉型中长纤维、毛型中长纤维）	300 m^3/t（纤维）
		长纤维	800 m^3/t（纤维）
16	铁路货车洗刷		5.0 m^3/辆
17	电影洗片		5 m^3/1 000 m（35 mm 的胶片）
18	石油沥青工业		冷却池的水循环利用率 95%

表 1-10　部分行业最高允许排水量（1998 年 1 月 1 日后建设的单位）

序号	行业类别			最高允许排水量或最低允许排水重复利用率	
1	矿山工业	有色金属系统选矿		水重复利用率 75%	
		其他矿山工业采矿、选矿、选煤等		水重复利用率 90%（选煤）	
		脉金选矿	重选	16.0 m^3/t（矿石）	
			浮选	9.0 m^3/t（矿石）	
			氰化	8.0 m^3/t（矿石）	
			碳浆	8.0 m^3/t（矿石）	
2	焦化企业（煤气厂）			1.2 m^3/t（焦炭）	
3	有色金属冶炼及金属加工			水重复利用率 80%	
4	石油炼制工业（不包括直排水炼油厂） 加工深度分类： A. 燃料型炼油厂 B. 燃料 + 润滑油型炼油厂 C. 燃料 + 润滑油型 + 炼油化工型炼油厂 （包括加工高含硫原油页岩油和石油添加剂生产基地的炼油厂）			A	>500 万 t，1.0 m^3/t（原油） 250 万～500 万 t，1.2 m^3/t（原油） <250 万 t，1.5 m^3/t（原油）
				B	>500 万 t，1.5 m^3/t（原油） 250 万～500 万 t，2.0 m^3/t（原油） <250 万 t，2.0 m^3/t（原油）
				C	>500 万 t，2.0 m^3/t（原油） 250 万～500 万 t，2.5 m^3/t（原油） <250 万 t，2.5 m^3/t（原油）
5	合成洗涤剂工业	氯化法生产烷基苯		200.0 m^3/t（烷基苯）	
		裂解法生产烷基苯		70.0 m^3/t（烷基苯）	
		烷基苯生产合成洗涤剂		10.0 m^3/t（产品）	
6	合成脂肪酸工业			200.0 m^3/t（产品）	

续表 1-10

序号	行业类别			最高允许排水量或最低允许排水重复利用率
7	湿法生产纤维板工业			30.0 m^3/t（板）
8	制糖工业	甘蔗制糖		10.0 m^3/t
		甜菜制糖		4.0 m^3/t
9	皮革工业	猪盐湿皮		60.0 m^3/t
		牛干皮		100.0 m^3/t
		羊干皮		150.0 m^3/t
10	发酵酿造工业	酒精工业	以玉米为原料	100.0 m^3/t
			以薯类为原料	80.0 m^3/t
			以糖蜜为原料	70.0 m^3/t
		味精工业		600.0 m^3/t
		啤酒工业（排水量不包括麦芽水部分）		16.0 m^3/t
11	铬盐工业			5.0 m^3/t（产品）
12	硫酸工业（水洗法）			15.0 m^3/t（硫酸）
13	苎麻脱胶工业			500 m^3/t（原麻）
				750 m^3/t（精干麻）
14	粘胶纤维工业单纯纤维	短纤维（棉型中长纤维、毛型中长纤维）		300.0 m^3/t（纤维）
		长纤维		800.0 m^3/t（纤维）
15	化纤浆粕			本色：150 m^3/t（浆）；漂白：240 m^3/t（浆）
16	制药工业医药原料药	青霉素		4 700 m^3/t（青霉素）
		链霉素		1 450 m^3/t（链霉素）
		土霉素		1 300 m^3/t（土霉素）
		四环素		1 900 m^3/t（四环素）
		洁霉素		9 200 m^3/t（洁霉素）
		金霉素		3 000 m^3/t（金霉素）
		庆大霉素		20 400 m^3/t（庆大霉素）
		维生素 C		1 200 m^3/t（维生素 C）
		氯霉素		2 700 m^3/t（氯霉素）
		新诺明		2 000 m^3/t（新诺明）
		维生素 B_1		3 400 m^3/t（维生素 B_1）

续表 1-10

序号	行业类别		最高允许排水量或最低允许排水重复利用率
16	制药工业医药原料药	安乃近	180 m^3/t(安乃近)
		非那西汀	750 m^3/t(非那西汀)
		呋喃唑酮	2 400 m^3/t(呋喃唑酮)
		咖啡因	1 200 m^3/t(咖啡因)
17	有机磷农药工业	乐果	700 m^3/t(产品)
		甲基对硫磷(水相法)	300 m^3/t(产品)
		对硫磷(P_2S_5 法)	500 m^3/t(产品)
		对硫磷($PSCl_3$ 法)	550 m^3/t(产品)
		敌敌畏(敌百虫碱解法)	200 m^3/t(产品)
		敌百虫	40 m^3/t(产品)(不包括三氯乙醛生产废水)
		马拉硫磷	700 m^3/t(产品)
18	除草剂工业	除草醚	5 m^3/t(产品)
		五氯酚钠	2 m^3/t(产品)
		五氯酚	4 m^3/t(产品)
		二甲四氯	14 m^3/t(产品)
		2,4 - D	4 m^3/t(产品)
		丁草胺	4.5 m^3/t(产品)
		绿麦隆(以 Fe 粉还原)	2 m^3/t(产品)
		绿麦隆(以 Na_2S 还原)	3 m^3/t(产品)
19	火力发电工业		3.5 m^3(MW · h)
20	铁路货车洗刷		5.0 m^3/辆
21	电影洗片		5 m^3/1 000 m(35 mm 胶片)
22	石油沥青工业		冷却池的水循环利用率 95%

【拓展知识】

《海水水质标准》(GB 3097—1997)节选

本标准规定了海域各类使用功能的水质要求。

本标准适用于中华人民共和国管辖的海域。

一、海水水质分类

按照海域的不同使用功能和保护目标,海水水质分为四类:

续表 2-1

仪器	规格及表示法	一般用途	使用方法和注意事项
普通圆底烧瓶、磨口圆底烧瓶、蒸馏烧瓶	以容积（mL）表示。有普通型和标准磨口型。磨口的还以磨口标号表示其口径大小，如 10、14、19 等。 从形状分，有圆形、茄形、梨形，细口、厚口、磨口，平底、圆底，长颈、短颈，二口、三口等	1. 圆底烧瓶：常温或加热条件下作反应容器，因圆形受热面积大，耐压大。 2. 平底烧瓶：配制溶液或代替圆底烧瓶，还可作洗瓶，它不耐压，不能用于减压蒸馏。 3. 梨形烧瓶：少量使用时用。 4. 三口烧瓶：用于需要搅拌的实验，中间插搅拌器，两边插温度计、加料管或滴液漏斗、冷凝管等。 5. 蒸馏烧瓶：用于液体蒸馏，也可用作少量气体发生装置	1. 盛放液体量不能超过烧瓶容量的 2/3，也不能太少。 2. 固定在铁架台上，下垫石棉网加热，不能直接加热。 3. 放在桌面上时，下面要有木环或石棉环，以防滚动而被打破
分液漏斗、滴液漏斗	以容积（mL）、漏斗颈长短表示，有球形、梨形、筒形、锥形几种	1. 用于液体分离、洗涤和萃取。 2. 气体发生器装置中加液用。 3. 滴液漏斗用于反应中滴加液体。 4. 恒压漏斗可在上口塞紧的情况下滴加液体，用于滴加挥发性强、刺激性大的液体	1. 不能加热。 2. 使用前，将活塞涂一薄层凡士林，插入转动直至透明。如凡士林少了，会造成漏液；太多会溢出玷污仪器和试液。 3. 分液时，下层液体从漏斗管流出，上层液体从上口倒出。 4. 装气体发生器时，漏斗管应插入液面内（漏斗管不够长的，可接管）。 5. 漏斗间活塞应用细绳系于漏斗颈上，防止滑出跌碎。 6. 萃取时，振荡初期应放气数次，以免漏斗内气压过大

续表 2-1

仪器	规格及表示法	一般用途	使用方法和注意事项
直形冷凝管、球形冷凝管、蛇形冷凝管	以外套管长(cm)表示，分空气、直形、球形、蛇形冷凝管几种	1. 蒸馏操作中作冷凝用。 2. 球形冷凝管冷却面积大，适用于加热回流。 3. 直形、空气冷凝管用于蒸馏。沸点低于 140 ℃的物质用直形，高于 140 ℃的物质用空气冷凝管	1. 装配仪器时，先装冷却水橡皮管，再装仪器。 2. 套管的下面支管进水，上面支管出水。开冷却水需缓慢，水流不能太大

1)容器类

玻璃容器主要指实验室中用以储存和运送物料及容纳物质在其中进行化学反应的各种玻璃器皿。包括试剂瓶、洗瓶、烧杯、烧瓶(锥形和球形)、试管、比色管等，根据各自的性能和要求，采用相应的软质或硬质玻璃材料制作，并具有各种形状、颜色和规格。

2)量器类

水体监测实验室的玻璃量器基本是指用于计量(量入或量出)液体体积的一类器皿，它们常用被称为“白料”的软质玻璃制成，不宜在火上直接加热。量器按其形状、用途和容量分类。

2. 塑料器皿

塑料器皿按材质可分为聚乙烯器皿、聚丙烯器皿和聚四氟乙烯器皿。

1)聚乙烯器皿

聚乙烯是一种软质材料，呈乳白色，很像石蜡，是一种最轻的塑料，温度降低时变硬，有高度耐寒性，-80 ℃时才完全失去弹性，介电性能好。低压聚乙烯的熔点为 120~130 ℃，高压聚乙烯的熔点为 110~115 ℃。聚乙烯器皿的化学稳定性和力学性能好，可代替某些玻璃、金属和木质品等。在室温下，不受浓盐酸、氢氟酸、磷酸或强碱溶液的影响，只被浓硫酸(>60%)、浓硝酸、溴水及其他强氧化剂慢慢侵蚀，有机溶剂会侵蚀聚乙烯塑料，因此不能用塑料瓶储存，聚乙烯塑料可储存水、标准溶液和某些试剂溶液，比玻璃容器优越，尤其适于痕量物质分析。

2)聚丙烯器皿

聚丙烯熔点较聚乙烯高，为 130~140 ℃，小于 150 ℃时外观形状不变，因而是一种很有发展前途的材料。它力学性能好、介电性能好且不受温度和频率的影响，与大部分化学试剂不发生作用，高于 80 ℃开始溶于芳香族碳氢化合物，室温下难溶于有机化合物。

3)聚四氟乙烯器皿(塑料)

聚四氟乙烯外观白而光滑、似蜡，绝缘性好，不受环境及电场的影响。它的熔点是塑料中最高的，达 380 ~ 385 ℃，使用温度范围为 −100 ~ 250 ℃。其薄膜的柔软性在 100 ℃之下不变，不被水浸润，具有冷流动性，在压力为 20 ~ 25 MPa 时，常温下可连续流动。聚四氟乙烯不与任何化学物质起作用，也不受氧气和紫外线的影响，稳定性超过了金和铂，有“塑料王”之称，可用于制造烧杯、蒸发皿、坩埚、滴定管及分液的活塞、搅拌棒和表面皿等。

3. 常用瓷制器皿

瓷制器皿的主要优点是耐高温，其次是对酸、碱的稳定性比玻璃的好，灼烧失重小，价格便宜，因此在实验室中广泛使用。由于瓷制器皿的主要成分是盐，在高温下被 NaOH、KOH、Na_2CO_3腐蚀。因此，不能用碱溶法分解样品，也不能用氢氟酸在瓷制器皿中分解处理样品，表 2-2 列出实验室常用瓷制器皿。

表 2-2　实验室常用瓷制器皿

仪器	规格及表示法	一般用途	使用方法和注意事项
蒸发皿	以容积（mL）表示，分无柄与有柄	蒸发浓缩液体，用于 700 ℃以下物料的灼烧	1. 能耐高温，但不宜骤冷。 2. 一般在铁环上直接用火加热，但须在预热后再提高加热强度
坩埚	以容积（mL）表示，分低型与高型	灼烧沉淀，处理样品	1. 能耐高温，但不宜骤冷。 2. 根据灼烧物质的性质选用不同材料的坩埚
研钵	以直径（mm）表示，分普通型和深型	混合、研磨固体物料	1. 不能作反应器，放入物质量不超过容积的 1/3。 2. 绝对不允许研磨强氧化剂（$KClO_4$）。 3. 研磨时，不得敲击
布氏漏斗	以直径（mm）表示，常与吸滤瓶配套使用	用于抽滤物料	1. 漏斗与吸滤瓶大小要配套，滤纸直径要略小于漏斗内径。 2. 过滤前，先抽气，结束时，先断开抽气管与滤瓶连接处，再停止抽气，以防止液体倒吸
白瓷板	以面积计（长 × 宽，mm × mm）	滴定分析时垫于滴板上，便于观测滴定时的颜色变化	

4. 常用器具

玻璃器皿、瓷制器皿在使用过程中常配套有台架、夹持等工具及实验中配套使用的器具。

5. 常见仪器

1)天平

(1)天平的分类及特点。

从天平的构造原理来分类，天平分为机械式天平(杠杆天平)和电子天平两大类。杠杆天平又可以分为等臂双盘天平和不等臂双刀单盘天平。双盘天平还可分为摆动天平和阻尼天平(有阻尼器)，普通标牌天平和微分标牌天平(有光学读数装置，也称为电光天平)。按加码器加码范围不同，可分为部分机械加码天平和全部机械加码天平。由于双盘天平存在不等臂性误差、空载和实载灵敏度不同及操作较麻烦等固有的缺点，逐渐被不等臂单盘天平代替。不等臂单盘天平采用全量机械减码，克服了双盘天平的缺点，操作更简便。

电子天平由于采用电磁力平衡的原理，没有刀口刀承，无机械磨损，采用全部数字显示，称量快速，只需几秒就可显示称量结果。电子天平连接计算机和打印机后可具有多种功能，是代表发展趋势的最先进的天平，已经得到了广泛应用，下面将重点介绍电子天平的使用。

(2)电子天平的安装和使用方法。

①安装场所。

精度要求高的电子天平理想的放置条件是室温(20 ± 2)℃，相对湿度 45% ~60%。天平台要求坚固，具有抗震及减震性能。不受阳光直射，远离暖气与空调。不要将天平放在带磁设备附近，避免尘埃和腐蚀性气体。

②电子天平的安装。

电子天平的安装较简单，一般按说明书要求进行即可。电子分析天平外形及各部件见图 2-1。清洁天平各部件后，放好天平，调节水平，依次将防尘隔板、防风环、盘托、秤盘放上，连接电源线。将一台放置在较低温度的天平搬到一个较高温度的工作间时，应切断电源，待仪器放置 2 h 后，再进行安装及通电使用。这是为了使由于温度差产生的湿气排出。

③电子天平的使用方法。

使用前，检查天平是否水平，若不水平，调整水平。

称量前，接通电源预热 30 min (或按说明书要求)。

校准：按天平说明书要求的时间预热天平。首次使用天平必须校准天平，将天平从一地移到另一地使用时或在使用一段时间(30 天左右)后，应对天平重新校准。为使称量更为精确，也可随时对天平进行校准。校准程序可按说明书进行。用内装校准砝码或外部自备有修正值的校准砝码进行。

称量：按下显示屏的开关键，待显示稳定的零点后，将物品放到秤盘上，关上防风门。显示稳定后即可读取称量值。操纵相应的按键可以实现“去皮”“增重”“减重”等称量功能。

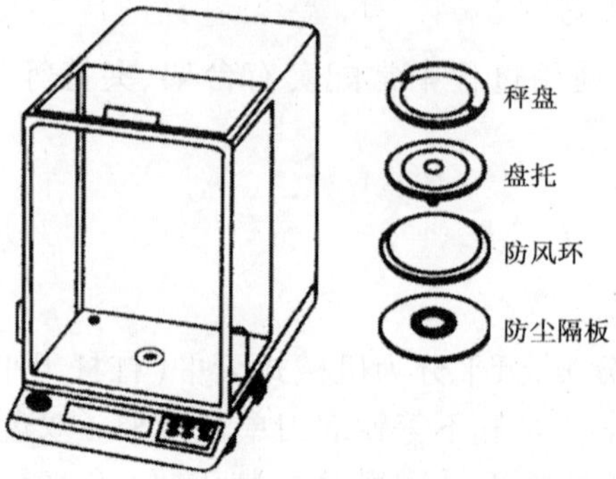

图 2-1　电子分析天平外形及各部件

清洁：天平受污染时，用含少量中性洗涤剂的柔软布擦拭。勿用有机溶剂和化纤布清洁和擦拭。样品盘可清洗，充分干燥后再装到天平上。

（3）试样的称量方法。

①指定质量的试样的称量方法（固定称样法）。

在分析工作中，有时要求准确称取某一指定质量的试样。为了便于计算结果或利用计算图表，往往要求称取某一指定质量的被测样品，这时可采用固定称样法。此法要求试样在空气中稳定。称量方法如下：

先在天平上准确称出容器的质量（容器可以是小表面皿、小烧杯、不锈钢制的小簸箕或碗形容器、电光纸等），然后在天平上增加欲称取质量数的砝码，用药勺盛试样，在容器上方轻轻振动，使试样徐徐落入容器，调整试样的量至达到指定质量。称量完后，将试样全部转移入实验容器中（表面皿可用水洗涤数次，称量纸上必须不黏附试样）。

此法也可用于称取不是指定质量的试样。

②减量称样法。

减量称样法是首先称取装有试样的称量瓶的质量，再称取倒出部分试样后称量瓶的质量，二者之差即是试样的质量，如再倒出一份试样，可连续称出第二份试样的质量。此法因能减少被称物质与空气接触的机会，因此适于称量易吸水、易氧化或与二氧化碳反应的物质，适于称量几份同一试样。称量方法如下：

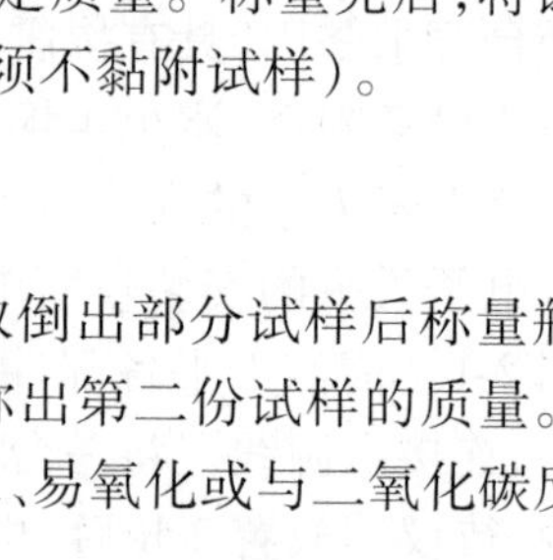

图 2-2　减量称样法

在称量瓶中装入一定量的固体试样，例如要求称 2 份 0.4 ~ 0.6 g 试样，可用药物天平称取 1.2 g 试样装入瓶中，盖好瓶盖，手带细纱手套或用纸条套住称量瓶放在天平盘上，称出其质量。取出称量瓶，在容器（一般为烧杯或锥形瓶）上方，使瓶倾斜，打开瓶盖，用盖轻敲瓶口上缘，渐渐倾出样品（见图 2-2），估计已够 0.4 g 时，在一面轻轻敲击的情况下，慢慢竖起称量瓶，使瓶口不留一点试样，轻轻盖好瓶盖（这一切都要在容器上方进行，防止试样丢失），放回天平盘上。分别以减去 0.4 g 和减去 0.6 g 砝码试称，确定试样质量在 0.4 ~ 0.6 g 后，准确称出其质量。如一次减样，不够 0.4 g，应再倒一次，但次数不能太多。如倒出的试样超过要求值，不可借助药勺放回，只能弃去重称。两次质量之差就是试样质量。如要再称一份试样，则仍按上述方法倒样，称量，第二次质量与第三次质量之差即为第二份试样的质量。

2）分光光度计

（1）分光光度分析方法。

①定性分析。

紫外—可见分光光度法是一种广泛应用的定量分析方法，也是对物质进行定性分析和结构分析的一种手段，同时还可以测定某些化合物的物理化学参数，例如摩尔质量、配合物的配合比和稳定常数，以及酸、碱的离解常数等。

紫外—可见分光光度法在无机元素的定性分析应用方面是比较少的，无机元素的定性分析主要用原子发射光谱法或化学分析法。在有机化合物的定性分析及结构分析方面，由于紫外—可见光谱较为简单，光谱信息少，特征性不强，而且不少简单官能团在近紫外及可见光区没有吸收或吸收很弱，因此这种方法的应用有较大的局限性，但是它适用于不饱和有机化合物，尤其是共轭体系的鉴定，以此推断未知物的骨架结构。此外，它可配合红外光谱法、核磁共振波谱法和质谱法等常用的结构分析法进行定量鉴定和结构分析，不失为一种有用的辅助方法。一般定性分析方法有与标准品或标准谱图对照、对比吸收光谱特征数据以及对比吸光度比值三种方法。

②定量分析。

紫外—可见分光光度法进行定量分析的依据是朗伯—比尔定律，即在一定波长处待测定物质的吸光度与它的浓度呈线性关系，因此通过测定溶液对一定波长入射光的吸光度，即可求出该物质在溶液中的浓度和含量。常用的定量分析方法主要有标准曲线法、比较法和标准加入法。

a. 标准曲线法。

标准曲线法又称为工作曲线法，是实际工作中运用最多的一种定量方法。其具体的工作流程是：配置 4 个以上浓度不同的待测组分的标准溶液，以空白溶液为参比溶液，在特定的波长下，分别测定各标准溶液的吸光度。以标准溶液浓度为横坐标、吸光度为纵坐标，在坐标纸上绘制曲线，如图 2-3 所示，此曲线即为标准曲线。在相同条件下测定待测组分溶液的吸光度，从标准曲线上即可找出与之对应的未知组分的浓度。标准曲线法适于批量样品的分析，它可以消除一定的随机误差。在绘制标准曲线时，应该注意以下几个问题：

标准溶液一般为 5 ~ 7 个点，至少不少于 4 个。

待测样品和标准溶液应作同样处理，吸光度应取几次测定值的平均值。

标准溶液浓度范围应在溶液吸光度与其浓度呈线性关系区间内，且溶液的吸光度控制在 0.1 ~ 1.0。

长时间不用后再次使用时，以及仪器维修调整后应检查标准曲线，必要时应重新绘制。

在实际工作中，为了避免使用时出错，在所做的标准曲线上还必须标明标准曲线的名称、所用标准溶液的名称和浓度、坐标分度和单位、测量条件（仪器型号、入射光波长、吸

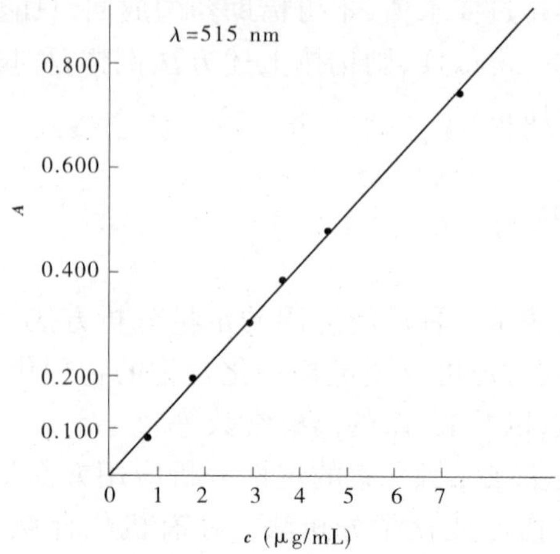

图 2-3　标准曲线

收池厚度、参比溶液名称）以及制作日期和制作者姓名。

b. 比较法。

比较法是用一个已知浓度的标准溶液（c_s），在一定条件下，测得其吸光度 A_s，然后在相同条件下测得待测溶液（c_x）的吸光度 A_x，则：

$$c_x = A_x c_s / A_s$$

比较法适用的前提是：待测溶液与标准溶液浓度相近，且都符合朗伯—比尔定律。此方法仅适用于个别样品的测定。

c. 标准加入法。

当样品中共存物不明或基体复杂无法配制组成匹配的标准样品时，使用标准加入法是合适的。分取几份等量的待测试样，其中一份不加入待测元素，其余各份试样中分别加入不同已知量 c_1、c_2、c_3、…、c_n 的待测元素，然后，在标准测定条件下分别测定它们的吸光度 A，绘制吸光度 A 对待测元素加入量 c 的曲线，如图 2-4 所示。

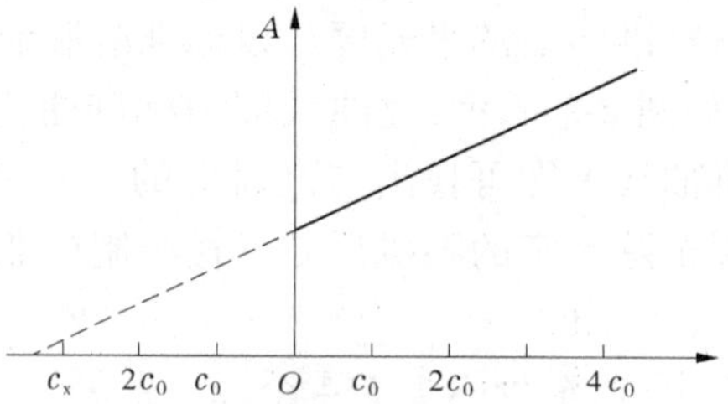

图 2-4　标准加入法工作曲线

如果待测试样中不含待测元素，在正确校正背景之后，曲线应通过原点；如果曲线不通过原点，说明含有待测元素，截距所相应的吸光度就是待测元素所引起的效应。外延曲线与横坐标轴相交，交点至原点的距离所对应的浓度 c_x，即为待测元素的含量。

标准加入法可以消除基体效应带来的影响，并在一定程度上消除了化学干扰和电离干扰，但不能消除背景干扰。应用标准加入法，一定要彻底校正背景，只有扣除背景以后，才能得到待测元素的真实含量，否则将使测定结果偏高。

使用标准加入法测定分析时，应注意以下几点：

相应的标准曲线应是一条通过原点的直线，待测组分的浓度应在此线形范围内。

第二份中加入的标准溶液的浓度与样品的浓度应当接近（可通过试喷样品和标准溶液比较两者的吸光度来判断），避免曲线的斜率过大或过小，造成较大的测定结果误差。

为了保证得到准确的外推结果，至少要采用4个点来绘制外推曲线。

标准加入法也采用最小二乘法来确定回归方程，进而校正曲线。

（2）常用紫外—可见分光光度计的构造及使用流程。

①721型分光光度计。

721型分光光度计光谱范围为360～800 nm（可见光区），其灵敏度较高，结构简单，操作方便，可用于有色物质溶液的测定。

a. 721型分光光度计光路和外形如图2-5所示。

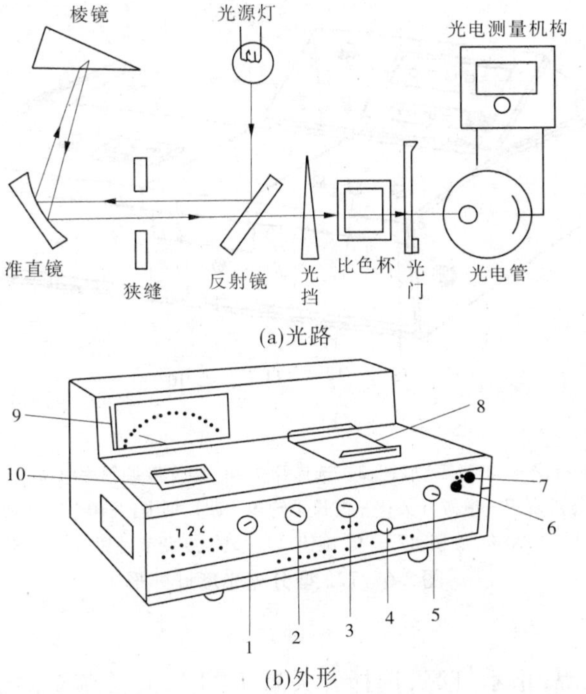

1—波长选择钮；2—“0”电位钮；3—“100”电位钮；4—比色杯拉杆；5—灵敏选择钮；6—电源开关；7—电源指示灯；8—暗箱盖；9—读数表；10—波长读数窗

图2-5　721型分光光度计光路和外形

b. 使用方法。

第一步，接通电源，打开机器开关，打开箱盖，预热10 min。

第二步，将空白液或者参比液及测定液分别装入比色皿（3/4体积），并用擦镜纸擦清外壁，放入样品室内。

第三步，调节电流计上零点调节器，使读数盘上指针的吸光度为∞或者透光率为0，调节测定所用波长。

第四步，盖上箱盖，光径开关自动打开。转动光量调节器使空白对照管的吸光度为0，或者透光率为100%，待指针稳定后，逐步拉出样品室滑杆，通过指针读取测定管上的吸光度。

有时需调节灵敏度开关，才能正确读得吸光度。此时，应重新转动零点调节旋钮至吸光度为∞。

第五步，读数完毕，打开仪器盖板，关闭开关，将比色皿冲洗干净。

②722 型分光光度计。

722 型分光光度计光谱范围为 360 ~ 800 nm，特用单光束、衍射光栅光学系统，灵敏度高。

a. 722 型分光光度计外形如图 2-6 所示。

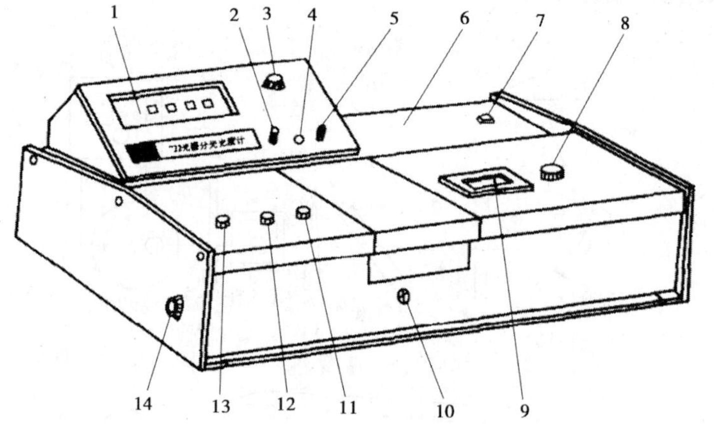

1—数字显示器；2—"消光零"旋钮；3—选择开关；4—吸光度调斜率电位器；5—浓度旋钮；
6—光源室；7—电源开关；8—波长手轮；9—波长刻度窗；10—试样架拉手；
11—"100%"旋钮；12—"0"旋钮；13—灵敏度调节旋钮；14—干燥器

图 2-6　722 型分光光度计外形

b. 使用方法。

第一步，开启电源，指示灯亮，选择开关置于"T"，波长调至测试用波长。仪器预热20 min。

第二步，打开试样室盖（光门自动关闭）。调节"0"旋钮，使数字显示为"00.0"，盖上试样室盖，将比色皿架处于蒸馏水校正位置，使光电管受光，将选择开关置于"T"，调节透光率"100%"旋钮，使数字显示为"100.0"。

第三步，将选择开关置于"A"，调节"消光零"旋钮，使得数字显示为"00.0"，然后将待测样品移入光路，显示值即为待测样品的吸光度的值。

第四步，如果大幅度改变测试波长，在调整"0"和"100%"旋钮后稍等片刻（因光能量变化急剧，光电管受光后响应缓慢，需一段光响应平衡时间），当稳定后，重新调整"0"和"100%"旋钮即可工作。

第五步，每台仪器所配套的比色皿，不能与其他仪器上的比色皿单个调换。

第六步,改变波长测试时,应将选择开关置于"T",重复第二步和第三步操作。

第七步,测试完毕,关闭开关、电源,将比色皿冲洗干净。

(二)容器的洗涤、干燥

1. 容器的洗涤

水体监测所用容器是否洁净,对实验结果的准确性和精密度有直接影响。因此,容器洗涤是实验工作中的一个重要环节。

1)容器洗涤

常量分析所用玻璃容器的洗涤,一般先用自来水和毛刷洗涤,除去仪器上的尘土及其他不溶性和可溶性杂质;如未干净,再用去污粉、肥皂、合成洗涤剂洗刷,可洗去油污和有机物;若仍有沾污,可先用洗液浸泡洗涤,然后用自来水冲洗干净,最后用蒸馏水或去离子水润洗容器内壁2~3次。蒸馏水的用量遵循"少量多次"的原则。

已洗净的仪器,应该清洁透明,水沿壁自然流下,均匀湿润而"不挂水珠";否则,需重洗。若重洗后仍挂有水珠,则需用洗液浸泡数小时(或用去污粉擦洗)后,再次清洗。

有些实验对仪器的洗涤有特殊要求,在用上述方法洗净后,还需要做特殊处理。例如,分光光度计的比色皿用于测定有机物后,应用有机溶剂洗涤。必要时,可用硝酸浸洗,但要避免用重铬酸钾洗液洗涤,以免重铬酸钾盐附着在玻璃上。用酸浸后,先用水冲净,再用乙醇或丙酮洗涤、干燥。

古氏坩埚、滤板漏斗及其他砂芯滤器,由于滤片上的孔隙很小,极易被灰尘、沉淀物堵塞,又不能用毛刷刷洗,需选用适宜的洗涤剂浸泡抽洗,然后用自来水冲洗,蒸馏水润洗2~3次。

2)洗涤剂配制

(1)铬酸洗液。

称取20 g工业品重铬酸钾置于500 mL的烧杯中,加入40 mL水,加热溶解。冷却后将360 mL浓硫酸沿玻璃棒慢慢加入上述溶液中,边加边搅拌,冷却后转入细口瓶备用。

该洗液用于洗涤一般油污及有机物,用途最为广泛。浸泡玻璃仪器时,最好放置一夜,再用水冲洗。新配制的洗液呈暗红色,具有强腐蚀性,浸泡在洗液中的玻璃仪器,最好用玻璃或耐酸的塑料工具取出,防止烧伤皮肤、衣物。洗液可以反复使用,用后倒回原瓶内,盖好瓶塞,以防洗液吸水而失效;被洗涤的仪器不宜有水,以免冲淡洗液而降低其效力;如洗液呈绿色,则氧化能力降低,此时可加入浓硫酸将三价铬氧化后继续使用。洗液经长期使用或吸收过多水分即变成黑绿色,此时,绝大部分的重铬酸钾还原成硫酸铬,不再有氧化能力,不宜再用。

(2)碱性高锰酸钾洗液。

称取4 g高锰酸钾溶于少量水中,然后加入10 g氢氧化钠,再加水至100 mL。本洗液作用缓慢温和,可洗涤油污及有机物,洗涤后在玻璃器皿上留下一层氧化锰沉淀,可用盐酸或草酸洗掉。

(3)碱性乙醇洗液。

称取12 g氢氧化钠溶解在12 mL水中,再加入100 mL乙醇(95%),保存于胶塞瓶中。该洗液可用于洗涤油脂、焦油及树脂。使用时,注意防火,防止挥发。

(4)纯酸洗液。

根据污垢的性质,如水垢或盐类结垢,可直接用1+1盐酸或1+1硫酸、10%以下的硝酸、1+1硝酸浸泡或浸煮器皿,但加热的温度不宜太高,以免浓酸挥发或分解。

(5)硝酸-过氧化氢洗液。

特殊难洗的化学污物,可用15%~20%的硝酸加等体积的5%过氧化氢洗涤,该洗液久存易分解,应现用现配。

(6)有机溶剂。

沾有较多油脂性污物的玻璃仪器,尤其是难以使用毛刷洗刷的玻璃仪器,如活塞内孔、吸管和滴管的尖头、滴定管等,可用苯、甲苯、二甲苯、丙醇、酒精、氯仿等有机溶剂浸泡或擦洗,使用该洗液应注意毒性、可燃性,用过的废溶剂应回收,蒸馏后仍可继续使用。

2. 容器的干燥

不同的监测操作,对仪器是否干燥及干燥程度要求不同。有些可以是湿的,如常量分析中用的三角瓶、烧杯等,洗净后即可使用;有的只要没有水痕即可使用;有的则要求是干燥的、完全无水,所以应根据实验要求来干燥仪器。常用的干燥方法有以下几种:

(1)倒置控干。

把洗干净的仪器倒置在干净的架子或柜内,任其自然晾干。容量仪器、加热烘干会炸裂的仪器以及不急需使用的仪器都可采用此法。

(2)烘干。

烘干是最常用的方法,其优点是快捷、省时间。烘干温度一般控制在105~110 ℃,烘1 h左右,洗净的仪器尽量将水倒尽后放入烘箱内,仪器口朝下,并在烘箱的最下层放一瓷盘,承接从仪器上滴下的水,以免滴到电热丝上损坏电热丝。

烘干的玻璃仪器一般都在空气中冷却,但称量瓶等用于精确称量的玻璃仪器则应在干燥器中冷却保存。任何量器均不得用烘干法干燥,如容量瓶不得在烘箱中烘干,也不能用任何方法加热。

(3)烤干。

一些常用的烧杯、蒸发皿等,可放在石棉网上用小火烤干。试管可用试管夹夹住后在火焰上来回移动直至烤干。烤时,必须使试管口低于管底,以免水珠流到灼烧部位使试管炸裂。烤干法只适用于硬质玻璃仪器,有些玻璃仪器如比色皿、比色管、称量瓶、试剂瓶等不宜用烤干法干燥。

(4)吹干。

急需使用干燥的玻璃仪器而不便于烘干时,可使用电吹风快速吹干。如果玻璃仪器大量带水,应先用丙酮、乙醇、乙醚等有机溶剂冲洗一下,然后用冷风吹1~2 min,待大部分溶剂蒸发后,再用热风吹,吹干后再吹冷风,使仪器逐渐冷却至室温。一些不宜高温烘烤的玻璃仪器如移液管、滴定管均可用电吹风法快速干燥。此法要求在通风处进行,防止中毒,不要接触明火,以防有机溶剂蒸气着火爆炸。

(5)高温净化干燥。

在500~800 ℃温度下灼烧,不仅能起干燥作用,而且还能烧去仪器上的污物和不易洗掉的结垢。用此法干燥的仪器多属于瓷质制品和石英制品。

带有刻度计量仪器的干燥只能晾干或用有机溶剂吹干，不能采用热（冷）风吹干，因为热（冷）会影响仪器的精度。

3. 玻璃仪器的保存

在实验室中常用的玻璃仪器，应根据其特点、用途和方便、实用的原则加以保管，按种类、规格顺序存放。

（1）移液管。

可在洗净后，用滤纸包住两端，置于吸管架上（横式），也可置于有盖搪瓷盘中，垫以清洁的纱布保存。

（2）滴定管。

可倒置在滴定架上，或盛满蒸馏水，上加套指形管或小烧杯。使用的滴定管（内装试液）在操作暂停期间也应加套或小烧杯以防止灰尘落入。

（3）清洁的比色皿、比色管、离心管等。

要放在专用的盒中或倒置在专用架上。

（4）具磨塞的清洁玻璃仪器。

如量瓶、碘量瓶、称量瓶、试剂瓶等，使用前应用小绳将塞子拴好，以免打破塞子或者互相弄混，暂时不用的磨口仪器，磨口处要垫一纸条，用皮筋拴好塞子保存。

（5）成套的专用仪器。

如索氏提取器、凯氏定氮仪、K－D 浓缩器、全玻璃蒸馏器等，用完后要及时洗涤干净，存放于专用的包装盒中。

（6）小件仪器。

可放在带盖的托盘中，盘内要垫以清洁的纱布或滤纸。

二、量器的使用及溶液配制

新购置的量器和长时间使用的量器应进行必要的校正。实验室中对测量精度要求较高的玻璃量器，也应定期（每年一次）进行校正，以确保其标称量的准确性。校正应由有经验的人员或技术监督部门的专业人员进行，校正的方法应依照现行《常用玻璃量器》（JJG 196）和《标准玻璃量器》（JJG 20）的规定进行。

（一）量器的选择

1. 量器的种类

量器按其用途不同可分为量入式和量出式两种。量入式量器用来测定注入量器内液体的体积，如容量瓶、具塞量筒等。量出式量器用来测定自量器内排出液体的体积，如滴定管、移液管等。

2. 量器的等级

量器所标出的标线和数字（通过标准量器给定的），称为量器在标准温度 20 ℃时的标称容量。玻璃量器按其标称容量准确度（容量允差）的高低和流出的时间分为 A 级和 B 级两种。A 级与 B 级相比，精度高 1 倍。凡分级的量器，上面都有相应的等级标志，如滴定管、容量瓶和吸量管等。无“A”“B”字样的量器则表示不分级别，如量筒、量杯等。

3. 量器的标准容量允差

容量允差就是量器的实际容量和标称容量之间存在的差值,是量器重要的技术指标。各种体积和各种级别量器在 20 ℃时标准容量允差可参照现行《实验室玻璃仪器玻璃量器》(GB/T 12803 ~ 12810)中的要求。

4. 水的流出时间和等待时间

流出时间是指量器内液体充至全量标线(最高刻度)时,通过排液嘴自然流出至最低刻度所需的时间(s)。等待时间是指当水流出至所需刻度以上约 5 m 处,为了使附着于器壁上的水全部流下来需要等待的时间(s)。流出时间越短,残存水量越大;反之,越小。因此,对于量出式量器,如滴定管、吸量管等,流出时间不一致或等待时间不足,必然会影响量值的准确度;但过分延长等待时间也毫无必要,具体技术指标见现行《常用玻璃量器》(JJG 196)。

5. 选择合适的量器

量器的种类、等级、标称容量不同,其容量允差也不同。选择得当,可以减少由于量器本身引起的误差。例如,无分度吸管的容量允差小于分度吸管,若以相对误差表示,5 ~ 10 mL 的无分度吸管 A 级为 0.2% ~0.3%,B 级为 0.4% ~0.6%,分度吸管则分别为 0.5% 和 1%,二者相差 1 倍。因此,应优先选用无分度吸管。

对于滴定管,虽然标称容量越小,相对容量允差越大,但其绝对容量允差则越来越小。因此,如果滴定时操作溶液的用量为 15 ~ 20 mL,最好选用标称容量为 25 mL 的滴定管。如果用量超过 20 mL,则可选用 50 mL 的滴定管。

(二)量器的使用

1. 滴定管

1)种类

滴定管是准确测量排出液体体积的仪器,为量出式(Ex)计量玻璃仪器,按其容积不同分为常量、半微量及微量滴定管;按构造上的不同,又可分为普通滴定管和自动滴定管等。常量滴定管中最常用的是容积为 50 mL 的滴定管,这种滴定管上刻有 50 个等分的刻度(单位为 mL),每一等分再分十格(每格 0.1 mL),在读数时,两小格间还可估出一个数值(可读至 0.01 mL)。此外,还有容积为 100 mL 和 25 mL 的常量滴定管,分刻度值为 0.1 mL。容积 10 mL、分刻度值为 0.05 mL 的滴定管有时称为半微量滴定管。

在滴定管的下端有一玻璃活塞的称为酸式滴定管;带有尖嘴玻璃管和胶管连接的称为碱式滴定管。如图 2-7 所示即为这两种滴定管。碱式滴定管下端的胶管中有一个玻璃珠,用以堵住液流。玻璃珠的直径应稍大于胶管内径,用手指捏挤玻璃珠附近的胶管,在玻璃珠旁形成一条狭窄的小缝,液体就沿着这条小缝流出来。

酸式滴定管适用于装酸性和中性溶液,不适于装碱性溶液,因为玻璃活塞易被碱性溶液腐蚀。碱式滴定管适于装碱性溶液。与胶管起作用的溶液(如 $KMnO_4$、I_2、$AgNO_3$ 等溶液)不能用碱式滴定管。有些需要避光的溶液,可以采用茶色(棕色)滴定管。

2)滴定管的使用方法

(1)洗涤。

对于无明显油污、不太脏的滴定管,可直接用自来水冲洗,或用肥皂水或洗衣粉水泡洗，但不可用去污粉刷洗，以免划伤内壁，影响体积的准确测量。若有油污不易洗净，可用铬酸洗液洗涤。洗涤时，将酸式滴定管内的水尽量除去，关闭活塞，倒入 10 ~ 15 mL 洗液于滴定管中，两手端住滴定管，边转动边向管口倾斜，至洗液布满全部管壁为止，立起后打开活塞，将洗液放回原瓶中。如果滴定管油垢较严重，需用较多洗液充满滴定管浸泡十几分钟或更长时间，甚至用温热洗液浸泡一段时间。洗液放出后，先用自来水冲洗，再用蒸馏水淋洗 3 ~ 4 次，洗净的滴定管其内壁应完全被水均匀地润湿而不挂水珠。

碱式滴定管的洗涤方法与酸式滴定管基本相同，但要注意铬酸洗液不能直接接触胶管，否则胶管会变硬损坏。为此，最简单的方法是先将胶管连同尖嘴部分一起拔下，在滴定管下端套上一个滴瓶塑料帽，然后装入洗液洗涤。也可用另外一种方法洗涤，即将碱式滴定管的尖嘴部分取下，胶管还留在滴定管上，将滴定管倒立于装有洗液的烧杯中，将滴定管上胶管（现在朝上）连接到抽水泵上，打开抽水泵，轻捏玻璃珠，待洗液徐徐上升至接近胶管处即停止，让洗液浸泡一段时间后放回原瓶中。然后用自来水冲洗，用蒸馏水淋洗 3 ~4 次备用。

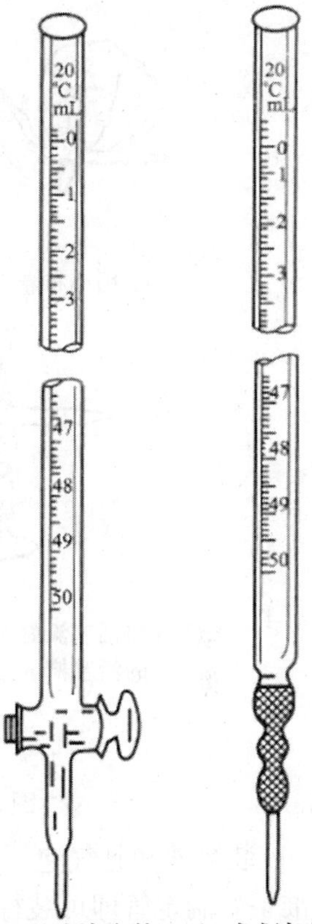

(a)酸式滴定管　(b)碱式滴定管

图 2-7　滴定管

（2）涂油。

酸式滴定管活塞与塞套应密合不漏水，并且转动要灵活，为此，应在活塞上涂一薄层凡士林（或真空油脂）。涂油的方法是：将活塞取下，用干净的纸或布把活塞和塞套内壁擦干（如果活塞孔内有旧油垢堵塞，可用细金属丝轻轻剔去，如管尖被油脂堵塞，可先用水充满全管，然后将管尖置于热水中，使油脂熔化，突然打开活塞，将其冲走）。用手指蘸少量凡士林在活塞的两头涂上薄薄一圈，在紧靠活塞孔两旁不要涂凡士林，以免堵住活塞孔。涂完，把活塞放回套内，向同一方向旋转活塞几次，使凡士林分布均匀呈透明状态。然后用橡皮圈套住，将活塞固定在塞套内，防止滑出。涂油也可以按图 2-8 所示的方法进行，即用手指蘸少量凡士林，在活塞的大头一边涂一圈，再用火柴棍蘸少量凡士林在塞套内小头一边涂一圈。然后将活塞悬空插入塞套内，沿一个方向转动至凡士林均匀分布为止。其余操作同上。碱式滴定管不涂油，只要将洗净的胶管、尖嘴和滴定管主体部分连接好即可。

（3）试漏。

酸式滴定管：关闭活塞，装入蒸馏水至一定刻线，直立滴定管约 2 min。仔细观察刻线上的液面是否下降，滴定管下端有无水滴滴下，以及活塞缝隙中有无水渗出。然后将活塞转动 180°后等待 2 min 再观察，如有漏水现象，应重新擦干涂油。

碱式滴定管：装蒸馏水至一定刻线，直立滴定管约 2 min，仔细观察刻线上的液面是否下降，或滴定管下端尖嘴上有无水滴滴下。如有漏水，则应调换胶管中玻璃珠，选择一个大小合适、比较圆滑的配上再试。玻璃珠太小或不圆滑都可能漏水，太大操作不方便。

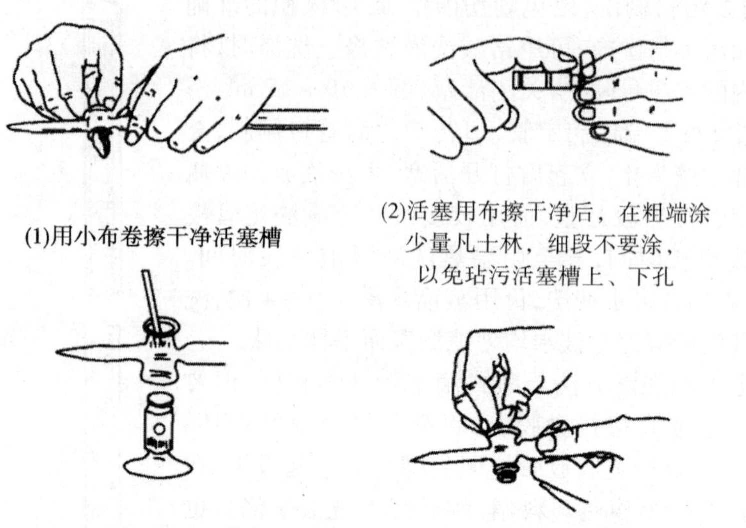

(1)用小布卷擦干净活塞槽

(2)活塞用布擦干净后，在粗端涂少量凡士林，细段不要涂，以免玷污活塞槽上、下孔

(3)先将活塞涂好凡士林，再将滴定管的活塞槽的细端涂上凡士林

(4)活塞平行插入活塞槽后，向一个方向转动，直至凡士林均匀分布

图 2-8　酸式滴定管活塞涂抹凡士林操作步骤

(4)装溶液和赶气泡。

准备好滴定管即可装标准溶液。装之前应将瓶中标准溶液摇匀，使凝结在瓶内壁的水混入溶液，为了除去滴定管内残留的水分，确保标准溶液浓度不变，应先用此标准溶液淋洗滴定管 2～3 次，每次用约 10 mL，从下口放出少量（约 1/3）以洗涤尖嘴部分，然后关闭活塞，横持滴定管并慢慢转动，使溶液与管内壁处处接触，最后将溶液从管口倒出弃去，但不要打开活塞，以防活塞上的油脂冲入管内。尽量倒空后再洗第二次，每次都要冲洗尖嘴部分。

如此洗 2～3 次后，即可装入标准溶液至“0”刻线以上，然后转动活塞使溶液迅速冲下排出下端存留的气泡，再调节液面在“0.00”处。如溶液不足，可以补充，如液面在“0.00”下面不多，也可记下初读数，不必补充溶液再调，但一般是调在“0.00”处较方便，这样可不用记初读数了。

碱式滴定管应按如图 2-9 所示的方法，将胶管向上弯曲，用力捏挤玻璃珠使溶液从尖嘴喷出，以排除气泡。碱式滴定管的气泡一般是藏在玻璃珠附近，必须对光检查胶管内气泡是否完全赶尽，赶尽后再调节液面至“0.00”处，或记下初读数。

装标准溶液时，应从盛标准溶液的容器内直接将标准溶液倒入滴定管中，尽量不用小烧杯或漏斗等其他容器，以免浓度改变。

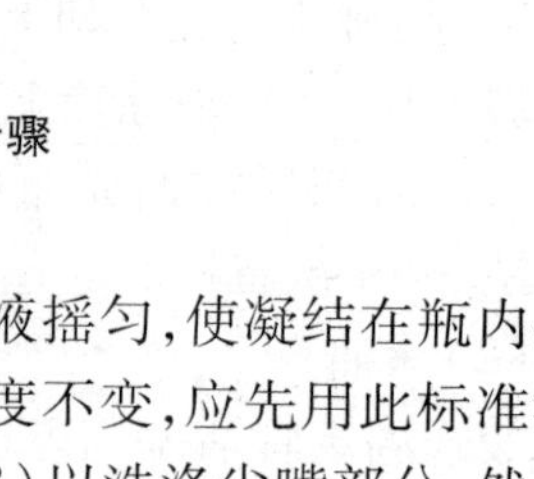

图 2-9　碱式滴定管赶气泡

(5)滴定。

滴定最好在锥形瓶中进行，必要时也可在烧杯中进行。滴定操作是左手进行滴定，右手摇瓶，酸式滴定管操作方法如图 2-10 所示，左手的拇指在管前，食指和中指在后，手指略微弯曲，轻轻向内扣住活塞。手心空握，以免活塞松动或可能顶出活塞，使溶液从活塞缝隙中渗出。滴定时，转动活塞，控制溶液流出速度，要求做到：逐滴放出；只放出 1 滴；使溶液成悬而未滴的状态，即练习加半滴溶液的技术。

碱式滴定管操作方法如图 2-11 所示，左手的拇指在前，食指在后，捏住胶管中玻璃珠所在部位稍上处，捏挤胶管使其与玻璃珠之间形成一条缝隙，溶液即可流出。但注意不能捏挤玻璃珠下方的胶管，否则空气进入而形成气泡。

图 2-10　酸式滴定管操作方法

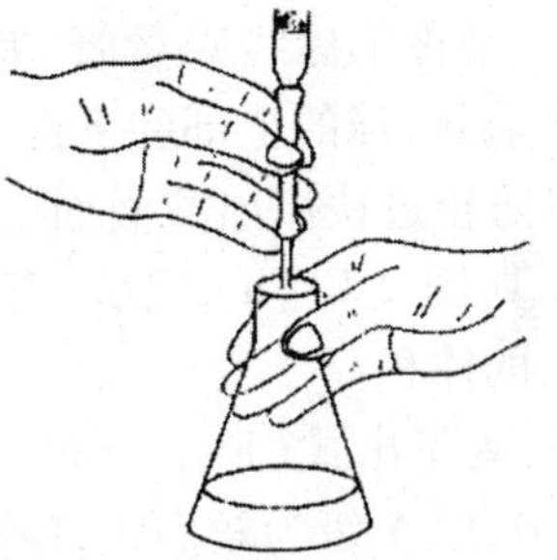

图 2-11　碱式滴定管操作方法

滴定前，先记下滴定管液面的初读数，如果是“0.00”，可以不记。滴定时，先用小烧杯内壁碰一下悬在滴定管尖端的液滴，然后使滴定管尖嘴部分插入锥形瓶口（或烧杯口）下 1～2 cm 处。滴定速度不能太快，以每秒 3～4 滴为宜，切不可成液柱流下，边滴边摇（或用玻璃棒搅拌烧杯中溶液）。向同一方向作圆周旋转而不应前后振动，因这样会溅出溶液。临近终点时，应一滴或半滴地加入，并用洗瓶吹入少量水冲洗锥形瓶内壁，使附着的溶液全部流下，然后摇动锥形瓶，观察终点是否已达到（为便于观察，可在锥形瓶下放一块白瓷板），如终点未到，继续滴定，至准确到达终点为止。

（6）读数。

由于水溶液的附着力和内聚力的作用，滴定管液面呈弯月形。无色水溶液的弯月面比较清晰，有色溶液的弯月面清晰程度较差，因此两种情况的读数方法稍有不同。为了正确读数，应遵守下列规则：

注入溶液或放出溶液后，需等待 30 s～1 min 后才能读数（使附着在内壁上的溶液流下）。

滴定管应用拇指和食指拿住滴定管的上端（无刻度处），使管身保持垂直后读数。

对于无色溶液或浅色溶液，应读弯月面下缘实线的最低点。为此，读数时，视线应与弯月面下缘实线的最低点相切，即视线与弯月面下缘实线的最低点在同一水平面上，如图 2-12（a）所示。

对于有色溶液，应使视线与液面两侧的最高点相切，如图 2-12（b）所示。初读和终读应用同一标准。

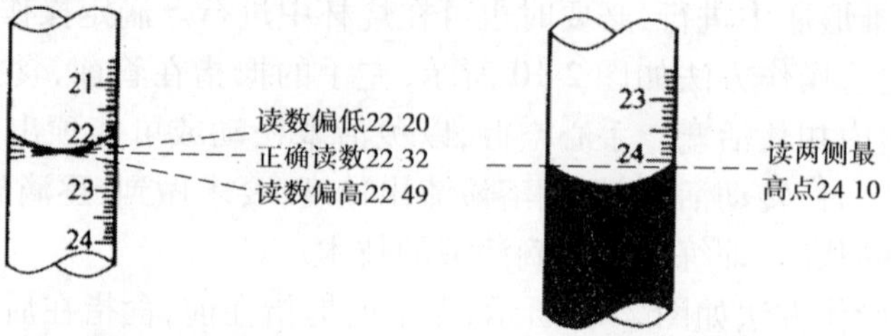

(a)普通滴定管读取数据示意　　(b)有色溶液读取数据示意

图 2-12　滴定管读数

2. 移液管和吸量管

1) 类型

移液管又称单标线吸量管,其中间有一膨大部分(称为球状)的玻璃管,球的上部和下部均为较细窄的管颈,出口缩至很小,以防止过快流出溶液而引起误差。管颈上部刻有一环形标线,如图 2-13(a)所示,表示在一定温度(一般为 20 ℃)下移出的体积。

移液管为量出式(Ex) 计量玻璃仪器,按精度的高低分为 A 级和 B 级,A 级为较高级,B 级为较低级。

吸量管是具有分刻度的玻璃管,两端直径较小,中间管身直径相同,可以转移不同体积的溶液,如图 2-13(b) ~(d) 所示。吸量管转移溶液的准确度不如移液管。

常用的吸量管有 1 mL、2 mL、5 mL、10 mL 等规格。有的吸量管上标有“吹”字或“blowout”,特别是 1 mL 以下的吸量管尤其如此。有的吸量管,它的分度刻到离管尖尚差 1 ~2 cm,如图 2-13(d) 所示,放出溶液时应特别注意。实验中,要尽量使用同支吸量管以减少误差。

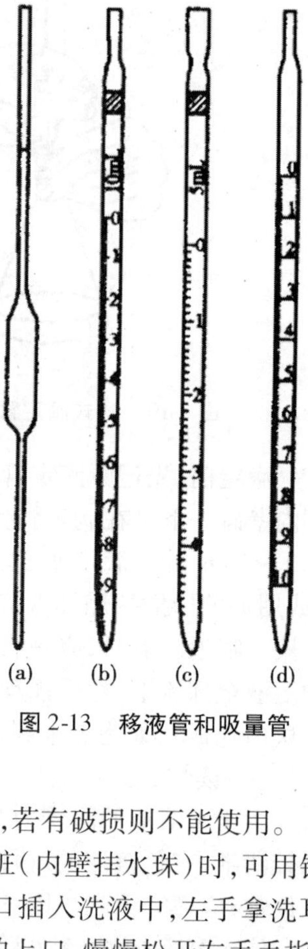

图 2-13　移液管和吸量管

2) 移液管和吸量管的使用方法

(1) 洗涤。

洗涤前,应先检查移液管或吸量管的管口和尖嘴有无破损,若有破损则不能使用。

移液管和吸量管均可用自来水洗涤,再用蒸馏水洗净,较脏(内壁挂水珠)时,可用铬酸洗液洗净。其洗涤方法是:右手拿移液管或吸量管,管的下口插入洗液中,左手拿洗耳球,先把球内空气压出,然后把球的尖端接在移液管或吸量管的上口,慢慢松开左手手指,将洗液慢慢吸入管内至上升到刻度以上部分,等待片刻后,将洗液放回原瓶中。浸泡一段时间后,取出吸量管,沥尽洗液,用自来水冲洗,再用蒸馏水淋洗干净。洗净的标志是内壁不挂水珠。干净的移液管和吸量管应放置在干净的移液管架上。

(2) 吸取溶液。

用右手的拇指和中指捏住移液管或吸量管的上端,将管的下口插入欲取的溶液中,插入不要太浅或太深,太浅会产生吸空,把溶液吸到洗耳球内弄脏溶液,太深又会在管外沾附溶液过多。左手拿洗耳球，接在管的上口把溶液慢慢吸入，如图 2-14 所示，先吸入移液管或吸量管容量的 1/3 左右，取出、横持，并转动管子使溶液接触到刻度以上部位，以置换内壁的水分，然后将溶液从管的下口放出并弃去，如此用欲取溶液淋洗 2 ~3 次后，即可吸取溶液至刻度以上，立即用右手的食指按住管口（右手的食指应稍带潮湿，便于调节液面）。

(3)调节液面。

将移液管或吸量管向上提升离开液面，管的末端仍靠在盛溶液器皿的内壁上，管身保持直立，略为放松食指（有时可微微转动移液管或吸量管），使管内溶液慢慢从下口流出，至溶液的弯月面底部与标线相切为止，立即用食指压紧管口。将尖端的液滴靠壁去掉，移出移液管或吸量管，插入承接溶液的器皿中。

(4)放出溶液。

承接溶液的器皿如是锥形瓶，应使锥形瓶倾斜成约 30°，移液管或吸量管直立，管下端紧靠锥形瓶内壁，放开食指，让溶液沿瓶壁流下，如图 2-15 所示。流完后管尖端接触瓶内壁约 15 s 后，再将移液管或吸量管移去。残留在管末端的少量溶液，不可用外力强使其流出，因校准移液管或吸量管时已考虑了末端保留溶液的体积。

但有一种吹出式吸量管，管口上刻有“吹”字，使用时必须使管内的溶液全部流出，末端的溶液也需吹出，不允许保留。另外有一种吸量管的分刻度只刻到距离管口尚差 1 ~2 cm 处，刻度以下溶液不应放出。

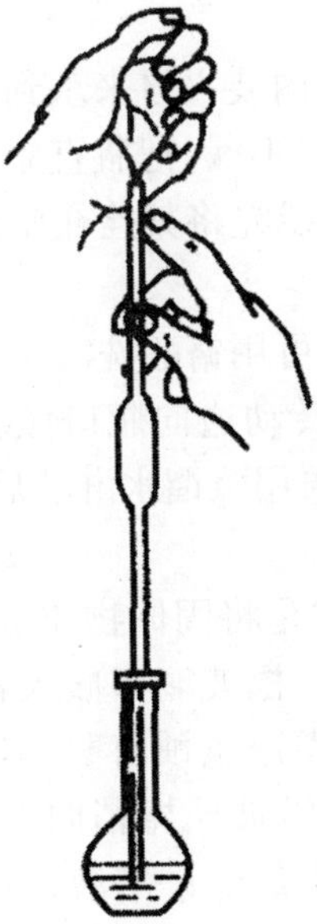

图 2-14　吸入溶液

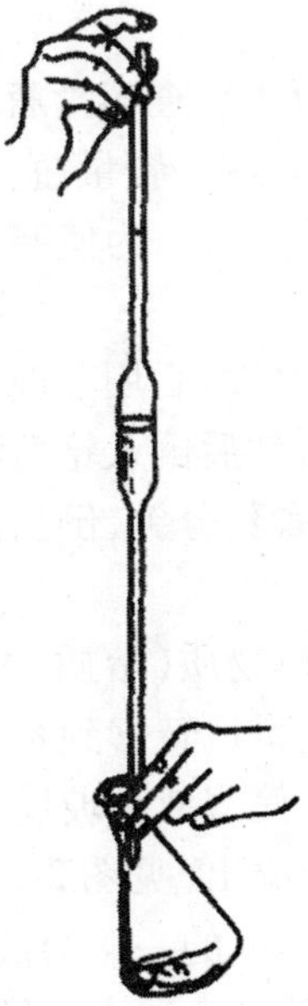

图 2-15　放出溶液

3. 容量瓶

1)分类

容量瓶是一种细颈梨形平底的玻璃瓶，带有玻璃磨口塞或塑料塞（见图 2-16），颈上有一环形标线，表示在所指定的温度（一般为 20 ℃）下液体充满标线时，液体的体积恰好等于瓶上所标明的体积。

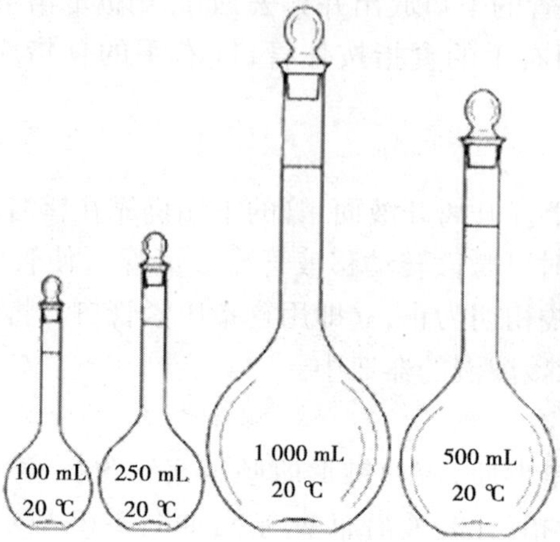

图 2-16 容量瓶

容量瓶是量入式（In）计量玻璃仪器，必须符合 GB 12806—2011 的要求。容量瓶按精度的高低分为 A 级和 B 级，A 级为较高级，B 级为较低级。容量瓶主要用于配制准确浓度的溶液或定量地稀释溶液。容量瓶有无色和棕色两种。

2）容量瓶的使用方法

（1）试漏。

使用前，应先检查容量瓶瓶塞是否密合，为此，可在瓶内装入自来水到标线附近，盖上塞，用手按住塞，倒立容量瓶，观察瓶口是否有水渗出，如果不漏，把瓶直立后，转动瓶塞约 90°后再倒立试一次。为使塞子不丢失、不弄乱，常用塑料线绳将其拴在瓶颈上。

（2）洗涤。

先用自来水洗，后用蒸馏水淋洗 2 ~ 3 次。如果较脏，可用铬酸洗液洗涤，洗涤时将瓶内水尽量倒空，然后倒入铬酸洗液10 ~ 20 mL，盖上塞，边转动边向瓶口倾斜，至洗液布满全部内壁。放置数分钟，倒出洗液，用自来水充分洗涤。再用蒸馏水淋洗后备用。

（3）转移。

若要将固体物质（溶质）配制成一定体积的溶液，通常是将固体物质放在小烧杯中用水溶解后，再定量地转移到容量瓶中。在转移过程中，用一根玻璃棒插入容量瓶内，烧杯嘴紧靠玻璃棒，使溶液沿玻璃棒慢慢流入，玻璃棒下端要靠近瓶颈内壁，但不要太接近瓶口，以免有溶液溢出（见图 2-17）。待溶液流完后，将烧杯沿玻璃棒稍向上提，同时直立，使附着在烧杯嘴上的一滴溶液流回烧杯中。残留在烧杯中的少许溶液，可用少量蒸馏水洗 3 ~ 4 次，洗液按上述方法转移合并到容量瓶中。

如果固体物质是易溶的，溶解时又没有很大的热效应发生，也可将称取的固体物质小心地通过干净漏斗放入容量瓶中，用水冲洗漏斗并使溶质直接在容量瓶中溶解。

如果是浓溶液稀释，则用移液管吸取一定体积的浓溶液，放入容量瓶中，再按下述方法稀释并定容。

(4)定容。

溶液转入容量瓶后，加蒸馏水，稀释到约 3/4 体积时，将容量瓶平摇几次（切勿倒转摇动），作初步混匀，这样可避免混合后体积的改变。然后继续加蒸馏水，近标线时应小心地逐滴加入，至溶液的弯月面与标线相切为止。盖紧塞子。

(5)摇匀。

左手食指按住塞子，右手指尖顶住瓶底边缘（见图 2-18），将容量瓶倒转并振荡，再倒转过来，仍使气泡上升到顶，如此反复 10～15 次，即可混匀。

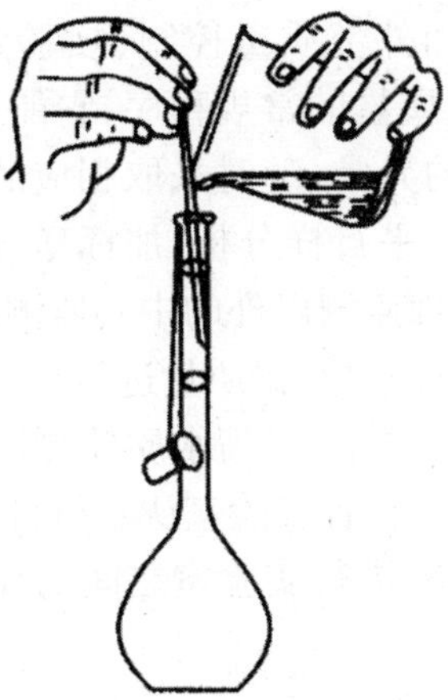

图 2-17　转移溶液

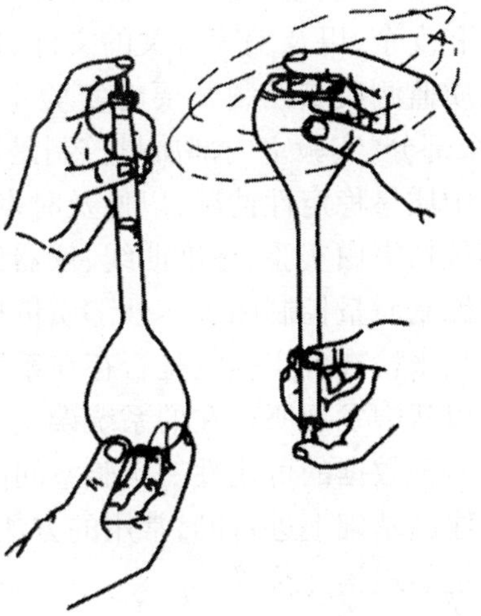

图 2-18　摇匀溶液

(6)使用容量瓶注意事项。

不要用容量瓶长期存放配好的溶液。配好的溶液如果需要长期存放，应该转移到干净的磨口试剂瓶中。容量瓶长期不用时，应该洗净，把塞子用纸垫上，以防时间久后，塞子打不开。容量瓶一般不要在烘箱中烘烤，如需使用干燥的容量瓶，可用电吹风机吹干。

第二节　实验室质量保证

一、水质监测的质量保证与控制

（一）水质监测质量保证与控制的意义

在环境监测过程中，由于监测对象复杂，时间、空间分布广泛，污染物质易受物理、化学和生物等因素的影响，待测组分的浓度范围变化大，且测定结果还与样品采集的时间、空间有关，不易准确测量。因此，环境监测工作由一系列环节组成，特别在大规模的环境调查中，需要在同一时间内，许多实验室同时测定，这就要求各个实验室在整个监测过程中，提供的数据要有规定的准确性和可比性，否则任一环节出现问题，都将直接或间接影响测定结果的准确度。如果没有一个科学的环境监测质量控制程序，对整个监测过程进行规范化管理，由于人员、设备、地域等各种因素的影响，难免出现监测数据差别较大、不能利用的现象，造成大量人力、物力和时间的浪费。

环境监测质量控制是环境监测中十分重要的技术工作和管理工作。质量控制是一种保证监测数据准确可靠的方法，也是科学管理实验室和监测系统的有效措施，它可以保证数据质量，使不同作业人员、不同实验室所提供的监测数据建立在可靠、有用的基础之上。水质监测质量控制是整个监测过程的全面质量管理，包括制订计划，根据需要和可能确定监测指标及数据的质量要求，规定相应的分析监测系统。其主要内容有采样，样品预处理、储存、运输、实验室供应，仪器设备、器皿的选择和校准，试剂、溶剂和基准物质的选用，统一测定方法、质量控制程序、数据的记录和整理，各类人员的要求和技术培训，实验室的清洁度和安全，以及编写有关的文件、指南和手册等。

水质监测质量控制主要有实验室内部质量控制和外部质量控制（实验室间质量控制）两个部分，实验室内部质量控制是实验室自我控制质量的常规程序，它能反映监测分析过程中质量稳定性情况，以便及时发现分析中出现的异常，随时采取相应的校正措施。其内容包括空白实验、标准曲线、仪器设备的定期标定、平行样分析、加标样分析、密码样分析和编制质量控制图等。外部质量控制通常是由常规监测以外的中心监测站或其他有经验人员来检查各实验室是否存在系统误差等情况，以便对数据质量进行独立评价，各实验室可以从中发现所存在的系统误差等问题，以便及时校正，提高水质监测质量，增强各实验室监测数据的可比性。实验室间的质量控制应该是在各实验室认真执行了内部质量控制程序的基础上进行的，常用的方法有分析标准样品，进行实验室之间的评价和分析、测量系统的现场评价等。

（二）水质监测质量控制相关名词

1. 准确度

准确度是用一个特定的分析程序所获得的分析结果（单次测定值和重复测定值的均值与测定的或公认的真值之间符合程度的量度）。它是反映某种监测方法或系统存在的系统误差或随机误差的综合指标，决定着测定结果的可靠性。准确度用绝对误差或相对误差表示，其常用评价方法有加标回收率实验和对照实验。

1）加标回收率实验

在样品中加入一定量的标准物质，同时测定加标样品，并按下式计算回收率（P），以确定监测方法的准确度：

$$P = \frac{A - B}{D} \times 100\%$$

式中 A——加标样品测定值；

B——样品测定值；

D——加标量。

加标回收率实验简单易行，能综合反映多种因素引起的误差，因此常用来判断某方法是否适合特定样品的测定。在进行加标回收率实验时，应注意以下几个问题：

（1）加标量的用量确定。

加标量的多少应考虑样品中待测物质的浓度和加入标准物质的浓度对回收率的影响。通常以标准物质的加入量与待测物质浓度水平相等或接近为宜。待测物质浓度较高时，加标后的总浓度不能超过该方法线性范围上限的90%，如小于检测限，则可按测定下限量加入标准物质。但应注意，在任何条件下，加标量不得大于样品中待测物质含量的3倍，否则会影响加标回收率的准确性和真实性。

(2)加标量的干扰。

样品中某些干扰物对待测物质产生的正干扰或负干扰，有时会相互叠加或抵消，采用加标回收率实验方法不易发现，其回收率也不能得到满意结果。

(3)标准物质与样品中待测物质的形态。

加入的标准物质与样品中待测物质的形态应尽可能一致。即使如此，由于基体效应的存在，用加标回收率评价准确度并非全部可靠。所谓基体效应，就是因基体组成不同，使物理、化学性质差异给实际测定带来的误差。

2)对照实验

对照实验就是用标准物质进行对比实验，或与标准方法进行比较。前者在进行环境样品测定的同时，对标准物质进行测定，将标准物质的测定结果与标准物质的给定值进行比较检验，确定检测方法的准确度。后者用标准方法对同一环境样品进行测定，检验两种方法的测定结果，判断监测方法的准确度。通过对照实验还可判断操作的准确度。对照实验结果的比较，通常采用 t 检验法，也称显著性检验。

2. 精密度

精密度指用一特定的分析程序在受控条件下重复分析均一样品所得测量值的一致程度。它反映测量系统的随机误差大小，可用极差、平均偏差、相对平均偏差、标准偏差、相对标准偏差等来度量。最常用的是标准偏差。

在讨论精密度时，常要用到如下几个术语：

(1)平行性：指在同一实验室中，当分析人员、分析设备和分析时间都相同时，用同一分析方法对同一样品进行双份或多份平行测定，结果之间的符合程度。

(2)重现性：指同一实验室内，当分析人员、设备、时间至少有一样不相同时，用同一种分析方法对同一样品进行两次或两次以上独立测定，结果之间的符合程度。

(3)再现性：指不同实验室（分析人员、分析设备、分析时间都不同），用同一种分析方法对同一样品进行多次测定，结果之间的符合程度。

平行性和重现性代表了实验室内部精密度；再现性反映的是实验室间的精密度，通常用分析标准样品的方法来确定。精密度的评价常用 F 检验法，用于比较不同条件下（不同地点、不同时间、不同分析方法、不同分析人员等）测量的两组数据是否具有相同的精密度。

3. 灵敏度

分析方法的灵敏度是指某种分析方法在一定条件下，被测物质浓度或含量改变一个单位时所引起的测量信号的变化程度。它可以用仪器的响应值或其他指示值与对应的待测物质的浓度或含量之比来描述，因此常用标准曲线的斜率来度量灵敏度。灵敏度随实验条件而变。标准曲线的直线部分以下式表示：

$$A = kc + a$$

式中　A——仪器的响应值；

c——待测物质的浓度；

a——标准曲线的截距；

k——方法的灵敏度系数，k 值越大，说明方法灵敏度越高。

4. 空白实验

空白实验又称空白测定，一般是指用纯水代替样品进行的测定。其所加试剂和操作步骤与样品实验测定完全相同。空白实验应与样品测定同时进行，样品分析时仪器的响应值（如吸光度、峰高等）不仅是样品中待测物质的分析响应值，还包括所有其他因素，如试剂中杂质、环境及操作进程的污染等的响应值。这些因素是经常变化的，为了了解它们对样品测定的综合影响，在每次测定时，均应做空白实验，空白实验所得的响应值称为空白实验值。

对实验用水有一定的要求，即其中待测物质浓度应低于方法的检测限。

当空白实验值偏高时，应全面检查空白实验用水或试剂的空白、量器和容器是否污染、仪器的性能以及环境状况等。

5. 标准曲线

标准曲线是用于描述待测物质的浓度或含量与相应的测量仪器的响应值或其他指示值之间的定量关系的曲线。标准曲线包括工作曲线（绘制标准曲线的标准溶液的分析步骤与样品分析步骤完全相同）和标准曲线（绘制标准曲线的标准溶液的分析步骤与样品分析步骤相比有所省略，如省略样品的前处理等）。

监测中常用标准曲线的直线部分。某一方法的标准曲线的直线部分所对应的待测物质浓度或含量的变化范围，称为该方法的线性范围。

标准曲线的绘制步骤如下：

（1）配制在测量范围内的一系列已知浓度的标准溶液，通常需要 7 ~ 9 个浓度水平，不得少于 5 个浓度水平。

（2）按照与样品测定相同（工作曲线）或相近（标准曲线）的步骤测定各浓度水平的标准溶液的响应值。

（3）绘制以标准溶液浓度为横坐标、测定响应量为纵坐标的关系曲线。

（4）用最小二乘法的原理统计确定直线回归方程，并检验直线回归方程的相关系数以保证其直线相关性。当相关系数达到 0.999 以上时，可用内插法计算测量结果。

6. 检测限

检测限也称检出限，是指某一分析方法在给定的可靠程度内可以从样品中检测待测物质的最小浓度或最小量。所谓“检测”是指定性检测，即断定样品中确实存在有浓度高于空白的待测物质。

检测下限有如下几种规定：

（1）分光光度法规定：以扣除空白值后的吸光度为 0.01 相对应浓度为检测下限。

（2）气相色谱法规定：检测器产生的相应信号为噪声 2 倍时的量为最小检测量，最小检测量与进样量或体积之比称为检测下限。

（3）离子电极法规定：某一方法的标准曲线的直线部分外延的延长线与通过空白电位且平行于浓度值的直线相交时，其交点所对应的浓度为检测下限。

（4）《全球环境监测系统水监测操作指南》中规定：在给定置信水平为 95% 时，样品浓度的一次测定值与零浓度样的一次测定值有显著差异者即为检测下限。

检测上限:标准曲线直线部分的最高点相对应的浓度值。

二、误差

(一)基本概念

1. 真值

真值:在某一时刻、某一位置或状态下,某量的效应体现出的客观值或实际值称为真值。真值包括理论真值和约定真值。

理论真值:由理论如三角形内角之和等于180°所定义的真值。

约定真值:由国际单位制所定义的真值。如1 min = 60 s,1 m = 100 cm等,国际计量大会将国际单位分为基本单位、辅助单位和导出单位。

相对真值:高一级标准器的误差为低一级标准器误差的1/5(或1/3 ~ 1/20)时,则认为高一级标准器为低一级标准器的相对误差。

2. 误差

由于被测量的数据形式通常不能以有限位数表示,同时由于认识能力的不足和科学技术水平的限制,使测量值与真值不一致,这种矛盾在数值上的表现即为误差。任何测量结果都有误差,并存在于一切测量全过程之中。

误差按其性质和产生原因,可分为系统误差、随机误差和过失误差。

3. 偏差

各次测定值与平均值之差称为偏差。在实际工作中,由于真实值并不知道,用误差无法衡量测定结果的准确度,对环境样品要进行多次平行分析,一般可用其算术平均值来代表该样品的测定结果,用偏差衡量测定结果的精密度。

(二)误差的分类及产生原因

1. 系统误差

系统误差又称可测误差、恒定误差或偏倚,是指测量值的总体均值与真值之间的差别,是由测量过程中某些恒定因素造成的。在一定的测量条件下,系统误差会重复出现,即误差的正负和大小在多次重复测定中有固定的规律。因此,增加测定次数不能减小系统误差。从理论上讲,系统误差是可以测定的,若能找出原因,并设法加以校正,即可消除系统误差。

系统误差产生的原因具体如下:

(1)方法误差。方法误差是由分析方法不够完善所引起的,由分析系统的化学或物理化学性质所决定,在一定条件下,这种误差的数值保持一定,采取适当措施可以减小方法误差。方法误差来源有反应不能定量完成或者有副反应,存在干扰成分,以及响应信号偏离理论值等。

(2)仪器误差。仪器误差是由于使用未经校准的仪器或仪器本身不够准确造成的。如天平两臂不等长、砝码不准,所用容量瓶、滴定管、移液管未经校正,均会引入系统误差。

(3)试剂误差。试剂误差是所用试剂中含有杂质所致。如基准试剂纯度不够,使用了不纯的试剂或蒸馏水,引入了被测物质或干扰物质等。

(4)人员误差。人员误差是由于测量者的感官差异、反应敏捷程度和固有习惯所引起的。如人的辨别能力不同,在判断指示剂变色点时会存在误差;对仪器标尺读数时习惯性地偏左或偏右等。此外,人员的主观偏见也会造成误差,如在重复实验时,总是想使后者与前者的实验结果相一致,不自觉地受先入为主的偏见所支配,在读取数据时造成人员误差。

(5)环境误差。环境误差是由于测量时环境因素的显著改变所引起的。如温度、湿度明显变化,溶液中某组分挥发造成溶液浓度的改变,化学试剂吸收水分或二氧化碳而导致试剂不纯等。

系统误差可以通过以下方法克服:

(1)校准仪器。即测量前对使用的仪器进行校准,并用校准值对测量结果进行修正。

(2)空白实验。就是用空白实验结果修正测量值,以消除试剂不纯等原因所产生的误差。

(3)对照实验。即将实际样品与标准物质在同样条件下进行测定,当标准物质的保证值与测定值相一致时,可认为该方法的系统误差已基本消除;或采用不同的分析方法,如与标准方法进行比较,校正方法误差。

(4)回收实验。回收实验就是在实际样品中加入已知量的标准物质,在相同的条件下进行测定,观察所得结果能否定量回收,并以回收率作校正因子。

2. 随机误差

随机误差也称偶然误差或不可测误差,是由测定过程中随机因素的共同作用所造成的。随机误差的大小和正负是不固定的。但在多次测量的数据中,随机误差符合正态分布。正态分布具有以下特点:

(1)有界性。在一定条件下的有限次测量值中,其误差的绝对值不会超过一定界限。

(2)单峰性。绝对值小的误差出现的次数比绝对值大的误差出现的次数多,即在有限次测定中,绝大多数的测定值都在真值附近。

(3)对称性。在测量次数足够多时,绝对值相等的正误差和负误差出现的次数大致相等。

(4)抵偿性。在一定条件下对同一量进行测量,随机误差的算术平均值随测量次数的增加而趋于零,即测量次数无限多时,误差平均值极限为零。

在实际操作中,有些测量数据本身不呈正态分布,而呈偏态分布,但将数据取对数进行转换之后,可显示为正态分布。若监测数据的对数呈正态分布,称为对数正态分布。减小随机误差通常除必须严格控制实验条件,正确使用仪器、试剂外,还可利用随机误差的抵偿性,通过增加测定次数来减小随机误差。

过失也称为过失误差或粗差。这类误差明显歪曲测量结果,是由测量过程中不应有的错误造成的,不同于上述两种误差,如加错试剂、样品损失、仪器出现异常、读数错误等。一经发现存在过失误差,必须及时重做实验。为消除过失误差,分析人员应该具有认真细致、对工作负责的良好素质,不断提高理论及操作水平。

含有过失误差的测量数据经常表现为离群值。对于已发现有过失的测量数据,无论结果好坏均应剔除;对于未发现的过失,但发现为离群的测量数据,应使用统计检验方法进行检验后予以剔除(或保留)。

(三)误差的表示方法

1. 绝对误差和相对误差

(1)绝对误差是测量值(单一测量值或多次测量的均值)与真值之差。当测量结果大于真值时,误差为正,反之为负。

$$绝对误差 = 测量值 - 真值$$

(2)相对误差指绝对误差与真值之比(常以百分数表示),即:

$$相对误差 = \frac{绝对误差}{真值}$$

2. 绝对偏差和相对偏差

(1)绝对偏差即某一测量值 x_i 与多次测量平均值 $\bar{x}$ 之差,以 d_i 表示。

$$d_i = x_i - \bar{x}$$

(2)相对偏差为绝对偏差与均值之比(常用百分数表示)。

$$相对偏差 = \frac{d_i}{\bar{x}}$$

3. 平均偏差和相对平均偏差

(1)平均偏差为绝对偏差的绝对值之和的平均值,以 $\bar{d}$ 表示。

$$\bar{d} = \frac{1}{n}\sum_{i=1}^{n}|d_i| = \frac{1}{n}(|d_1| + |d_2| + \cdots + |d_n|)$$

(2)相对平均偏差为平均偏差与测量均值之比(常用百分比表示)。

$$相对平均偏差 = \frac{\bar{d}}{\bar{x}}$$

4. 极差

极差为一组测量值中最大值与最小值之差,表示误差的范围,以 R 表示。

$$R = x_{max} - x_{min}$$

式中　x_{max}——测量值 $x_1, x_2, \cdots, x_n$ 中最大值;

　　　x_{min}——测量值 $x_1, x_2, \cdots, x_n$ 中最小值。

5. 样本的标准偏差和相对标准偏差

(1)样本的标准偏差用 S 表示,其计算公式为

$$S = \sqrt{\frac{1}{n-1}\sum_{i=1}^{n}(x_i - \bar{x})^2}$$

(2)样本相对标准偏差(RSD)又称为变异系数(C_v),是样本的标准偏差在样本均值中所占的百分数。其计算公式为

$$RSD = \frac{S}{\bar{x}} \times 100\%$$

(3)总体标准偏差以 σ 表示,其计算公式为

$$\sigma = \sqrt{\frac{1}{N}\sum_{i=1}^{n}(x_i - \mu)^2}$$

式中 N——总体的容量；

μ——总体均值。

三、数据的记录与处理

（一）有效数字的记录和计数规则

1. 有效数字的意义

有效数字是指分析和测量中所得到的有实际意义的数字，即有效数字不仅表示数值的大小，它的位数还反映了计量器具（或仪器）的精密度和准确度。有效数字是由全部确定的数字和一位不确定的可疑数据构成的。如用滴定管时读取的数据应为 22.35 mL，这是由于滴定管的读数可精确到 ±0.01 mL，即前面三位数字都有刻度，可以准确读出，第四位数字没有刻度，是估读数字，是不确定的可疑数字。有效数字记录、运算和报告的测量结果只应包含有效数字，对有效数字的位数不能任意增减。记录有效数字和计算结果必须根据有效位数的保留规则正确书写。

数字"0"是一个比较特殊的数字，它是不是有效数字，要视具体情况而定。当它用于指示小数点的位置，而与测量的准确程度无关时，不是有效数字；当它用于表示与测量准确度有关的数值时，则为有效数字。这与"0"在数字中的位置有关。

（1）第一个非零数字前的"0"仅起定位作用，不是有效数字，它只是用来表明小数点的位置。例如，0.006 53 g 也可写成 6.53 mg，均为三位有效数字。

（2）在非零数字中间或小数末尾的"0"是有效数字，如 2.000 5 和 8.50 mL 分别为五位有效数字和三位有效数字。

（3）以"0"为结尾的整数，有效数字的位数不确定。例如，23 500 可能是三位、四位、五位有效数字。在此情况下，应根据测定值的准确度改写成指数形式，如 2.35×10^4 或 $2.350\,0 \times 10^4$，其有效位数分别是三位有效数字和五位有效数字。

2. 有效数字的计数规则

有效数字保留的位数与测量方法及仪器的准确度有关。记录数据结果时，应注意以下规则：

（1）记录测量数据时，应当也只允许保留 1 位可疑（不确定）数字，不可任意增减位数。

如滴定管、吸量管等量器，最小刻度至 0.1 mL，估读至 ±0.01 mL，应记录为 11.00 mL，是四位有效数字；如果记为 11.0 mL，则表示为用小量筒量取的，最小刻度至 1 mL，估读至 ±0.1 mL，只有三位有效数字。

（2）用于表示方法或分析结果精密度时的标准差，通常只取一位有效数字，只有测量次数很多时才取两位，且最多只限取两位。表示测定误差时，通常也最多只取两位有效数字。

（3）实验室通用的计量仪表可记取的有效数字位数如下：

台式天平，小数点后第二位，即百分位。

万分之一分析天平，小数点后第四位，即万分位。

分光光度计，吸光值记到小数点后第三位，即千分位。

带有计算机处理系统的分析仪器，往往根据计算机自身的设定，打印或显示结果，可以有很多位数，但这并不增加仪器的精度和可读的有效位数。

在一系列操作中，使用多种计量仪器时，有效数字处理的结果以最少位数计量仪器的位数表示。

(4)容量分析中用合格的玻璃量器量取溶液时，量取的体积的有效数字位数应根据量器的允许误差和读数误差决定。常见的一等量器的允许误差和准确容量分别见表 2-3 和表 2-4。

表 2-3　一等无分度移液管允许误差和准确容量

容量示值	允许误差	准确容量	容量示值	允许误差	准确容量
2	±0.006	2.00	20	±0.03	20.00
3	±0.006	3.00	25	±0.04	25.00
5	±0.01	5.00	50	±0.06	50.00
10	±0.02	10.00	100	±0.06	100.00
15	±0.03	15.00			

表 2-4　一等量入式量器允许误差和准确容量

容量示值	允许误差	准确容量	容量示值	允许误差	准确容量
10	±0.02	10.00	250	±0.10	250.0
25	±0.03	25.00	500	±0.15	500.0
50	±0.05	50.00	1 000	±0.30	1 000.0
100	±0.10	100.0	2 000	±0.50	2 000.0
200	±0.10	200.0			

(5)分析测定结果的有效数字所能达到的位数，不能超过方法最低检出限有效数字所能达到的位数。例如，一个方法的最低检出浓度为 0.02 mg/L，则分析结果报为 0.094 mg/L 就不合理，应报 0.09 mg/L。当测定值小于分析方法的最低检出限时，为便于计算机存储，按 1/2 最低检出限值报结果。

(6)回归方程中，斜率 b 的有效数字位数应与自变量 x 的有效数字位数相等，或比 x 多保留一位数；截距 a 的最后一位数，则和因变量 y 数值的最后一位数取一致，或比 y 多保留一位数。

(7)有效数字与小数点的位置或量的使用单位无关。如称得某物质的质量是 15 g，两位有效数字。若以 mg 为单位时，可记作 1.5×10^{4} mg；若以 kg 为单位，可记作 0.015 kg 或 1.5×10^{-2} kg，仍为两位有效数字。

(8)对于 pH、pM、lg$K$ 等对数值，其对数的小数点后的位数与真数的有效数字位数相同，因此对数的有效数字位数，只计小数点以后的位数，而不计对数整数部分。如 pH = 12.25，即$[H^{+}]=5.6\times10^{-13}$ moL/L，其有效数字均为两位。

(9)计算有效数字的位数时，若第一位数字不小于 8，其有效数字可以多计一位。如 9.68 mL，表面上是三位有效数字，但它接近 10.00，故可认为是四位有效数字。

(10)在有效数字计算中，当有效数字位数确定后，其余数字应按修约规则一律舍去。

3. 有效数字的修约规则

各种测量、计算的数值需修约时，应按《数值修约规则》(GB/T 8170—2008)进行修约，即按“四舍六入五余进，奇进偶舍”的规则修约。当保留位数后一位数不大于4时，则舍去；当保留位数后一位数不小于6时，则进位；当保留位数后一位数为5时，则应视具体情况而定，如5后的数不为0，则应进位，如5后的数为0，则应视保留的末位数是奇数还是偶数(零视为偶数)，5前为偶数应将5舍去，5前为奇数则将5进位。负数修约时，先将它的绝对值按上述规定进行修约，然后在修约值前面加负号。拟修约数字应在确定修约位数后一次修约获得结果，不得多次按上述规则连续修约。

(1)在舍弃的数字中，若左边第一个数字小于5(不包括5)，则舍去，即所拟保留的末位数字不变。例如，将24.242 3修约到只保留一位小数。

修约前:24.242 3

修约后:24.2

(2)在舍弃的数字中，若左边第一个数字大于5(不包括5)，则进1，即所拟保留的末位数字加1。例如，将26.484 3修约到只保留一位小数。

修约前:26.484 3

修约后:26.5

(3)在舍弃的数字中，若左边第一个数字等于5而其右边的数字并非全部为0，则进1，即所拟保留的末位数字加1。例如，将1.050 1修约到只保留一位小数。

修约前:1.050 1

修约后:1.1

(4)在舍弃的数字中，若左边第一个数字等于5而其右边的数字皆为0，所拟保留的末位数字若为奇数则进1，若为偶数(包括0)则不进。例如，将下列数字修约到只保留一位小数。

修约前:0.350 0

修约后:0.4

修约前:0.450 0

修约后:0.4

修约前:1.050 0

修约后:1.0

(5)所拟舍弃的数字若为两位以上数字，不得连续多次修约，应根据所舍弃数字中左边第一个数字的大小，按上述规则依次修约出结果来。例如，将25.454 6修约成整数。

修约前:25.454 6

修约后:25

不正确的做法是:

修约前:25.454 6

一次修约:25.455

二次修约:25.46

三次修约:25.5

四次修约:26

4. 近似计算规则

1) 加法和减法

几个近似值相加减时，所得和或差的有效数字取决于绝对误差最大的数值，即最后结果的有效数字不超过参加计算的近似值中第一个出现的可疑数字。如在小数的加减计算中，结果所保留的小数点后的位数与各近似值中小数点后位数最少者相同。在实际计算时，保留的位数常比各数值中小数点后位数最少者多留位小数，而计算结果则按上述规则处理。

例如：

$$508.4 - 438.68 + 13.046 - 6.054\,8 = 508.4 - 438.68 + 13.05 - 6.05 = 76.72$$

最后计算结果只保留一位小数，为 76.7。

当两个很接近的近似数值相减时，其差的有效数字位数会有很多损失。所以，如有可能，应把计算程序组织好，尽量避免之。

2) 乘法和除法

近似值相乘除时，所得积或商的有效数字位数取决于相对误差最大的近似值，即最后结果的有效数字位数要与各近似值中有效数字位数最少者相同。在实际计算中，先将各近似值修约至比有效数字位数最少者多保留一位有效数字，再将计算结果按上述规则处理。例如：

$$0.006\,76 \times 70.19 \times 6.502\,73 = 0.006\,76 \times 70.19 \times 6.502 = 3.085\,097\,568\,8$$

最后计算结果用 3 位有效数字表示为 3.09。

对于第一位数是 8 或 9 的近似值，在乘除计算中有效数字的位数可多计一位。例如，0.983 可视为四位有效数字，80.44 可视为五位有效数字。

3) 乘方和开方

近似值乘方和开方时，原近似值有几位有效数字，计算结果就可保留几位有效数字。如：

$$6.54^2 = 42.771\,6\text{，保留三位有效数字则为 }42.8$$

$$\sqrt{7.39} = 2.718\,455\,444\cdots\text{，保留三位有效数字则为 }2.72$$

4) 对数和反对数

在近似值的对数计算中，所取对数的小数点的位数（不包括首数）应与真数的有效数字位数相同。例如，求 $[H^+]$ 为 7.98×10^{-2} mol/L 溶液的 pH。

$$[H^+] = 7.98 \times 10^{-2}\ \text{mol/L}$$

$$pH = -\lg[H^+] = -\lg(7.98 \times 10^{-2}) = 1.098$$

再如，求 pH = 3.20 溶液的 $[H^+]$。

$$pH = -\lg[H^+] = 3.20$$

$$[H^+] = 6.3 \times 10^{-4}\ \text{mol/L}$$

5) 平均值

求 4 个或 4 个以上准确度接近的近似值的平均值时，其有效数字可增加位数。例如：求下列数的近似值 X：3.77，3.70，3.79，3.80，3.72。

$$X = (3.77 + 3.70 + 3.79 + 3.80 + 3.72)/5 = 3.756$$

6) 差方和、方差和标准偏差

差方和 S、方差 S^2 和标准偏差 S 有下列定义和计算：

$$S = \sum_{i=1}^{n} x_i^2 - \frac{1}{n}\left(\sum_{i=1}^{n} x_i\right)^2$$

$$S^2 = \frac{1}{n-1}\left[\sum_{i=1}^{n} x_i^2 - \frac{1}{n}\left(\sum_{i=1}^{n} x_i\right)^2\right]$$

$$S = \sqrt{\frac{1}{n-1}\left[\sum_{i=1}^{n} x_i^2 - \frac{1}{n}\left(\sum_{i=1}^{n} x_i\right)^2\right]}$$

并在每一步计算过程中对中间结果不做修约，只将最后结果修约到要求的位数。

（二）可疑数据的取舍

1. 离群数据和可疑数据

明显歪曲实验结果的测量数据，即与正常数据不是来自同一分布总体的数据，称为离群数据，包括离群值、离群均值和离群方差。

可能会歪曲实验结果，但尚未经过检验判定其是离群数据的测量数据称为可疑数据。

2. 离群数据的产生

一组正常的测量数据应来自具有一定分布的总体。但如果实验条件发生了明显的改变，或在实验过程中出现了过失误差，那么由此产生的测量数据就与正常数据不属于同一分布总体，即出现了离散程度较大的离群数据。

3. 离群数据的检验与剔除

剔除了测量数据中的离群数据，会使测量结果更符合客观实际，然而，正常数据总具有一定的分散性，如果为了能得到精密度好的结果而人为地删去一些误差较大并非离群的测量数据，则由此得到的精密度很高的测量结果并不符合客观实际。因此，可疑数据的取舍必须遵循一定的原则。测量中发现明显的系统误差和过失误差，由此产生的数据应随时剔除。而可疑数据的取舍应采用统计方法进行判别，即离群数据的统计检验。其检验方法很多，现介绍常用的两种。

1）狄克逊（Dixon）检验法

狄克逊检验法适用于一组测量值的一致性检验和剔除离群值。本法中对最小可疑值、最大可疑值进行检验的公式因样本的容量（n）不同而异，检验方法具体如下：

（1）将一组测量数据按从小到大顺序排列为 $x_1, x_2, \cdots, x_n$，x_1 和 x_n 分别为最小可疑值和最大可疑值。

（2）按表 2-5 计算式求 Q 值。

表 2-5　狄克逊检验条件 Q 计算公式

n 值范围	可疑数据为最小值 x_1 时	可疑数据为最大值 x_n 时	n 值范围	可疑数据为最小值 x_1 时	可疑数据为最大值 x_n 时
3 ~ 7	$Q = \frac{x_2 - x_1}{x_n - x_1}$	$Q = \frac{x_n - x_{n-1}}{x_n - x_1}$	11 ~ 13	$Q = \frac{x_3 - x_1}{x_{n-1} - x_1}$	$Q = \frac{x_n - x_{n-2}}{x_n - x_2}$
8 ~ 10	$Q = \frac{x_2 - x_1}{x_{n-1} - x_1}$	$Q = \frac{x_n - x_{n-1}}{x_n - x_2}$	14 ~ 25	$Q = \frac{x_3 - x_1}{x_{n-2} - x_1}$	$Q = \frac{x_n - x_{n-2}}{x_n - x_3}$

(3)根据给定的显著性水平(a)和样本容量(n),从表2-6中查得临界值(Q_a)。

(4)若$Q \leqslant Q_{0.05}$,则可疑值为正常值;若$Q_{0.05} < Q \leqslant Q_{0.01}$,则可疑值为偏离值;若$Q > Q_{0.01}$,则可疑值为离群值。

【例2-1】　一组测定值按从小到大的顺序排列为14.65、14.90、14.90、14.92、14.95、14.96、15.00、15.00、15.01、15.02,试检验最小值14.65和最大值15.02是否为异常值。

解　检验最小值$x_1 = 14.65$,当$n = 10$,$x_2 = 14.90$,$x_{n-1} = 15.01$。

$$Q = \frac{x_2 - x_1}{x_{n-1} - x_1} = \frac{14.90 - 14.65}{15.01 - 14.65} = 0.694$$

查表2-6,当$n = 10$,$a = 0.01$时,$Q_{0.01} = 0.597$,因$Q > Q_{0.01}$,因此判定最小值14.65为异常值,应予舍去。

检验最大值$x_n = 15.02$,$x_{n-1} = 15.01$,$x_2 = 14.90$,$n = 10$

$$Q = \frac{x_n - x_{n-1}}{x_n - x_2} = \frac{15.02 - 15.01}{15.02 - 14.90} = 0.0833$$

查表2-6,当$n = 10$,$a = 0.05$时,$Q_{0.05} = 0.477$,因$Q < Q_{0.05}$,故判定最大值15.02为正常值,应保留。

表2-6　狄克逊检验临界值

n	显著性水平(a)		n	显著性水平(a)	
	0.05	0.01		0.05	0.01
3	0.941	0.988	15	0.524	0.618
4	0.765	0.889	16	0.505	0.597
5	0.642	0.782	17	0.489	0.580
6	0.562	0.698	18	0.475	0.564
7	0.507	0.637	19	0.462	0.550
8	0.554	0.681	20	0.450	0.538
9	0.512	0.635	21	0.440	0.526
10	0.477	0.597	22	0.431	0.516
11	0.575	0.674	23	0.422	0.507
12	0.546	0.642	24	0.413	0.497
13	0.521	0.617	25	0.406	0.489
14	0.546	0.640			

2)Grubbs检验法

Grubbs检验法适用于检验多组测量值均值的一致性和剔除多组测量值中的离群值,也可以检验一组测量值的一致性和剔除一组测量值中的离群值。方法如下:

(1)有L组测定值,每组n个测定值的均值分别为$\bar{x}_1,\bar{x}_2,\cdots,\bar{x}_i,\cdots,\bar{x}_L$,其中最大均值记为$\bar{x}_{max}$,最小均值记为$\bar{x}_{min}$。

(2)由 n 个均值计算总均值($\bar{\bar{x}}$)和标准偏差($S_{\bar{x}}$)。

$$\bar{\bar{x}} = \frac{1}{L}\sum_{i=1}^{n}\bar{x}_i$$

$$S_{\bar{x}} = \sqrt{\frac{1}{L-1}\sum_{i=1}^{n}(\bar{x}_i - \bar{\bar{x}})^2}$$

(3)可疑均值为最大值($\bar{x}_{max}$)时,按下式计算统计量(T):

$$T = \frac{x_{max} - \bar{\bar{x}}}{S_{\bar{x}}}$$

(4)可疑数值为最小值 ($\bar{x}_{min}$) 时,按下式计算(T):

$$T = \frac{\bar{\bar{x}} - x_{min}}{S_{\bar{x}}}$$

(5)根据测定值组数和给定的显著性水平(a),从表 2-7 查得临界值(T)。

(6)若 $T \leqslant T_{0.05}$,则可疑均值为正常均值;若 $T_{0.05} < T \leqslant T_{0.01}$,则可疑均值为偏离均值;若 $T > T_{0.01}$,则可疑均值为离群均值,应予剔除,即剔除含有该均值的一组数据。

表 2-7 Grubbs 检验临界值(T)

n	显著性水平 a			n	显著性水平 a		
	0.05	0.025	0.01		0.05	0.025	0.01
3	1.153	1.155	1.155	15	2.409	1.549	2.705
4	1.453	1.481	1.492	16	2.443	2.585	2.747
5	1.672	1.715	1.749	17	2.475	2.620	2.785
6	1.822	1.887	1.944	18	2.504	2.651	2.821
7	1.938	2.020	2.097	19	2.532	2.681	2.854
8	2.032	2.126	2.221	20	2.557	2.709	2.884
9	2.110	2.215	2.323	21	2.580	2.733	2.912
10	2.176	2.290	2.410	22	2.603	2.758	2.939
11	2.234	2.355	2.485	23	2.624	2.781	2.963
12	2.285	2.412	2.550	24	2.644	2.802	2.987
13	2.331	2.462	2.607	25	2.663	2.822	3.009
14	2.371	2.507	2.659	…			

【例 2-2】 10 个实验室分析同一样品,各实验室 5 次测定的平均值按顺序大小为 4.41、4.49、4.50、4.51、4.64、4.75、4.81、4.95、5.01、5.39。检验最大值 5.39 是否为离群均值。

解

$$\bar{\bar{x}} = \frac{1}{10}\sum_{i=1}^{n}\bar{x}_i = 4.746$$

$$S_{\bar{x}} = \sqrt{\frac{1}{10-1}\sum_{i=1}^{n}(\bar{x}_i - \bar{\bar{x}})^2} = 0.305$$

则统计量

$$T = \frac{\bar{x}_{max} - \bar{\bar{x}}}{S_{\bar{x}}} = \frac{5.39 - 4.746}{0.305} = 2.11$$

当 $L = 10$，给定显著水平 $a = 0.05$ 时，查表临界值 $T_{0.05} = 2.176$。

即 $T < T_{0.05}$，故 5.39 为正常均值，即均值为 5.39 的一组测定值为正常数据。

四、实验室质量控制

实验室质量控制是环境监测质量保证的一项重要工作，其目的在于把监测分析的误差控制在允许的限度内，使分析数据合理、可靠，在给定的置信区间内达到所要求的质量。实验室质量控制的方法很多，且各种方法有各自的特殊意义。下面介绍实验室质量控制的基本内容。

（一）全程序空白实验值控制

全程序空白实验值是以蒸馏水或空白溶液代替实际样品，并完全按照实际样品的分析程序同样操作后所测得的浓度值。全程序空白实验值的大小及其分散程度，对分析结果的精密度和分析方法的检测限都有很大影响，并在一定程度上反映了一个环境监测实验室及其分析人员的水平，如实验用水、化学试剂纯度、滴定终点误差等对空白实验值均产生影响。

在常规分析中，每次测定两份全程序空白实验平行样，其相对偏差一般不大于 50%，取其平均值作为同批样品测量结果的空白校正值。用于标准系列的空白实验，应按照标准系列分析程序进行相同操作，以获得标准系列的空白实验值。

（二）平行双样

进行平行双样测定，有助于减小随机误差。根据样品单次分析结果，无法判断其离散程度。精密度是准确度的前提，对样品进行平行双样测定，是对测定进行最低限度的精密度检查。一批样品中部分平行双样的测定结果，有助于估计同批测定结果的精密度。

原则上，样品都应该进行平行双样测定。当同批样品数量较多时，可随机抽取10% ~ 20% 的样品进行平行双样测定；当同批样品数量较少时，应适当增大平行双样测定率，每批（5 个以上）中平行双样以不少于 5 个为宜。

分析人员在分取样品平行测定时，对同一样品同时分取两份，也可由质控员将所有待测样品，包括平行双样重新排列编号形成密码样，交分析人员测定，最后报出测定结果，由质控员将密码对号按下列要求检查是否合格：

（1）平行双样测定结果的相对偏差不应大于标准方法或统一方法中所列相对标准偏差的 2.83 倍。

（2）对未列相对标准偏差的方法，当样品的均匀性和稳定性较好时，也可参阅表 2-8

的规定。

表 2-8　分析结果相对偏差最大容许值

分析结果的数量级(g/mL)	10^{-4}	10^{-5}	10^{-6}	10^{-7}	10^{-8}	10^{-9}	10^{-10}
相对偏差最大容许值(%)	1	2.5	5	10	20	30	50

(三)加标回收

加标回收是在样品中加入标准物质,通过测定其回收率以确定测定方法准确度,多次回收实验还可以发现方法的系统误差。

加标回收率在一定程度上能反映测定结果的准确度,但有局限性。这是因为样品中某些干扰因素对测定结果具有恒定的正偏差或负偏差,并均已在样品测定中得到反映,而对加标结果就不再显示其偏差,也就是说,加标回收可能是良好的。此外,加入的标准物质与样品中待测物质在价态或形态上的差异、加标量的多少和样品中原有浓度的大小等,均影响加标回收结果。因此,当加标回收率令人满意时,不能肯定测定准确度无问题;但当其超出所要求的范围时,则可肯定测定准确度有问题。

在一批样品中,随机抽取 10% ~20% 的样品进行加标回收测定;当同批样品较少时,应适当加大测定率。每批同类型样品中,加标样品不应少于 2 个。分析人员在分取样品的同时,应另分取一份,并加入适量的标样。也可由质控员对抽取的样品加入自备的质控标样,形成密码加标样(包括编号和加标量),交分析人员测定,最后报出测定结果,由质控员对号计算后,按相关要求检查是否合格(对每一个测得的回收率分别进行检查,对均匀性较好的样品,不应超出标准方法或统一方法所列的回收率范围)。

采用加标回收法时,应注意加标量不能过大,一般为样品含量的 0.5 ~2 倍,且加标后的总含量不应超过测定上限;加标物的浓度宜较高,加标物的体积应很小,一般以不超过原始样品体积的 1% 为好,用以简化计算方法。如测平行加标样,则加标样与原始样应预先随机配对编号。

(四)标准参考物的使用

由于存在于实验室内的系统误差常难以被自身所发现,因此需借助于标准参考物,通过下列使用方式,以发现和尽量减小可能存在的系统误差。

1. 量值传递

各实验室配制的统一样品或控制样品等,可在分析质量处于受控状态下通过与标准参考物的比对,检查它们的浓度值是否可靠。必要时,根据比对的结果加以修正,然后投入本实验室的质控中使用,以及向下一级实验室传递。

2. 仪器标定

对于采用直接定量法的仪器,为保证其测量具有一定的准确度,常需采用标准参考物对仪器进行标定。对大多数仪器采用间接定量法的,则可使用标准参考物核对用于该仪器的标准储备溶液,甚至直接使用标准参考物或其稀释液作基准来绘制标准曲线,并定量分析样品中相同物质的浓度。

3. 对照分析

在进行样品分析的同时,用相近浓度的标准参考物或其稀释液进行分析,在确知二者的基体效应没有或很少有差异时，根据标准参考物的实测值与保证值的符合程度，能够确定样品分析结果的准确度是否可以接受。

4. 质量考核

以标准参考物作为未知样，考核实验室内分析人员的技术水平或实验室间分析结果的相符程度，从而帮助分析人员发现问题和保证实验室间数据的可比性。

（五）方法对照

所谓方法对照，是指采用不同的分析方法对同一样品进行分析对照的质量保证措施。方法对照可用于检验新建方法的准确度。此外，在分析质量控制中，由于加标回收实验中的系统误差可能在计算时正好互相抵消，而标准参考物的基质又常与样品基质相差悬殊，因此在一些重要的分析中，方法对照常被采用。由于是用不同方法对同一样品进行分析，如有系统误差就无从抵消，同基质也必然不存在差异，所以用方法对照来核查分析结果的准确度，远比使用加标回收实验或应用标准参考物进行对照分析更为有效。应用方法对照来核查分析结果的准确度虽然很有效，但由于要提供较多的仪器设备，消耗更多的人力、物力，所以难以在常规的分析质量控制中普遍推广采用。目前，它主要应用在对实验室内可疑结果的复查判断、实验室不同分析结果的仲裁、多家参与协作的标样定值，以及分析方法的改进和新分析方法的确立等工作中。

（六）质量控制图的应用

内部质量控制是实验室分析人员对分析质量进行自我控制的过程。一般通过分析和应用某种质量控制图或其他方法来控制分析质量。

对经常性的分析项目常用控制图来控制质量。质量控制图的基本原理是由 W. A. Shewhart 提出的，他指出，每一个方法都存在着变异，都受到时间和空间的影响，即使在理想的条件下获得的一组分析结果，也会存在一定的随机误差。但当某一个结果超出了随机误差的允许范围时，运用数理统计的方法，可以判断这个结果是异常的、不可信的。

质量控制图可以起到这种监测的仲裁作用。因此，实验室内质量控制图是监测常规分析过程中可能出现误差、控制分析数据在一定的精密度范围内、保证常规分析数据质量的有效方法。

质量控制图一般采用直角坐标系，横坐标代表抽样次数或样品序号，纵坐标代表作为质量控制指标的统计值。质量控制图的基本组成见图 2-19。

其中，预期值为图中的中心线；目标值为图中上、下警告限之间区域；实测值的可接受范围为图中上、下控制限之间区域；辅助线为在中心线两侧与上、下警告限之间各一半处。

质量控制图的类型有很多种，如均值控制图（$\bar{X}$ 图）、均值—极差控制图（$\bar{X}$—R 图）、移动均值—极差控制图、多样控制图、累积和控制图等。但目前最常用的是均值控制图和均值—极差控制图。下面主要就均值控制图和均值—极差控制图的绘制及使用进行介绍。

1. 均值控制图的绘制

为编制均值控制图，需要准备一份质量控制样品。控制样品的浓度和组成尽量与环境样品相近，并且性质稳定而均匀。编制时，要求在一定期间内，分批地用与分析环境样品相同的分析方法分析此控制样品 20 次以上（每天分析 1 次，或分上下年各分析 1 次，不

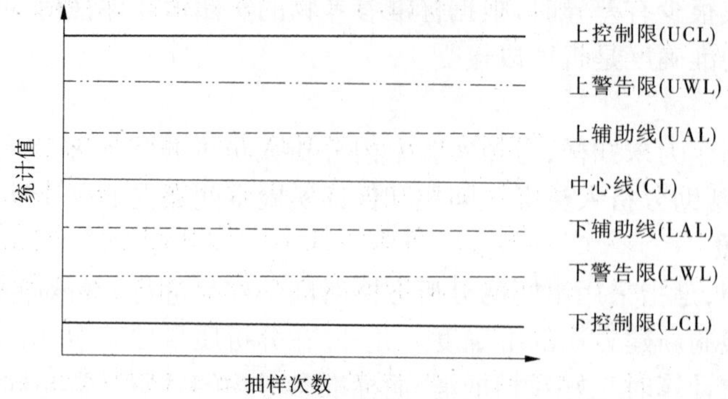

图 2-19 质量控制图的基本组成

得将 20 个重复实验同时进行)。每次平行分析两份(X_i、X'_i),求得均值 $\overline{X}_i$,其分析数据符合正常的统计分布,然后按下式计算总体均值 $\overline{\overline{X}}$、标准偏差等统计值,以此绘制均值控制图。

$$\overline{X}_i = \frac{X_i + X'_i}{2}$$

$$\overline{\overline{X}} = \frac{\sum_{i=1}^{n} \overline{X}_i}{n}$$

$$S = \sqrt{\frac{\sum_{i=1}^{n} \overline{X}_i - \frac{(\sum_{i=1}^{n} \overline{X}_i)^2}{n}}{n-1}}$$

以测定顺序为横坐标、相应的测定值为纵坐标作图,同时作有关控制限(线),如图 2-20所示。其中,中心线为以总体均数 $\overline{\overline{X}}$ 估计真值 μ;上、下警告限按 $\overline{\overline{X}} \pm 2S$ 值绘制;上、下控制限按 $\overline{\overline{X}} \pm 3S$ 值绘制;上、下辅助线按 $\overline{\overline{X}} \pm S$ 值绘制。

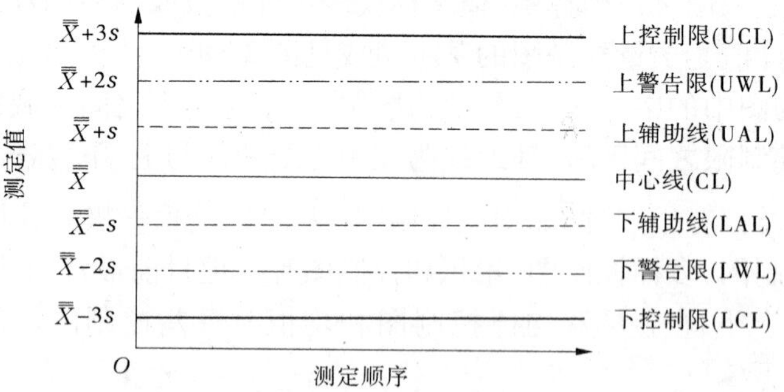

图 2-20 均值控制

在绘制控制图时,落在 $\overline{\overline{X}} \pm S$ 范围内的点数应约占总点数的68%。若是小于50%,则分布不合适,此图不可靠。若连续 7 点位于中心线同一侧,表示数据失控,此图不适用。

均值控制图绘好后，应标明绘制控制图的有关内容和条件，如测定项目、分析方法、溶液浓度、温度、操作人员和绘制日期等。

2. 均值控制图的使用

均值控制图主要用来检验常规监测分析数据是否处于控制状态。在常规监测分析中，根据日常工作中该项目的分析频率和分析人员的技术水平，每间隔适当时间，取两份平行的控制样品与环境样品同时测定。对操作技术较低和测定频率低的项目，每次都应同时测定控制样品，将控制样品的测定结果依次点在控制图上，然后根据下列规则，检验分析测定过程是否处于控制状态：

(1)若此点在上、下警告限之间区域，则测定过程处于控制状态，环境样品分析结果有效。

(2)若此点超出上述区域，但仍处于上、下控制限之间的区域内，则表明分析质量开始变差，可能存在“失控”倾向，应进行初步检查，并采取相应的校正措施，此时环境样品的结果仍然有效。

(3)若此点落在上、下控制限以外，则表示测定过程已经失控，应立即查明原因并予以纠正，该批环境样品的分析结果无效，必须待方法校正后重新测定。

(4)若遇有7个点连续下降或上升，则表示测定过程有失控倾向，应立即查明原因，予以纠正。

(5)即使测定过程处于控制状态，尚可根据相邻几点的分布趋势来推测分析质量可能发生的问题。

控制样品测定次数累积更多之后，应利用这些结果和原始结果一起重新计算总体均值、标准偏差，再校正原来的控制图。

3. 均值—极差控制图的绘制与使用

均值—极差控制图通过均值和极差两个指标同时评价测定结果的可靠性。在使用均值—极差控制图时，只要两者中有一个超出控制限，即认为是“失控”，故其灵敏度较单纯的均值图或极差图高。均值—极差控制图的绘制包括以下内容。

均值控制部分：

中心线——$\overline{\overline{X}}$

上、下控制限——$\overline{\overline{X}} \pm A_2 \overline{R}$

上、下警告限——$\overline{\overline{X}} \pm \frac{2}{3} A_2 \overline{R}$

上、下辅助线——$\overline{\overline{X}} \pm \frac{1}{3} A_2 \overline{R}$

极差控制图部分：

中心线——$\overline{R}$

上控制限——$D_4 \overline{R}$

上警告限——$\overline{R} + \frac{2}{3}(D_4 \overline{R} - \overline{R})$

上辅助线——$\overline{R} + \frac{1}{3}(D_4 \overline{R} - \overline{R})$

下控制限—— $D_3 \overline{R}$

系数 A_2 、D_3 、D_4 可从表 2-9 查出，均值—极差控制图的绘制与均值控制图绘制方法相似。

表 2-9　均值—极差控制图系数表(每次测 n 个平行样)

系数	2	3	4	5	6	7	8
A_2	1.88	1.02	0.73	0.58	0.48	0.42	0.37
D_3	0	0	0	0	0	0.076	0.136
D_4	3.27	2.58	2.28	22.12	2.00	1.92	1.86

因为极差越小越好，所以极差控制图部分没有下警告限，但仍有下控制限。在使用过程中，如 R 值稳定下降，甚至 $R \approx D_3 \overline{R}$（接近下控制限），则表明测定精密度已有提高，原质量控制图失效，应根据新的测定值重新计算 $\overline{X}$、$\overline{R}$ 和各相应统计量，改绘新的 $\overline{X}$—R 图。

第三章　水环境调查及监测方案制订

第一节　地表水监测方案的制订

一、基础资料的收集

地表水是指地球表面的江、河、湖、海、运河、渠道和水库水。为了掌握水环境质量状况和水系中污染物浓度的动态变化及其变化规律，需要选择全流域或部分流域中有代表性的采样点进行水质监测。目前，世界上许多国家对地表水的水质特性指标的采样、测定等过程均有具体的规范化要求，这样可保证监测数据的代表性、完整性、可比性和有效性。我国于2002年颁布了《地表水和污水监测技术规范》(HJ/T 91—2002)，该规范适用于对江、河、湖泊、水库和渠道的水质监测。在制订地表水监测方案时必须执行这一规范，并且要充分考虑监测对象的具体情况。

水质监测时，不可能也没必要对全部水体进行测定，只能取水体中的很少一部分进行分析，这种用来反映水体水质状况的水就是水样。将水样从水体中分离出来的过程就是采样，采集的水样必须具有代表性；否则，以后的任何操作都是徒劳的。为了正确反映水体的水质状况，必须控制以下几个步骤：采样前的现场调查研究和资料收集、采样断面和采样点的设置、采样频率的确定、水样容器的洗涤、采样设备和采样方法、水样的保存方法、水样的运输和管理等。

采样地点的选择和监测网点的建立称为布点。只有合理地布点，并根据实际需要按一定的时间间隔准确而及时地采样，迅速送往实验室分析测定(对于易发生变化的项目，在实验室又不能及时测定的情况下，采取一定的保护措施，以防止污染物的存在状态和含量发生变化)，利用实验室正确的分析结果，才能如实地反映水质情况。

为了顺利地达到上述目的，在监测之前，必须根据具体情况制订监测方案，并按方案的内容有条不紊地实施，才能保证合格地完成任务。

样品的代表性首先取决于采样断面和采样点的代表性。为了合理地确定采样断面和采样点，必须做好调查研究和资料收集工作。收集的主要资料具体如下：

(1)相关的环境保护方面的法律、法规、标准和规范。

(2)目标水体的水文、气候、地质和地貌等自然背景资料，如水位、水量、流速及其流向的变化、支流、污染情况等，年平均降水量、蒸发量及其历史上的水情，河流的宽度、深度、河床结构及其地质状况，湖泊沉积物的特性、间温层分布、等深线等。

(3)水体沿岸城市分布、人口分布、工业分布、污染源及其排污情况等。

(4)水体沿岸的资源情况和水资源的用途，饮用水水源地分布和重点水源保护区，水体流域土地功能及近期使用计划等。

(5)历年水资源资料,如目标水体的丰水期、枯水期、平水期等情况。

(6)地表径流污水、雨污水分流情况,以及农田灌溉排水、农药和化肥等使用情况等。

(7)深入现场调查,以了解以往进行水质监测时所设置的监测断面或采样点是否需要进行增减或调整。

(8)现场调查工作还要进行针对目标水体对其周围居民的健康影响的公众调查。如调查沿岸居民有没有因饮用该水、食用该水域水生生物和食用所灌溉的作物而影响健康的情况。

(9)目标水体作为当地的饮用水水源时,应开展一定数量的公众调查,必要时还要进行流行病学的调查,并与历史数据和文献资料信息进行综合分析。例如,周围居民中怀疑有慢性汞中毒的可能时,可对被检者做头发中汞、尿汞或血汞的化验检查,并与正常值进行比较。

二、监测断面和采样点的布设

监测断面是指在监测采样时,实施水样采集的沿水深的整个剖面。监测断面包括背景断面、对照断面、控制断面和削减断面四大类。

(一)监测断面的布设

1.监测断面的设置原则

监测断面在总体和宏观上须能反映目标水体水环境质量状况。各断面的具体位置须能反映所在区域环境的污染特征,尽可能以最少的断面获取足够的有代表性的环境信息,同时还须考虑实际采样时的可行性和方便性。

(1)对流域或水系要设立背景断面、控制断面(若干)和入海口断面。对行政区域可设背景断面(对水系源头)或入境断面(对过境河流)或对照断面、控制断面(若干)和入海河口断面或出境断面。在各控制断面下游,如果河段有足够长度(至少 10 km),还应设削减断面。

(2)根据水体功能区设置控制监测断面,同一水体功能区至少要设置 1 个监测断面。

(3)断面位置应避开死水区、回水区、排污口处,尽量选择顺直河段、河床稳定、水流平稳、水面宽阔、无急流、无浅滩处。

(4)监测断面力求与水文测流断面一致,以便利用其水文参数,实现水质监测与水量监测的结合。

(5)监测断面的布设应考虑社会经济发展、监测工作的实际状况和需要,要具有相对的长远性。

(6)在流域同步监测中,根据流域规划和污染源限期达标目标确定监测断面。

(7)在河道局部整治中,监视整治效果的监测断面,由所在地区环境保护行政主管部门确定。

2.监测断面的设置方法

为评价完整江河水系的水质,需要设置背景断面、对照断面、控制断面和削减断面;对于某一河段,只需设置对照断面、控制断面和削减(或过境)断面三种断面。监测断面见图 3-1。

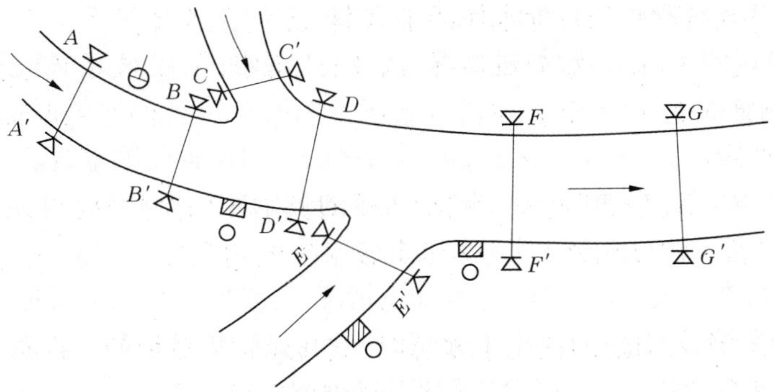

图 3-1 监测断面

1) 对照断面

为了解流入监测河段前的水体水质状况而设置。这种断面应设在河流进入城市或工业区以前的地方,避开各种废水、污水流入或回流处。通常设在该区域所有污染源上游处,一个河段一般只设一个对照断面。有主要支流时,可酌情增加对照断面。

2) 控制断面

控制断面又称污染控制断面,是指为了解水体受监测河段两岸污染源影响程度及其变化情况而设置的断面。控制断面的数目应根据城市的工业布局和排污口分布情况而定,通常设在各排污区(口)下游 500 ~ 1 000 m 处,较大支流汇合口上游和汇合后与干流充分混合处,河流入海口处,湖泊、水库出入河口处,国际河流出入国境交界口处。对特殊要求的地区,如城市饮用水水源区、水产集中养殖区、风景游览区、自然保护区、与水源有关的地方病发病区、严重水土流失区及地球化学异常区等的河段上也应设置控制断面。

此外,还应考虑对纳污量的控制程度,即由各控制断面所控制的纳污量不应小于该河段总纳污量的 80%。如果某河段的各控制断面均有 5 年以上的监测资料,可用这些资料进行优化,用优化结论来确定控制断面的位置和数量。

3) 削减断面

削减断面是指河流受纳废水和污水后,经稀释扩散和自净作用,使污染物浓度显著降低的断面。通常设在城市或工业区最后一个排污口下游 1 500 m 以外的河段上。

4) 背景断面

背景断面是某一完整水系中未受人类生活和生产活动影响,远离城市居民区、工业区、农药化肥施放区及主要交通路线,能够提供水环境背景值的断面。原则上应设在水系源头处或未受污染的上游河段。

3. 潮汐河流监测断面的布设原则

潮汐河流监测断面的布设原则与其他河流相同。设有防潮桥闸的潮汐河流,根据需要在桥闸的上、下游分别设置断面。根据潮汐河流的水文特征,潮汐河流的对照断面一般设在潮区界上游。若感潮河段潮区界在该城市管辖的区域之外,则在城市河段的上游设置一个对照断面。潮汐河流的削减断面一般应设在河流接近入海口处。若入海口处于城市管辖区域外,则设在城市河段的下游。潮汐河流的监测断面位置,尽可能与水文监测断面一致或靠近,以便取得有关的水文数据。

4. 湖泊、水库采样垂线(或断面)的布设方法

(1)湖(库)区的不同水域,如进水区、出水区、深水区、浅水区、湖心区、岸边区,按水体类别设置监测垂线。

(2)湖(库)区若无明显功能区别,可用网格法均匀设置监测垂线。

(3)监测垂线上采样点的布设一般与河流的规定相同,但在有可能出现温度分层现象时,应做水温、溶解氧的探索性实验后再定。

湖泊、水库通常只设监测垂线,遇有如下情况,可参照河流的有关原则设置监测断面:

(1)受污染影响较大的重要湖泊、水库,应在污染物扩散途径上设置监测断面。

(2)渔业作业区、水产养殖区等应布设监测断面。

(3)以湖(库)的各功能区为中心,如饮用水水源区、排污口、风景游览区、游乐场等,在其辐射线上布设弧形监测断面。

(二)地表水监测垂线及采样点位的确定

在监测范围内合理布设了各种监测断面后,由于各监测断面的水面宽度不尽相同,应根据各监测断面宽度在监测断面上合理布设采样垂线,依次再进一步确定每条采样垂线上的采样点数量和位置。在一个监测断面上设置的采样垂线条数和每条采样垂线上的采样点数量和位置应按表 3-1 和表 3-2 确定。

表 3-1　每个采样断面上采样垂线条数的设置

断面宽(m)	垂线条数	说明
≤50	1 条(中泓垂线)	1. 垂线布设应避开污染带,要测污染带应另加垂线; 2. 确能证明该断面水质均匀时,可仅设中泓垂线; 3. 凡在该断面要计算污染物通量时,必须按本表设置垂线
50 ~ 100	2 条(左右近岸有明显水流处)	
>100	3 条[设左、中、右 3 条垂线(中泓及左、右近岸有明显水流处)]	
>1 500	至少设 5 条等距离垂线	

表 3-2　每条采样垂线上的采样点

水深(m)	采样点数	采样点位置
≤5	1	水面下 0.3 ~ 0.5 m 处和水底以上 0.5 m 处
5 ~ 10	2	水面下 0.3 ~ 0.5 m 处和水底以上 0.5 m 处
10 ~ 50	3	水面下 0.3 ~ 0.5 m 处、1/2 水深处和水底以上 0.5 m 处
>50	酌情增加	

中泓垂线应设在除去河流两岸浅滩部分后的中间位置,左、右两条垂线应布设于由中线至岸边的中间部分。

湖泊、水库监测垂线上采样点的布设与河流的相同,但如果存在温度分层现象,应先测定不同水深处的水温、溶解氧等参数,确定分层情况后,再决定垂线上采样点位和数目,一般除在水面下 0.5 m 处和水底以上 0.5 m 处设点外,还要在每一斜温分层 1/2 处设点。

监测断面和采样点位确定后,其所在位置应有固定的天然标志物;如果没有天然标志物,则应设置人工标志物,或采样时用定位仪定位,使每次采集的样品都取自同一位置,保

证其代表性和可比性。

(三)采样时间和采样频率的确定

为使采集的水样能够反映水质在时间和空间上的变化规律,必须合理地安排采样时间和采样频率,力求以最低的采样频次取得最有代表性的样品,既要满足反映水质状况的要求,又要切实可行。

(1)饮用水水源地全年采样监测12次,采样时间根据具体情况选定。

(2)对于较大水系干流和中、小河流,全年采样监测次数不少于6次。采样时间为丰水期、枯水期和平水期,每期采样2次。流经城市或工业区、污染较重的河流、游览水域,全年采样监测不少于12次。采样时间为每月1次或视具体情况选定。底质每年枯水期采样监测1次。

(3)潮汐河流全年在丰、枯、平水期采样监测,每期采样2天,分别在大潮期和小潮期进行,每次应采集当天涨、退潮水样分别测定。

(4)设有专门监测站的湖泊、水库,每月采样监测1次,全年不少于12次。其他湖、库全年采样监测2次,枯、丰水期各1次。有废(污)水排入,污染较重的湖、库应酌情增加采样次数。

(5)背景断面每年采样监测1次,在污染可能较重的季节进行。

(6)排污渠每年采样监测不少于3次。

(7)海水水质常规监测,每年按丰、平、枯水期或季度采样监测2~4次。

第二节　地下水水质监测方案的制订

储存在土壤和岩石空隙(孔隙、裂隙、溶隙)中的水统称为地下水。地下水埋藏在地层的不同深度,相对于地表水而言,其流动性和水质参数的变化比较缓慢。

地下水水质监测方案的制订过程与地表水的基本相同。

一、地下水的特征

地下水的形成主要取决于地质条件和自然地理条件。此外,人类活动对地下水也有一定的影响。地质因素对地下水形成的影响,主要表现在岩石性质和结构方面;岩石和土壤空隙是地下水储存与运动的先决条件。自然地理条件中主要是气候、水文和地貌的影响最为显著。地下水的物理、化学性质随空间和时间而变化,地下水的化学成分和理化特性在循环运动过程中受气候、岩性和生物作用的影响,受补给条件和水运动强弱的约束。地下水化学成分的形成过程,实际上是一个不断变化的过程。

地下水按埋藏条件不同可分为潜水、承压水和自流水三类,也有分为上层滞水、潜水和自流水三类的;按含水层性质的差别,又可分为孔隙水、裂隙水、岩溶水。

欲采集有代表性的水样,应运用地理、地质、气象、水文、生态、环境等综合性的知识,并应首先考虑地下水的类型和下列因素:

(1)地下水流动较慢,所以水质参数的变化慢,一旦污染很难恢复,甚至无法恢复。

(2)地下水埋藏深度不同,温度变化规律也不同。近地表的地下水的温度受气温的影响,具有周期性变化,较深的年常温层中地下水温度比较稳定,水温变化不超过0.1 ℃;但水样一经取出,其温度即可能有较大的变化。这种变化能改变化学反应速度,从而改变原来的化学平衡,也能改变微生物的生长速度。

(3)地下水所受压力较大,面对的环境条件与地表水不同,一旦取出,可溶性气体的溶入和逃逸会带来一系列的化学变化,改变水质状况。例如,地下水富含 H_2S,但溶解氧含量较低,取出后 H_2S 的逃逸、大气中 O_2 的溶入,会发生一系列的氧化还原变化;水样吸收或放出 CO_2 可引起 pH 变化。

(4)由于采样器的吸附或沾污及某些组分的损失,水样的真实性将受到影响。

二、调查研究和收集资料

地下水的特性决定了地下水布点的复杂性,因此布点前的调查研究和资料收集尤其重要,内容包括如下方面:

(1)收集、汇总区域内有关水文、地质方面的资料和以往的监测资料,包括地质图、剖面图、现有水井的有关参数(井位、钻井日期、井深、成井方法、含水层位置、抽水实验数据、钻探单位、使用价值、水质资料等)。

(2)收集作为地下水补给水源的江、河、湖、海的地理分布及其水文特征(水位、水深、流速、流量等),以及地下水径流和排泄方向、水质类型,水利工程设施,地表水的利用情况及其水质状况。对泉水出露位置,了解泉的成因类型、补给来源、流量、水温、水质和利用情况。

(3)了解水污染源类型及其分布情况、水质现状和地下水的开发利用情况。含水层和地质阶梯可用开孔钻探和调查的方法进行了解。

(4)调查区域内城市近期、中长期的发展规划,人口密度、工业分布、地下水资源开发和土地利用等情况;了解化肥和农药的施用面积与施用量;查清污水灌溉、排污、纳污及地表水污染现状。

(5)对地下水水位和水深进行实际测量。明确水位和水深即可决定采样器和采水泵的类型以及所需费用与采样程序。

在完成上述调查研究的基础上,确定主要污染源和污染物。根据地区特点及地下水的主要类型,将地下水分为若干个水文地质单元。

三、地下水监测网点布设

由于地下水水文地质因素等的复杂性和特殊性,地下水监测网点设计较为复杂。各监测井采集的水样只代表含水层平行和垂直的局部水质。因此,科学合理地布设监测井位置和数量就显得尤为重要。

由于浅层地下水对污染源的敏感性、纳污的脆弱性及其与土地污染的相关性,目前,地下水监测以浅层地下水(又称潜水)为主,监测井布设时应尽可能利用各水文地质单元中已有的水井或机井。必要时,可对深层地下水(又称承压水)的相关水层水质进行钻孔监测。空隙水以第四纪为主,基岩裂隙水以监测泉水为主。

地下水监测井优化布点的目的在于以最少的监测站位,最少的人力、物力代价,获取最大的地下水环境信息量，反映地下水的水质动态及其总体环境质量，从而取得对污染源进行有效控制的最佳方法。

(一)监测网点布设要求

(1)国控地下水监测网点密度一般不少于每百平方千米0.1眼井，每个县至少应有1～2眼井，平原(含盆地)地区一般为每百平方千米0.2眼井，重要水源地或污染严重地区适当加密，沙漠区、山丘区、岩溶山区等可根据需要，选择典型代表区布设监测点。

(2)在下列地区应布设监测点(监测井)：以地下水为主要供水水源的地区；饮水型地方病(如高氟病)高发地区；对区域地下水构成较大影响的地区，如污水灌溉区、垃圾堆积处理场地区、地下水回灌区及大型矿山排水地区等。

(二)监测点(监测井)设置方法

1. 背景值采样点的布设

为了解地下水体未受人为影响条件下的水质状况，需在研究区域的非污染地段设置地下水背景值监测井(对照井)。根据区域水文地质单元状况和地下水主要补给来源，在污染区外围地下水水流上方垂直水流方向，设置一个或数个背景值监测井。背景值监测井应尽量远离城市居民区、工业区、农药化肥施放区、农灌区及交通要道。

2. 污染控制监测井的布设

污染源的分布和污染物在地下水中的扩散形式是布设污染控制监测井的首要考虑因素。各地可根据当地地下水流向、污染源分布状况和污染物在地下水中的扩散形式，采取点面结合的方法布设污染控制监测井，监测重点是供水水源地保护区。

(1)渗坑、渗井和固体废物堆放区的污染物在含水层渗透性较大的地区以条带状污染扩散，监测井应沿地下水流向布设，以平行及垂直的监测线进行控制。

(2)渗坑、渗井和固体废物堆放区的污染物在含水层渗透性小的地区以点状污染扩散，可在污染源附近按十字形布设监测线进行控制。

(3)当工业废水、生活污水等污染物沿河渠排放或渗漏以带状污染扩散时，应根据河的状态、地下水流向和所处的地质条件，采用网格布点法布设垂直于河渠的监测线。

(4)污灌区和缺乏卫生设施的居民区生活污水，易对周围环境造成大面积垂直的块状污染，应以平行和垂直于地下水流向的方式布设监测点。

(5)地下水位下降的漏斗区，主要形成开采漏斗附近的侧向污染扩散，应在漏斗中心布设监测点，必要时可穿过漏斗中心按十字形或放射状向外围布设监测线。

(6)透水性好的强扩散区或年限已久的老污染源，污染范围可能较大，监测线可适当延长；反之，可只在污染源附近布点。

(7)区域内的代表性泉、自流井、地下长河出口应布设监测点。

(8)为了解地下水与地表水之间的补(给)排(泄)关系，可根据地下水流向在已设置地表水监测断面的地表水体设置垂直于岸边线的地下水监测线。

(三)采样频次和采样时间

(1)背景值监测井和区域性控制的孔隙承压水井在每年枯水期采样1次。

(2)污染控制监测井逢单月采样1次，全年6次。污染控制监测井的某一监测项目如果连续两年均低于控制标准值的1/5，在监测井附近确实无新增污染源，且现有污染源排污量未增的情况下，该项目可每年在枯水期采样 1 次进行监测。一旦监测结果大于控制标准值的 1/5，或在监测井附近有新的污染源或现有污染源新增排污量，即恢复正常采样频次。

（3）作为生活饮用水集中供水的地下水监测井，每月采样 1 次。

（4）同一水文地质单元的监测井采样时间尽量相对集中，日期跨度不宜过大。

（5）遇到特殊情况或发生污染事故，可能影响地下水水质时，应随时增加采样频次。

第三节　水污染源及底质监测方案的制订

一、水污染源监测方案的制订

水污染源包括工业废水、生活污水、医院污水等。在制订监测方案时，首先要进行调查研究，收集有关资料，查明用水情况、废（污）水的类型、主要污染物及排污去向和排放量，车间、工厂或地区的排污口数量及位置，废（污）水处理情况，是否排入江、河、湖、海，流经区域是否有渗坑等。然后进行综合分析，确定监测项目、采样点、采样时间和频率，选择采样方法和监测方法，制订质量保证程序、措施和实施计划等。

（一）采样点的设置

水污染源一般经管道或渠、沟排放，断面面积比较小，不需要设置监测断面，可直接确定采样点。

1. 工业废水

（1）在车间或车间设备出口处应布点采样测定一类污染物。这些污染物主要包括汞、镉、砷、铅和它们的无机化合物，六价铬的无机化合物，有机氯和强致癌物质等。

（2）在工厂总排污口处应布点采样测定二类污染物。这些污染物有悬浮物、硫化物、挥发酚、氰化物、有机磷、石油类、铜、锌、氟及它们的无机化合物，硝基苯类、苯胺类。

（3）有处理设施的工厂应在处理设施的排出口处布点。为了解对废水的处理效果，可在进水口和出水口同时布点采样。

（4）在排污渠道上，采样点应设在渠道较直、水量稳定、上游没有污水汇入处。

（5）某些二类污染物的监测方法尚不成熟，在总排污口处布点采样监测因干扰物质多而会影响监测结果。这时，应将采样点移至车间排污口，按废水排放量的比例折算成总排污口废水中的浓度。

2. 生活污水

（1）城市污水管网采样点应设在非居民生活排水支管接入城市污水干管的检查井、城市污水干管的不同位置、污水进入水体的不同位置。

（2）城市污水处理厂，应在污水进口和总排放口布设采样点。如需监测各污水处理单元的处理效率，可在各处理单元的进、出口分别布设采样点。此外，还应当设置污泥采样点。

（二）采样时间和频率

工业废水的污染物含量和排放量常随工艺条件及开工率的不同而有很大差异，因此采样时间、周期和频率的选择是一个较复杂的问题。一般情况下，可在一个生产周期内每隔 0.5 h 或 1 h 采样 1 次，将其混合后测定污染物的平均值。如果取 n 个生产周期（如3～

5个周期)的废水样监测,可每隔2 h取样1次。对于排污情况复杂、浓度变化大的废水,采样时间间隔要缩短,有时需要5~10 min采样1次。这种情况最好使用连续自动采样装置。对于水质和水量变化比较稳定或排放规律性较好的废水,待找出污染物浓度在生产周期内的变化规律后,采样频率可大大降低,如每月采样2次。

城市排污管道大多数受纳多个工厂排放的废水,由于在管道内废水已进行了混合,故在管道出水口,可每隔1 h采样1次,连续采集8 h,也可连续采集24 h,然后将其混合制成混合样,测定各污染组合的平均浓度。

我国《环境监测技术规范》中对向国家直接报送数据的废水排放源规定:工业废水每年采样监测2~4次;生活污水每年采样监测2次,春、夏季各1次;医院污水每年采样监测4次,每季度1次。

二、底质监测方案的制订

底质监测是水环境监测的一部分,作为水环境监测的补充,在水环境监测中占据着特别重要的地位。

(1)通过底质监测,不仅可以了解水系污染现状,还可以追溯水系的污染历史,研究污染物的沉积规律、污染物归宿及其变化规律。

(2)根据各水文因素,能研究并预测水质变化趋势及沉积污染物质对水体的潜在危害。

(3)从底质中可检测出因浓度过低而在水中不易被检测出的污染物质,特别是能检测出因形态、价态及微生物转化而生成的某些新的污染物质,为发现、解释和研究某些特殊的污染现象提供科学依据。

因此,底质监测对于研究水系中各种污染物质的沉积转化规律,确定水系的纳污能力,研究水体污染对水生生物特别是底栖生物的影响,制定污染物质排放标准及环境预测等均具有重要价值。

(一)底质采样点的设置

(1)底质监测断面的设置原则与水质监测断面的相同,其位置尽可能和水质监测断面重合,以便于将沉积物的组成及其物理化学性质与水质监测情况进行比较。

(2)底质采样点应尽量与水质采样点一致。底质采样点位通常为水质采样点位垂线的正下方。当正下方无法采样时,如水浅,因船体或采泥器冲击搅动底质,或河床为砂卵石时,应另选采样点重采。采样点不能偏移原来设置的断面(点)太远。采样后,应对偏移位置做好记录。

(3)底质采样点应避开河床冲刷、底质沉积不稳定、水草茂盛表层及底质易受搅动之处。

(4)湖(库)底质采样点一般应设在主要河流及污染源排放口与湖(库)水混合均匀处。

(二)底质采样频率的确定

由于底质比较稳定,受水文、气象条件影响较小,因此采样频率远较水样的低,一般每年枯水期采样1次,必要时可在丰水期加采1次。

第四章 水体监测报告编制

第一节 报告的种类

按照表达的深度,监测报告可分为实测结果数据型和评价结果文字型两类;按照表达的形式不同,监测报告可分为书面型和音像型两类;按照表达的广度,监测报告可分为项目监测报告、环境监测快报、环境监测月报、环境监测季报、环境监测年报、环境质量报告书及污染源监测报告。

一、项目监测报告

监测机构按照任何一种测试方法进行的每一项或一系列测试的结果,都应给出准确、清晰、明确和客观的报告,这种报告就是项目监测报告。项目监测报告应包括测试结果、所用方法及有关说明等全部信息。

项目监测报告是监测机构运用最多的报告形式,是编制其他报告的基础。项目监测报告的内容如下:

(1)报告名称,如"环境污染项目监测报告"或"环境质量项目监测报告"。

(2)监测机构的名称和地址。

(3)报告的唯一标识(如序号)和每页编号及总页数。

(4)样品的描述和明确的标识。

(5)样品的特性、状态及处置。

(6)样品接收日期和进行监测分析的日期。

(7)所使用测试方法的说明。

(8)有关的取样程序说明。

(9)与监测方法的偏离、补充或例外情况,以及与测试有关的其他情况(如环境条件)的说明。

(10)测试、检查和导出结果以及结果不合格标识。

(11)对测试结果的不确定度的说明。

(12)监测结论。

(13)对报告内容负责人员的职务、签名和签发日期。

(14)对测试结果代表范围及程度的声明。

(15)报告未经监测机构批准不得复制的声明。

二、环境监测快报

环境监测快报是指采用文字型一事一报的方式,报告重大污染事故、突发性污染事故和对环境造成重大影响的自然灾害等事件的应急监测情况,以及在环境质量监测、污染源监测过程中发现的异常情况及其原因分析和对策建议。

环境监测快报应包括以下信息:①报告名称,如“事故监测快报”。②监测机构的名称和地址。③报告的唯一标识(如序号)及页号和总页数。④监测地点及时间。⑤事件的时间、地点及简要过程和分析。⑥污染因子或环境因素监测结果。⑦对短期内环境质量态势的预测分析。⑧事件原因的简要分析。⑨结论与建议。⑩对报告内容负责人员的职务和签名。⑪报告的签发日期。

三、环境监测月报

环境监测月报是一种简单、快速报告环境质量状况及环境污染问题的数据型报告。环境监测机构应在每月 5 日前将上月监测情况报到同级环保主管部门和上级监测站。

环境监测月报应包括以下信息:

(1)报告名称,如“环境质量监测月报”或“环境污染监测月报”。

(2)报告编制单位名称和地址。

(3)报告的唯一标识(如序号)、页码和总页数。

(4)被监测单位名称、地点。

(5)监测项目的监测时间及结果。

(6)监测简要分析,包括以下内容:①与上月份对比分析结果;②当月主要问题及原因分析;③变化趋势预测;④管理控制对策建议等。

(7)对报告内容负责的人员职务和签名。

(8)报告签发日期。

四、环境监测季报

环境监测季报是一种在时间和内容上介于月报和年报之间的简要报告环境质量状况或环境污染问题的数据型报告。

环境监测季报应包括以下信息:

(1)报告名称,如“环境质量监测季报”或“环境污染监测季报”。

(2)报告编制单位名称和地址。

(3)报告的唯一标识(如序号)、页码和总页数。

(4)各监测点情况。

(5)监测技术规范执行情况。

(6)监测数据情况。

(7)被监测单位名称、地址。

(8)各环境要素和污染因子的监测频率、时间及结果。

(9)单要素环境质量评价及结果。

(10)本季度主要问题及原因简要分析。

(11)环境质量变化趋势估计。

(12)改善环境管理工作的建议。

(13)环境污染治理工作效果、监测结果及综合整治考验结果。

(14)对报告内容负责的人员职务和签名。

(15)报告的签发日期。

五、环境监测年报

环境监测年报属数据型报告,国家环境质量监测网成员单位应自 1997 年 1 月 1 日起,正式开始实行微机有线联网;同时以微机网络有线传输方式,逐级上报环境质量年报,国家环境质量监测网成员单位应于每年 1 月 20 日前将上年度的环境质量年报报到本省、自治区、直辖市环境监测中心站。

"专业网"成员单位应于每年 1 月 20 日前将本单位年报报到网络组长单位。各省、自治区、直辖市环境监测中心站和专业网组长单位,应于每年 2 月 20 日之前将本地区、本"专业网"年报报到中国环境监测总站。

环境监测年报应包括以下信息:

(1)报告名称,如"环境质量监测年报"或"环境污染监测年报"等。

(2)报告年度。

(3)报告唯一标识、页码和总页数。

(4)环境监测工作概况,主要包括以下内容。

①基本情况:监测站人员构成统计表,监测机构及组织情况表,监测站仪器设备统计表等。

②监测网点情况:大气、水质、噪声等各环境要素质量监测网点情况表,污染源监测网点情况表等。

③监测项目、频率和方法:大气、水质、噪声等各环境要素监测项目频率和方法统计表。废水、废气等污染源监测项目、频率和方法统计表等。

④评价标准执行情况:大气、水质、噪声等各环境要素质量评价标准执行情况表,污染源评价标准执行情况表等。

⑤数据处理以及实验室质量控制活动情况等。

(5)监测结果统计图表,主要包括以下内容:①大气、水质、噪声等各环境要素各测点监测结果年度统计图表。②大气、水质等各环境要素特异污染监测结果统计表。③污染源监测结果统计图表:大气各污染源监测结果统计图表,各种废水污染源监测结果统计图表,其他污染源监测结果统计图表。④主要治理设施效果监测情况统计图表。⑤其他环境监测结果情况统计图表等。

(6)环境监测相关情况,主要包括以下内容。

①环境条件情况:环境气象条件统计表、环境水文情况统计表、其他环境条件统计表。

②社会经济情况:监测区域面积、人口密度统计表,燃料等能源资源消耗年度统计表、车辆情况统计表,以及其他社会环境情况统计表等。

③年度环境监测大事记:重大环境保护活动记事、重大环境监测活动记事及重大污染事故统计表等。

(7)当年环境质量或环境污染情况分析评价:①环境质量评价及趋势分析。②环境污染评价及趋势分析。③各环境要素和主要污染因子存在的主要问题及原因分析。④与上年度对比分析结果。⑤污染治理效果总结。⑥强化环境管理及监督检查的对策建议等。

(8)对报告内容负责的人员职务和签名。

(9)报告的签发日期。

六、环境质量报告书

《环境质量报告书》属文字型报告。《环境质量报告书》按内容和管理的需要分年度环境质量报告书和五年环境质量报告书两种。为了提高环境质量报告书的及时性和针对性,按其形式分为公众版、简本和详本3种。

五年环境质量报告书的起始年为1991年,五年环境质量报告书只编详本。在其编写年度不再编写年度环境质量报告书详本。环境质量报告书的编写提纲如下。

(一)前言

前言中应简要说明环境质量报告书的编写情况。

(二)目录

目录应包括环境质量报告书的主要章节标题。

(三)概况

(1)环境保护工作概况。

说明为改善环境质量和解决环境问题所采取的各项环境保护措施及成效。

(2)环境监测工作概况。

①监测工作概况。说明环境监测工作的开展情况和取得的成绩。

②监测点位布设情况。说明各环境要素监测点位布设情况,其中,环境空气、地表水、噪声监测点位布设情况需以表或图标示。

③采样及实验室分析工作情况。说明各环境要素的采样方法及频率、分析方法、实验室质量控制措施等。应有质量保证的具体方法和结果。

(四)污染排放

全面描述各类污染源(点源、面源)的状况,说明当地主要污染源、污染物的构成、污染物的性质、各污染物排放总量等。明确指出主要污染物、主要污染物的区域(流域)分布及行业排放状况等,另外对主要污染物的治理现状进行分析说明,并说明与上年度的对比分析情况。

(五)环境质量状况

(1)监测结果及现状评价。

(2)本年度时空变化分布规律分析。

(3)年度对比分析。

(4)结论及原因分析。

(六)结论及对策

(1)环境质量结论。在对环境质量状况和变化趋势综合分析的基础上,提出全面宏观的结论。

(2)主要的环境问题。在全面分析的基础上,明确指出存在的主要环境问题和区域特异环境问题。

(3)对策。在分析环境质量状况和环境问题的基础上,提出改善环境质量的对策和建议。

（七）专题

说明辖区内围绕环境质量开展的工作情况，如特色环境保护工作、预测预警工作和环境监测新领域的拓展等，并对监测数据进行分析。

七、污染源监测报告

污染源监测报告是及时反映当地环境监测站在实施污染物总量核实、抽检治理设施验收与运行效果检查等各类污染源监督监测基本情况的文字型报告。地方各级环境监测站负责核实、认可各排污单位申报的排污状况数据，并将核实后的排污申报数据报到当地环境保护局。

各市级环境监测站负责于每季度第一个月 10 日前，将上一季度本辖区污染源监督监测情况季报报到同级环境保护局及省级环境监测站，并应向有关排污单位展示其监督监测数据。

各省、自治区、直辖市环境监测站负责于每季度第一个月底前，将本辖区上季度污染源排污在前三十位的企业监督监测数据及基本情况汇总后，报到同级环境保护局和中国环境监测总站。

中国环境监测总站负责于每季度第二个月 15 日前，将上一季度全国重点污染监督监测数据及基本情况汇总后，将排污在前三位的企业监督监测数据报到生态环境部。

地方各级环境监测站负责本辖区内重点污染源的监测，各地方环境监测站负责于 3 月底之前将上一年度、国家确定的重点污染数据型报告汇总编制完成，并报到同级环境保护局和上一级环境监测站。

各省、自治区、直辖市环境中心站负责于当年 4 月底之前将本辖区国家重点污染源的上一年度数据型报告汇总后报到中国环境监测总站。

各“专业网”成员单位，负责于 3 月底之前将上一年度污染源数据型监测报告报到网络组长单位；网络组长单位于 4 月 10 日前负责编制完成上年度本网络所监测范围内污染源排污状况文字型报告，并报到中国环境监测总站。

中国环境监测总站根据各省、自治区、直辖市环境监测站和各流域、近岸海域等专业网络组长单位上报的重点污染源监督监测数据，于 6 月底之前，负责编制完成上年度全国重点污染源排污状况文字型报告并报到国家生态环境部。地方各级生态环境局确定的本地区重点污染源数据型报告上报周期、时间和内容，可由地方各级生态环境局根据环境管理的需要另行规定。

地方各级生态环境局负责组织编写本辖区内污染排污状况文字型年度报告并于 6 月底前将上年度的报告报到同级人民政府和上一级环境保护局。

第二节　报告的编写原则

一、准确性原则

各类监测报告首先是要给人们提供一个确切的环境质量信息，否则监测工作就毫无意义，甚至造成严重后果。同时，各类监测报告必须实事求是，准确可靠，数据翔实，观点明确。

二、及时性原则

环境监测是通过它的成果(各类监测报告)为环境决策和环境管理服务,这种服务必须及时有效,否则就可能贻误时机,使监测工作失去生命力。因此,必须建立和实施切实可行的报告制度,运用先进的技术手段(如电子计算机),建立专门的综合分析机构,选用得力的技术人员,切实保证报告的时效性。

三、科学性原则

监测报告的编制绝不仅仅是简单的数据资料汇总,必须运用科学的理论、方法和手段阐释监测结果及环境质量变化规律,为环境管理提供科学依据。

四、可比性原则

监测报告的表述应统一、规范,内容、格式等应遵守统一的技术规定,评价标准、指标范围和精度应相对统一稳定,结论应有时间的连续性,成果的表达形式应具有时间、空间的可比性,便于汇总和对比分析。

五、社会性原则

监测报告,尤其是监测结果的表达,要使读者易于理解;容易被社会各界很快接受和利用,使其在各个领域中尽快发挥作用。

第三节　监测报告实例

一、环境项目监测报告

环境项目监测报告可以分为环境污染项目监测报告和环境质量项目监测报告,基本格式如表4-1所示。

二、环境监测快报

环境监测快报的参考格式如表4-2所示。

三、环境监测月、季、年报

环境监测月、季、年报由一系列监测基础表和汇总表构成,并可视情况附上简要的文字说明。其汇总表可根据上级要求和管理需要设计制定。表4-3是环境污染监测单位基本情况的参考格式。

表 4-1　环境项目监测报告

×××环境监测站

密级：

环境项目监测报告

编　　号：
报告日期：

编制者：　　　　年　月　日
审核者：　　　　年　月　日
批准者：　　　　年　月　日

×××环境监测站

表 4-2　环境监测快报

单位名称		项目名称		类型	
采样地点		采样方法		样品数量	
接样时间		处置情况		监测时间	
取样程序				采样记录号	
样品特征				送样人	
样品后处理				收样人	
监测结果分析					

样品编号	监测因子名称	测试编号	测试方法不确定性	标准值	结论	测试记录编号	测试者

表 4-3 环境污染监测单位基本情况

监测项目情况	工况	
	气象参数	
	水文参数	
	其他参数	
	备注	
监测分析情况	实验条件	
	仪器条件	
	其他条件	
	备注	
监测结论及建议		
特别声明		

下　篇

第五章　水样采集、保存及预处理

第一节　水样的采集

任务一　采样容器的选择及清洗

一、水样的类型

对于天然水体，为了采集具有代表性的水样，就要根据监测目的和现场实际情况来选定采集样品的类型和采样方法；对于工业废水和生活污水，应根据生产工艺、排污规律和监测目的，针对其流量和浓度都随时间而变化的非稳态流体特性，科学、合理地设计水样采集的种类和采样方法。归纳起来，水样类型有如下五种。

（一）瞬时水样

瞬时水样是指在某一时间和地点从水中（天然水体或废水排水口）随机采集的分散水样。

当监测水体的水质比较稳定，瞬时采集的水样已具有很好的代表性时，瞬时水样才可作为监测水样。

（二）平均混合水样（或等时混合水样）

平均混合水样是指某一时段内（一般为一昼夜或一个生产周期），在同一采样点按照相等时间间隔采集等体积的多个水样，经混合均匀后得到的等时混合水样。

此类水样适用于采集排放污水的流量较稳定（变化小于20%），但水体中污染物浓度随时间有变化的废水。

（三）综合水样

综合水样是指在不同采样点同时采集的各个瞬时水样经混合后所得到的水样。这类水样在某些情况下更具有实际意义，适用于在河流主流、多个支流和多个排污点处同时采样，或在工业企业内各个车间排放口同时采集水样的情况。以综合水样得到的水质参数作为水处理工艺设计的依据更有价值。

（四）平均比例混合水样

平均比例混合水样也称为流量比例混合水样，分为连续比例混合水样和间隔比例混合水样两种。在水流量不稳定时，连续比例混合水样是在选定采样时段内，根据废水排放流量，按一定比例连续采集的混合水样。间隔比例混合水样是根据一定的排放量间隔，分别采集与排放量有一定比例关系的水样混合而成的。

多支流河流、多个废水排放口的工业、企业等经常需要采集平均比例混合水样。因为平均比例混合水样可以保证监测结果具有代表性，并使工作量不会增加过多，从而节省人力和财力。

（五）单独水样

单独水样是为分析测定某单项指标而单独存放的水样。

有些天然水和废水中，某些成分的分布很不均匀，如油类或悬浮固体；某些成分在放置过程中很容易发生变化，如溶解氧或硫化物；某些成分的现场固定方式相互影响，如氯化物或 COD 等综合指标。如果从采样大瓶中取出部分水样进行这些项目的分析测定，其结果往往已失去了代表性。这时必须采集单独水样，分别进行现场固定，用于后续分析。

二、盛样容器的选择及清洗

（一）盛样容器的选择

盛装水样的容器有聚四氟乙烯塑料容器、聚乙烯塑料容器、硼硅玻璃容器和石英玻璃容器等。容器的材质对于水样运储期间的稳定性有影响，其与水样之间的相互作用有以下三个方面：

（1）溶解作用。容器材质可溶于水中。例如，从塑料容器中溶解下来的有机质、填料，从玻璃容器中溶解下来的钠、硅和硼等。

（2）吸附作用。容器材质吸附水中的某些组分。例如，玻璃吸附金属元素，塑料吸附有机质和金属元素。

（3）化学作用。水与容器材质发生化学反应。例如，氟化物与玻璃材质反应等。

近年来的研究和实验结果表明，材质本身的稳定性顺序为：聚四氟乙烯 > 聚乙烯 > 石英玻璃 > 硼硅玻璃。其中，高压低密度聚乙烯塑料容器（Plastic，简称 P）和玻璃容器（Glass，简称 G）都能基本达到盛装水样的材质要求。

塑料容器可用作测定金属、放射性元素和其他无机物的盛样容器；玻璃容器可用作测定有机物和生物等的盛样容器。对每种监测项目要使用的容器材质，我国《地表水和污水监测技术规范》（HJ/T 91—2002）中都做了具体规定。其总的要求是容器材质不能引起水样的污染。

容器的封口塞材质要尽量与容器材质一致。塑料容器用塑料螺口盖，玻璃容器通常情况下用玻璃磨口塞，在特殊情况下需要用木塞或橡皮塞时，必须用稳定的金属箔包裹。有机物和某些细菌监测样的样品容器不能用橡皮塞。盛放碱性液体样品的容器不能用玻璃塞。禁止用纸和不稳定金属做塞盖。

（二）容器的洗涤

采样前，选择合适的盛样容器和采样器具后，对盛样容器和采样器具要进行清洗。

容器的洗涤是处理容器内壁，以减少其对样品的污染或其他相互作用。容器的洗涤要根据水样测定项目的要求来确定清洗容器的方法。通用的洗涤方法是，玻璃瓶和塑料瓶用自来水和清洗剂清洗，以除去灰尘和油垢，用自来水冲洗干净后再用去离子水充分荡洗3次。对有特殊要求的容器的洗涤方法是，首先用自来水和清洗剂清洗，以除去灰尘和油垢，用自来水冲洗干净后，再分别按特殊要求进行处理。测定金属类的容器，使用前先用洗涤液清洗后，再用自来水冲洗干净，必要时用10%硝酸或盐酸剧烈振荡或浸泡，用自来水冲净后再用蒸馏水清洗干净；测定有机物的玻璃容器，先用洗涤剂清洗，再用自来水冲洗，然后用蒸馏水清洗干净，加盖存放备用；测定铬的容器，不能用铬酸洗液或盐酸洗液，只能用10%硝酸泡洗；测定总汞的采样容器，用1:3硝酸洗后放置数小时，然后用自来水和蒸馏水漂洗干净；测定油类的容器，按通常洗涤方法洗涤后，还要用萃取的洗涤液洗2~3次；细菌检验的采样容器，除进行普通清洗外，还要做灭菌处理，并在14天内使用。

对盛样容器的洗涤方法，《水质采样样品的保存和管理技术规定》(HJ 493—2009)中进行了统一规定。容器的洗涤方法分为Ⅰ、Ⅱ、Ⅲ、Ⅳ类。

常见监测项目的保存及容器洗涤要求见表5-1。

表5-1　常见监测项目的保存及容器洗涤要求

序号	测试项目	采样容器	保存方法及保存剂用量	可保存时间	最少采样量(mL)	容器洗涤方法	说明
1	pH	P或G		12 h	250	Ⅰ	尽量现场测定
2	色度	P或G		12 h	250	Ⅰ	尽量现场测定
3	浊度	P或G		12 h	250	Ⅰ	尽量现场测定
4	气味	G	1~5 ℃冷藏	6 h	500		大量测定可带离现场
5	电导率	P或BG		12 h	250	Ⅰ	尽量现场测定
6	悬浮物	P或G	1~5 ℃暗处	14天	500	Ⅰ	
7	酸度	P或G	1~5 ℃暗处	30天	500	Ⅰ	
8	碱度	P或G	1~5 ℃暗处	12 h	500	Ⅰ	
9	二氧化碳	P或G	水样充满容器，低于取样温度	24 h	500		最好现场测定
10	溶解性固体	见“总固体”					
11	总固体	P或G	1~5 ℃冷藏	24 h	100		

续表 5-1

序号	测试项目	采样容器	保存方法及保存剂用量	可保存时间	最少采样量（mL）	容器洗涤方法	说明
12	化学需氧量	G	用 H_2SO_4，pH≤2	2 天	500	Ⅰ	
		P	-20 ℃冷冻	1 min	100		最长 6 m
13	高锰酸盐指数	G	1~5 ℃暗处冷藏	2 天	500	Ⅰ	尽快分析
		P	-20 ℃冷冻	1 min	500		
14	五日生化需氧量	溶解氧瓶	1~5 ℃暗处冷藏	12 h	250	Ⅰ	
		P	-20 ℃冷冻	1 min	1 000		冷冻最长可保持 6 个月（浓度 <50 mg/L 保存 1 个月）
15	总有机碳	G	用 H_2SO_4，pH≤2，1~5 ℃	7 天	250	Ⅰ	
		P	-20 ℃冷冻	1 min	100		
16	溶解氧	溶解氧瓶	加入硫酸锰，碱性碘化钾叠氮化钠溶液，现场固定	24 h	500	Ⅰ	尽量现场测定
17	总磷	P 或 G	用 H_2SO_4、HCl 酸化至 pH≤2	24 h	250	Ⅳ	
		P	-20 ℃冷冻	1 min	250		
18	溶解性正磷酸盐	见“溶解磷酸盐”					
19	总正磷酸盐	见“总磷”					
20	溶解磷酸盐	P 或 G 或 BG	1~5 ℃冷藏	1 min	250		采样时现场过滤
		P	-20 ℃冷冻	1 min	250		
21	氨氮	P 或 G	加 H_2SO_4 酸化至 pH≤2	24 h	250	Ⅰ	
22	总氮	P 或 G	加 H_2SO_4 酸化，pH=1~2	7 天	250	Ⅰ	
		P		1 min	500		
23	硫化物	P 或 G	水样充满容器。1 L 水样加 NaOH 至 pH=9，加入 5% 抗坏血酸 5 mL、饱和 EDTA 3 mL，滴加饱和 $Zn(Ac)_2$，至胶体产生，常温避光	24 h	250	Ⅰ	
24	阴离子表面活性剂	P 或 G	1~5 ℃冷藏，用 H_2SO_4，pH=1~2	2 天	500	Ⅳ	不能用溶剂清洗

续表 5-1

序号	测试项目	采样容器	保存方法及保存剂用量	可保存时间	最少采样量（mL）	容器洗涤方法	说明
25	六价铬	P 或 G	NaOH，pH=8～9	14 天	250	酸洗Ⅲ	
26	铜	P	HNO_3，1 L 水样中加浓 HNO_3 10 mL	14 天	250	Ⅲ	
27	锌	P	HNO_3，1 L 水样中加浓 HNO_3 10 mL	14 天	250	Ⅲ	
28	汞	P 或 G	HCl，1%，如水样为中性，1 L 水样中加浓 HCl 10 mL	14 天	250	Ⅲ	
29	铅	P 或 G	HCl，1%，如水样为中性，1 L 水样中加浓 HCl 10 mL	14 天	250	Ⅲ	如用溶出伏安法测定，可改用 1 L 水样中加浓 $HClO_4$ 19 mL
30	砷	P 或 G	HCl，1%，如水样为中性，1 L 水样中加浓 HCl 10 mL，DDT 法，HCl 2 mL	14 天	250	Ⅲ	
31	硒	P 或 G	1 L 水样中加浓 HCl 2 mL	14 天	250	Ⅲ	
32	镉	P 或 G	HNO_3，1 L 水样中加浓 HNO_3 10 mL	14 天	250	Ⅲ	如用溶出伏安法测定，可改用 1 L 水样中加浓 $HClO_4$ 19 mL
33	总氰化物	P 或 G	NaOH，pH≥9，1～5 ℃冷藏	7 天，如果硫化物存在，保存 12 h	250	Ⅰ	

注：1. P 为聚乙烯瓶（桶），G 为硬质玻璃瓶，BG 为硼硅酸盐玻璃瓶。

2. Ⅰ、Ⅱ、Ⅲ、Ⅳ表示四种洗涤方法。具体如下：

Ⅰ：洗涤剂洗 1 次，自来水洗 3 次，蒸馏水洗 1 次。对于采集微生物和生物的采样容器，须经 160 ℃干热灭菌 2 h。经灭菌的微生物和生物采样容器必须在两周内使用，否则应重新灭菌。经 121 ℃高压蒸汽灭菌 15 min 的采样容器，如不立即使用，应于 60 ℃将瓶内冷凝水烘干，两周内使用。细菌检测项目采样时不能用水样冲洗采样容器，不能采混合水样，应单独采样，2 h 后送实验室分析。

Ⅱ：洗涤剂洗 1 次，自来水洗 2 次，(1+3) HNO_3 荡洗 1 次，自来水洗 3 次，蒸馏水洗 1 次。

Ⅲ：洗涤剂洗 1 次，自来水洗 2 次，(1+3) HNO_3 荡洗 1 次，自来水洗 3 次，去离子水洗 1 次。

Ⅳ：铬酸洗液洗 1 次，自来水洗 3 次，蒸馏水洗 1 次。如果采集污水样品，可省去用蒸馏水、去离子水清洗的步骤。

任务二　水样采集

一、地表水样的采集

（一）采样方法

1. 船只采样

利用船只到指定的地点，按深度要求，把采样器浸入水面下采样，该方法比较灵活，适用于一般河流和水库的采样，但不容易固定采样地点，往往使数据不具有可比性。同时，一定要注意采样人员的安全。

2. 桥梁采样

确定采样断面应考虑交通方便，并应尽量利用现有的桥梁采样。在桥上采样安全、可靠、方便，不受天气和洪水的影响，适合于频繁采样，并能在横向和纵向上准确地控制采样点位置。

3. 涉水采样

较浅的小河和靠近岸边水浅的采样点可涉水采样，但要避免搅动沉积物而使水样受污染。涉水采样时，采样者应站在下游，向上游方向采集水样。

4. 索道采样

在地形复杂、险要，地处偏僻处的小河流，可架设索道采样。

（二）采样设备（采样器）

采集表层水时，可用桶、瓶等容器直接采取。一般将其沉至水面下 0.3～0.5 m 处采集。采集深层水时，可使用如图 5-1 所示的带重锤的采样器沉入水中采集。将采样容器沉降至所需深度（可从绳上的标度看出），上提细绳打开瓶塞，待水样充满容器后提出。对于水流急的河段，宜采用如图 5-2 所示的急流采样器。它是将一根长钢管固定在铁框上，管内装一橡胶管，其上部用夹子夹紧，下部与瓶塞上的短玻璃管相连，瓶塞上另有一长玻璃管通至采样瓶底部。采样前塞紧橡胶塞，然后沿船身垂直伸入要求水深处，打开上部橡胶管夹，水样即沿长玻璃管流入样品瓶中，瓶内空气由短玻璃管沿橡胶管排出。这样采集的水样也可用于测定水中溶解性气体，因为它是空气隔绝的。

测定溶解气体（如溶解氧）的水样常用如图 5-3 所示的双瓶采样器采集。将采样器沉入要求水深处后，打开上部的橡胶管夹，水样进入小瓶（采样瓶）并将空气驱入大瓶，从连接大瓶短玻璃管的橡胶管排出，直到大瓶中充满水样，提出水面后迅速密封。

二、地下水样的采集

（一）井水

从监测井中采集水样常利用抽水机设备。启动后，先放水数分钟，将积留在管道内的陈旧水排出，然后用采样容器（已预先洗净）接取水样。对于无抽水设备的水井，可选择适合的采样器采集水样，如深层采样器、自动采样器等。

（二）泉水、自来水

对于自喷泉水，在涌水口处直接采样；对于不自喷泉水，用采集井水水样的方法采样。

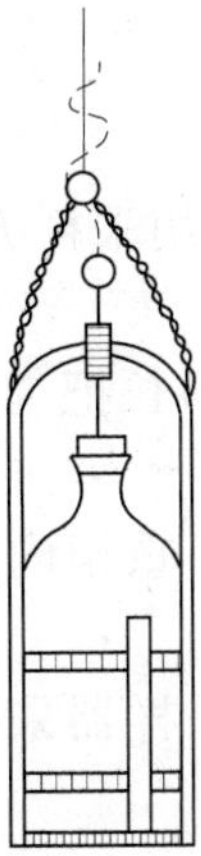

图 5-1　带重锤的采样器

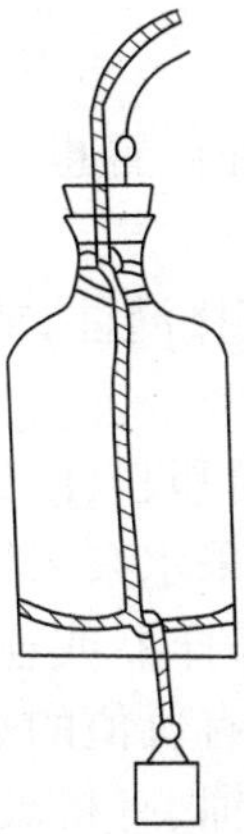

图 5-2　急流采样器

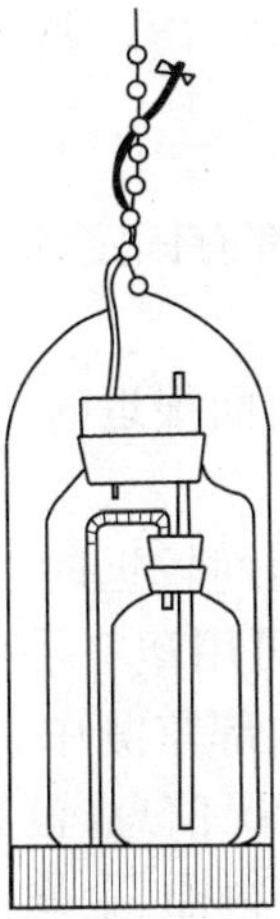

图 5-3　双瓶采样器

对于自来水，先将水龙头完全打开，将积存在管道中的陈旧水排出后再采样。

地下水的水质比较稳定，一般采集瞬时水样即能有较好的代表性。

(三)采样器

1. 简易采样器

简易采样器由塑料水壶和钢丝架组成，如图 5-4 所示。将采样器放到预定深度，拉开塑料水壶(洗净晾干的)进水口的软塞，待水灌满后提出水面，即可采集到水样。

2. 改良的 Kemmerer 采样器

改良的 Kemmerer 采样器由带有软塞的滑动螺杆和水桶等部件组成，如图 5-5 所示，常用于采集地表水和地下水。

3. 深层采样器

深层采样器如图 5-6 所示。采样时，将采样器下沉一定深度，扯动挂绳，打开瓶塞，待水灌满后，迅速提出水面，弃去上层水样，盖好瓶盖，并同步测定水深。

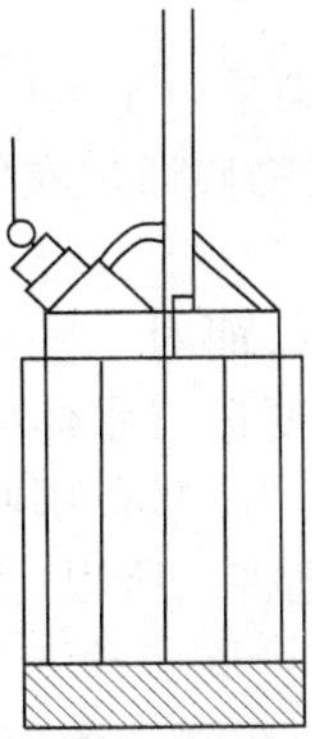

图 5-4　简易采样器

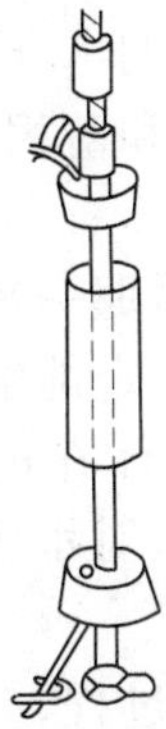

图 5-5　改良的 Kemmerer 采样器

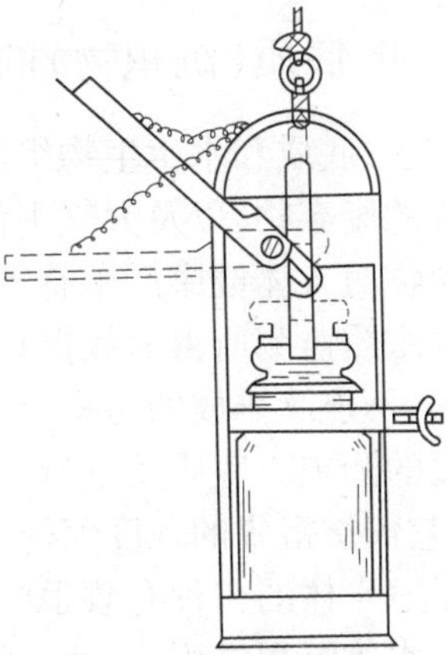

图 5-6　深层采样器

三、废水水样的采集

（一）采样方法

污水一般流量较小，且都有固定的排污口，所处位置也不复杂，因此所用采样方法和采样器也较简单。

（1）浅水采样：水面距地面很近时，可用容器直接灌注，或用聚乙烯塑料长把勺采样，注意手不要接触污水。

（2）深水采样：水面距地面较远时，可将聚乙烯塑料样品容器固定于负重架内，沉入一定深度的污水中采样，也可用塑料手摇泵或电动采水泵采样。

（3）自动采样：在企业内部监测中，利用自动采样器或连续自动定时采样器采样，有利于为生产部门提供生产情况信息，也为环保提供有价值的数据。

采样器常使用聚乙烯塑料桶、金属（铜、铁等）桶、有机玻璃采样器、泵式采样器和自动采样器等。

（二）废水水样类型

1. 瞬时废水样

对于生产工艺连续、稳定的工厂，所排放废水中的污染组分及浓度变化不大，采集瞬时水样具有较好的代表性。瞬时水样也适用于某些特定要求，如某些平均浓度合格，而高峰排放浓度超标的污水，可隔一定的时间采集瞬时水样，分别测定，所得资料绘制浓度—时间关系曲线，计算其平均浓度和高峰排放时的浓度。

2. 平均废水样

生产的周期性影响排污的规律性，使工业废水的排放量和污染组分的浓度随时间大幅度变化，只有增大采样和测定频率，才能使监测结果具有代表性，此时最好在不增加采样频次的基础上采集平均混合水样，即在污水流量比较稳定时，每隔相同时间采集等量污水样混合而成的水样；以及采集平均比例混合水样，即在污水流量不稳定时，在不同时间依据流量大小按比例采集污水样混合而成的水样。有时需要同时采集几个排污口的污水样，按比例混合，其监测结果代表采样时的综合排放浓度。

四、底质（沉积物）的采集

水、底质和水生生物组成了一个完整的水环境系统。底质的污染是由于工厂、矿山等排放的废弃物，以及大气中污染物的沉降和蓄积而引起的，这些污染物质通过农作物和底栖生物对人体健康产生有害影响。

水质监测所得的数据只能代表采样时那一短暂期内的水质状况，而对一些间隔时间较长、不连续排放的污染物质，取样时不一定能够采集到，因此有必要进行水体底部沉积底泥的测定。底质的分析，有助于了解水体在过去较长的一段时间内，都有哪些污染物质，它们被富集的程度怎样，这些污染物质对水体将会发生怎样的危害。所以，测定底质是了解水体的一种有效手段。

水体沉积过程，也就是污染物的运动过程，有着一定的规律性。在同一条河，不同的河段有不同的沉积过程，上游以冲刷为主，平缓的下游以沉积为主，在不同的季节亦然，丰水期沉淀的物质粗，枯水期沉淀的物质细，沉积物分层，越靠下面的层年代越久，色越深，因此监测下部的沉积物有哪些物质，就可以知道过去污染的情况。下部沉积物，一年形成一层，就可以采集各层沉积物，进行分层化验，了解污染的历史，这不仅有助于评价水质污染程度，而且还可以根据水文学等特点，预测未来发展趋势。所以说，底质样品的采集监测是水环境监测的重要组成部分。

（一）采样断面和频率

底质监测断面的设置原则与水质监测断面相同，其位置应尽可能与水质监测断面相重合，以便于将沉积物的组成及其物理化学性质与水质监测情况进行比较。

由于底质比较稳定，受水文、气象条件影响较小，故采样频率较低，一般每年枯水期采样一次，必要时可在丰水期增采一次。

（二）采样方法和采样器

采集底质表层样品采用挖掘方法，研究底质污染物垂直分布时，采用管式采样器采集柱状样品。

1. 挖掘式采样器

挖掘式采样器适用于采样量较大的表层底质样品。挖掘器装有一个斗，上面带有几个张口的爪，内装弹簧，用一根绳将采样器降到河底，采样时爪合上，如图 5-7 所示。采样量较少时，可用锥式采样器。

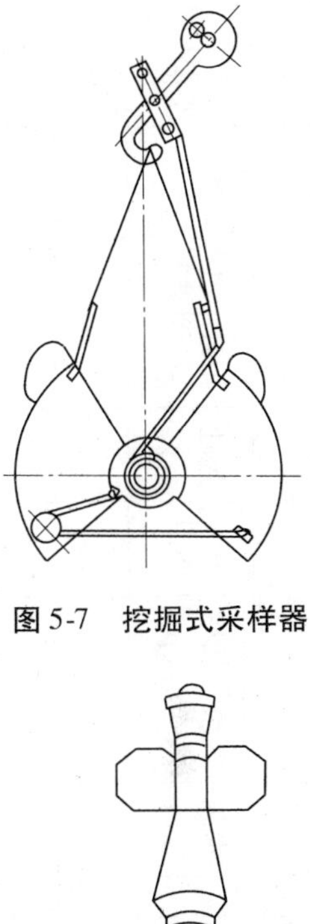

图 5-7　挖掘式采样器

2. 管式泥芯采样器

管式泥芯采样器适用于采集柱状样品，以保持底质的分层结构。采样器是一个管，把管降到河底加以钻探，取得圆柱形样品。管上端有一活塞，防止管提起时溢出样品，如图 5-8 所示。如水深小于 3 m，可将竹竿粗的一端削成尖头斜面插入底质采样。

3. 其他的采样器

水深小于 0.6 m 时，可用长柄塑料勺直接采集表层底质样品。

五、采样记录和水样标签（HJ 493—2009、HJ/T 91—2002）

样品采集后，要及时将样品编号，贴上标签，并将底质的外观性状，如泥质状态、颜色、嗅和味、生物现象等情况填入采样记录表。采集的样品和采样记录表运回后一并交实验室，并办理交接手续。

采样时，水质采样记录表（见表 5-2）需用签字笔或硬质铅笔在现场记录，一式 3 份。书写时用硬质铅笔和不溶性墨水，字迹应端正、清晰，项目完整，忌涂改。现场测试项目的样品应记下平行样的份数和体积，同时记录现场空白样和现场加标样的处置情况。

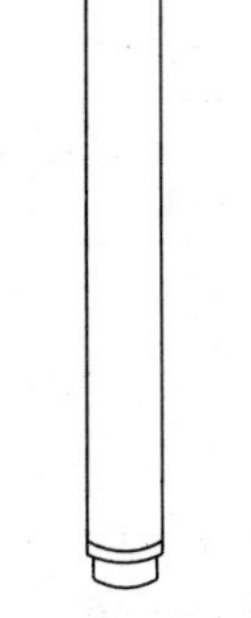

图 5-8　管式泥芯采样器

（一）现场采样原始记录表

底质采样记录表、污水采样记录表分别见表 5-3、表 5-4。

表 5-2　水质采样记录表

编号	河流（湖库）名称	采样（月-日）	断面名称	采样位置				气象参数					流速	流量	现场测定记录						说明
				断面号	垂线号	点位号	水深（m）	气温（℃）	气压（kPa）	风向	风速（m/s）	相对湿度			水温	pH	溶解氧	透明度	电导率	感观指标描述	

采样人员：　　　　　　　　　　　　　　记录人员：

表 5-3　底质采样记录表

监测站名：　　　　　　　　年度：

序号	河流(湖库)名称	采样断面(点)	采样时间	水深(m)	采样工具	编号	底质类型	颜色	嗅	其他特征	说明

现场情况描述：

采样人员：　　　　　　　　记录人员：

表 5-4　污水采样记录表

监测站名：　　　　　　　　年度：

序号	企业名称	行业名称	采样口	车间或出厂口采样口位置	采样口流量(m^3/s)	采样时间(月-日)	颜色	嗅	说明

现场情况描述：

治理设施运行状况：

采样人员：　　　　　　　　企业接待人员：　　　　　　　　记录人员：

（二）水样标签

水样采集后，往往根据不同的分析要求，分装成数份，并分别加入保存剂，对每一份样品都应附一张完整的水样标签。水样标签应事先设计打印，内容一般包括采样目的，项目唯一性编号，监测点数目、位置，采样时间，采样人员，保存剂的加入量等。标签应用不褪色的墨水填写，并牢固地粘贴于盛装水样的容器外壁上。对于未知的特殊水样及危险或潜在危险物质如酸，应用记号标出，并对现场水样情况进行详细描述。水样标签如表 5-5 所示。

表 5-5　水样标签

样品编号：	业务代号：
样品名称：	
采样断面：	采样地点：
添加保存剂种类和数量：	
检测项目：	
采样者：	采样者：
采样时间（月-日）：	

（三）样品送检单（水样登记表）

样品运到实验室后，应填写水样登记表和送检表。收样人仔细核对，与采样人、送样人各执一份。水样、底质、污水送检表格式分别见表 5-6 ~ 表 5-8。

表 5-6　水样送检表

监测站名：　　　　　　　　　　　　　　　　　年度：

样品编号	采样河流（湖、库）	采样断面及采样点	采样时间（月-日）	添加剂种类	数量	分析项目	说明

送样人员：　　　　　　　　接样人员：　　　　　　　　送检时间：

表 5-7　底质送检表

监测站名：　　　　　　　　　　　　　　　　　年度：

样品编号	采样河流（湖、库）	采样断面及采样点	采样时间（月-日）	分析项目	说明

送样人员：　　　　　　　　接样人员：　　　　　　　　送检时间：

表5-8　污水送检表

监测站名：　　　　　　　　　　　　　　　　　年度：

样品编号	企业名称	行业名称	采样口名称	采样时间(月-日)	说明

送样人员：　　　　　　　　　　接样人员：　　　　　　　　　　送检时间：

第二节　水样的保存与运输

任务一　水样变化原因分析

各种水质的水样，从采集到分析这段时间里，由于物理的、化学的、生物的作用会发生不同程度的变化，这些变化使得进行分析时的样品已不再是采样时的样品，为了使这种变化降低到最小的程度，必须在采样时对样品加以保护。

一、水样变化的原因

（一）物理作用

光照、温度、静置或振动，敞露或密封等保存条件及容器材质都会影响水样的性质。如温度升高或强振动会使得一些物质如氧、氰化物及汞等挥发；长期静置会使 $Al(OH)_3$、$CaCO_3$ 及 $Mg_3(PO_4)_2$ 等沉淀。某些容器的内壁能不可逆地吸附或吸收一些有机物或金属化合物等。

（二）化学作用

水样各组分间可能发生化学反应，从而改变了某些组分的含量与性质。例如，溶解氧或空气中的氧能使二价铁、硫化物等氧化，聚合物可能解聚，单体化合物也有可能聚合。

（三）生物作用

细菌、藻类及其他生物体的新陈代谢会消耗水样中的某些组分，产生一些新的组分，改变一些组分的性质，生物作用会对样品中待测的一些项目如溶解氧、二氧化碳、含氮化合物、磷及硅等的含量及浓度产生影响。

二、水样保存的要求

适当的保护措施虽然能降低水样变化的程度和减缓其变化速度，但并不能完全抑制其变化。有些项目特别容易发生变化，如水温、溶解氧、二氧化碳等必须在采样现场进行测定。有一部分项目可在采样现场对水样进行简单的预处理，使之能够保存一定的时间。水样允许保存的时间与水样的性质、分析的项目、溶液的酸度、储存容器的材质、比表面积

（2）同一采样点的样品应装在同一包装箱内，如需分装在两个或几个箱子中，则需在每个箱内放入相同的现场采样记录表。

（3）运输前，应检查现场记录上的所有水样是否全部装箱。要用醒目的色彩在包装箱顶部和侧面标上“切勿倒置”的标记。

（4）每个水样瓶均需贴上标签，内容有采样点位编号、采样日期和时间、测定项目、保存方法，并写明用何种保存剂。

（5）在水样运送过程中，应有押运人员，每个水样都要附一张管理程序管理卡。在转交水样时，转交人和接收人都必须清点和检查水样并在登记卡上签字，注明日期。

（6）在运输途中如果水样超过了保质期，管理员应对水样进行检查。如果决定仍然进行分析，那么在出报告时，应明确标出采样时间和分析时间。

二、运输注意事项

（1）根据采样记录和样品登记表清点样品，防止搞错。

（2）塑料容器要先塞紧内塞、旋紧外盖。

（3）玻璃瓶要先塞紧磨口塞，然后用细绳将瓶塞与瓶颈拴紧或用封口胶、石蜡封口（测油类水样除外）。

（4）防止样品在运输过程中因振动、碰撞而导致损失或玷污，最好将样品装桶运送。装运箱和盖要用泡沫塑料或瓦楞纸板作衬里和隔板。样品按顺序装入箱内，加盖前要先垫一层塑料膜，再在上面放泡沫塑料或干净的纸条，使盖能压住样品瓶。

（5）需冷藏的样品，应配备专门的隔热容器，放入制冷剂，将样品置于其中保存。

（6）冬季应采取保温措施，以免冻裂样品瓶。

（7）防止日光直射。

三、样品的交接

在水样运送过程中，应有押运人员。水样送至实验室时，首先要检查水样是否冷藏，冷藏温度是否保持在1～5 ℃。其次要验明标签、清点样品数量，确认无误时签字验收，交接双方填写好样品交接单。

第三节　水样的预处理

任务一　水样的消解

环境水样所含组分复杂，且多数污染组分含量低，形态各异，所以在分析测定之前，往往需要进行预处理，以得到欲测组分适合测定方法要求的形态、浓度和消除共存组分干扰的试样体系。在预处理过程中，常因挥发、吸附、污染等原因，造成欲测组分含量的变化，故应对预处理方法进行回收率考核。下面介绍几种常用的预处理方法。

当测定含有机物水样中的无机元素时，需进行消解处理。消解处理的目的是破坏有机物，溶解悬浮性固体，将各种价态的欲测元素氧化成单一高价态或转变成易于分离的无机化合物。消解后的水样应清澈、透明、无沉淀。消解水样的方法有湿式消解法和干式分解法(干灰化法)。

一、湿式消解法

(一)硝酸消解法

对于较清洁的水样,可用硝酸消解。其方法要点是:取混匀的水样 50 ~ 200 mL 于烧杯中,加入 5 ~ 10 mL 浓硝酸,在电热板上加热煮沸,蒸发至小体积,试液应清澈透明,呈浅色或无色;否则,应补加硝酸继续消解。蒸至近干,取下烧杯,稍冷后加 2% HNO_3(或 HCl)20 mL,温热溶解可溶盐。若有沉淀,应过滤,滤液冷却至室温后于 50 mL 容量瓶中定容,备用。

(二)硝酸-高氯酸消解法

硝酸、高氯酸都是强氧化性酸,联合使用可消解含难氧化有机物的水样。其方法要点是:取适量水样于烧杯或锥形瓶中,加 5 ~ 10 mL 硝酸,在电热板上加热、消解至大部分有机物被分解。取下烧杯,稍冷,加 2 ~ 5 mL 高氯酸,继续加热至开始冒白烟,如试液呈深色,再补加硝酸,继续加热至冒浓厚白烟将尽(不可蒸至干涸)。取下烧杯冷却,用 2% HNO_3 溶解,如有沉淀,应过滤,滤液冷却至室温定容备用。因为高氯酸能与羟基化合物反应生成不稳定的高氯酸酯,有发生爆炸的危险,因此先加入硝酸,氧化水样中的羟基化合物,稍冷后再加入高氯酸处理。

(三)硝酸-硫酸消解法

硝酸、硫酸都具有较强的氧化能力,其中硝酸沸点低,而硫酸沸点高,二者结合使用,可提高消解温度和消解效果。常用的硝酸与硫酸的比例为 5:2。

消解时,先将硝酸加入水样中,加热蒸发至小体积,稍冷,再加入硫酸、硝酸,继续加热蒸发至冒大量白烟,冷却,加适量水,温热溶解可溶盐,若有沉淀,应过滤。为提高消解效果,常加入少量过氧化氢。

该方法不适用于处理测定易生成难溶硫酸盐组分(如铅、钡、锶)的水样。

(四)硫酸-磷酸消解法

硫酸、磷酸的沸点都比较高,其中,硫酸氧化性较强,磷酸能与一些金属离子如 Fe^{3+} 等络合,故二者结合消解水样,有利于测定时消除 Fe^{3+} 等离子的干扰。

(五)硫酸-高锰酸钾消解法

硫酸-高锰酸钾消解法常用于消解测定汞的水样。高锰酸钾是强氧化剂,在中性、碱性、酸性条件下都可以氧化有机物,其氧化产物多为草酸根,但在酸性介质中还可继续氧化。消解要点是:取适量水样,加适量硫酸和 5% 高锰酸钾,混匀后加热煮沸、冷却,滴加盐酸羟胺溶液破坏过量的高锰酸钾。

(六)多元消解法

为提高消解效果,在某些情况下需要采用三元以上酸或氧化剂消解体系。例如,处理测总铬的水样时,用硫酸、磷酸和高锰酸钾消解。

(七)碱分解法

当用酸体系消解水样造成易挥发组分损失时,可改用碱分解法,即在水样中加入氢氧化钠和过氧化氢溶液，或者氨水和过氧化氢溶液，加热煮沸至近干，用水或稀碱溶液温热溶解。

二、干灰化法

干灰化法又称为高温分解法。其处理过程是：取适量水样于白瓷或石英蒸发皿中，置于水浴上蒸干，移入马弗炉内，于 450 ~ 550 ℃灼烧到残渣呈灰白色，使有机物完全分解除去。取出蒸发皿，冷却，用适量 2% HNO_3（或 HCl）溶解样品灰分，过滤，滤液定容后供测定。

本方法不适用于处理测定易挥发组分（如砷、汞、镉、硒、锡等）的水样。

任务二　水样的富集与分离

当水样中的欲测组分含量低于分析方法的检测限时，就必须进行富集或浓缩；当有共存干扰组分时，就必须采取分离或掩蔽措施。富集和分离往往是不可分割、同时进行的。常用的方法有过滤、挥发、蒸馏、溶剂萃取、离子交换、吸附、共沉淀、层析、低温浓缩等，要结合具体情况选择使用。

一、挥发和蒸发浓缩

挥发是先利用某些污染组分挥发度大，或者将欲测组分转变成易挥发物质，然后用惰性气体带出而达到分离的目的。例如，用冷原子荧光法测定水样中的汞时，先将汞离子用氯化亚锡还原为原子态汞，再利用汞易挥发的性质，通入惰性气体将其带出并送入仪器测定，该吹气分离装置示于图 5-9；用分光光度法测定水中的硫化物时，先使之在磷酸介质中生成硫化氢，再用惰性气体载入乙酸锌－乙酸钠溶液吸收，从而达到与母液分离的目的。测定废水中的砷时，将其转变成砷化氢气体（AsH_3），用吸收液吸收后供分光光度计测定。

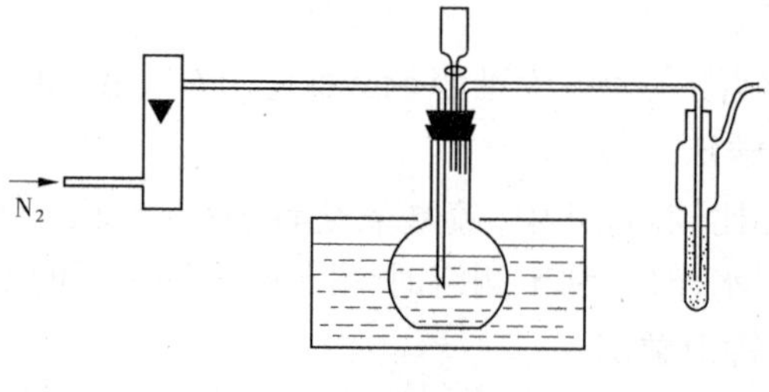

图 5-9　吹气分离装置

蒸发浓缩是指在电热板上或水浴中加热水样，使水分缓慢蒸发，达到缩小水样体积、浓缩欲测组分的目的。该方法无须化学处理，简单易行，尽管存在缓慢、易吸附损失等缺点，但无更适宜的富集方法时仍可采用。据有关资料介绍，用这种方法浓缩饮用水水样，可使铬、锂、钴、铜、锰、铅、铁和钡的浓度提高 30 倍。

二、蒸馏法

蒸馏法是利用水样中各污染组分具有不同的沸点而使其彼此分离的方法。测定水样中的挥发酚、氰化物、氟化物时，均需先在酸性介质中进行预蒸馏分离。在此，蒸馏具有消解、富集和分离三种作用。图5-10为挥发酚和氰化物的蒸馏装置示意。氟化物既可用直接蒸馏装置，也可用水蒸气蒸馏装置；后者虽然对控温要求较严格，但排除干扰效果好，不易发生暴沸，使用较安全，如图5-11所示。

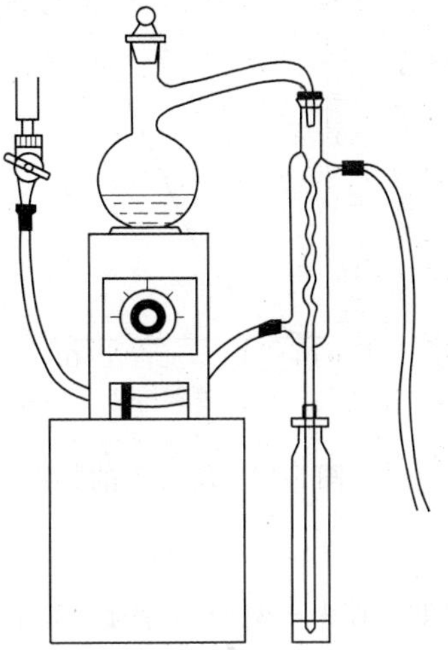

图5-10　挥发酚和氰化物的蒸馏装置示意

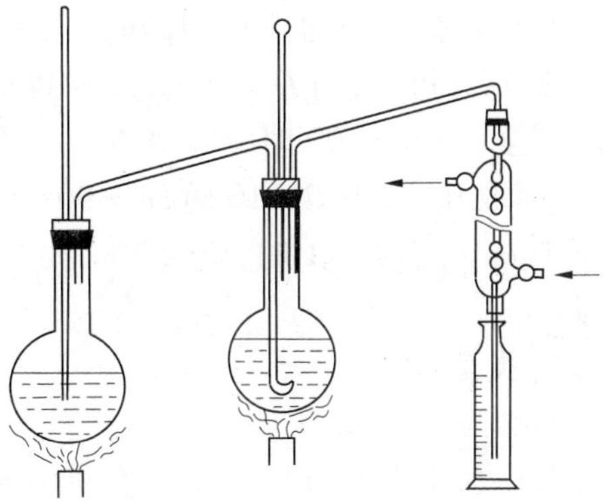

图5-11　氟化物水蒸气蒸馏装置

三、溶剂萃取法

（一）原理

溶剂萃取法是基于物质在不同的溶剂相中分配系数不同，而达到组分的富集与分离，在水相－有机相中的分配系数（K）用下式表示：

$$K=\frac{\text{有机相中被萃取物浓度}}{\text{水相中被萃取物浓度}}$$

当溶液中某组分的K值大时，则容易进入有机相，而K值很小的组分仍留在溶液中。

分配系数（K）中所指欲分离组分在两相中的存在形式相同，而实际并非如此，故通常用分配比（D）表示：

$$D=\frac{\sum[\mathrm{A}]_{\text{有机相}}}{\sum[\mathrm{A}]_{\text{水相}}}$$

式中　$\sum[\mathrm{A}]_{\text{有机相}}$——欲分离组分A在有机相中各种存在形式的总浓度；

$\sum[\mathrm{A}]_{\text{水相}}$——组分A在水相中各种存在形式的总浓度。

与分配系数不同，分配比不是一个常数，随被萃取物的浓度、溶液的酸度、萃取剂的浓度及萃取温度等条件而变化。只有在简单的萃取体系中，被萃取物质在两相中存在形式相同时，K才等于D。分配比反映萃取体系达到平衡时的实际分配情况，具有较大的实用价值。被萃取物质在两相中的分配还可以用萃取率（E）表示，其表达式为：

$$E=\frac{\text{有机相中被萃取物的量}}{\text{水相和有机相中被萃取物的总量}}\times100\%$$

分配比(D)和萃取率(E)的关系如下：

$$E = \frac{D}{D + \frac{V_{水}}{V_{有机}}} \times 100\%$$

式中　$V_{水}$——水相的体积；

$V_{有机}$——有机相的体积。

当水相和有机相的体积相同时，二者的关系如图 5-12 所示。可见，当 $D = \infty$ 时，$E = 100\%$，一次即可萃取完全；当 $D = 100$ 时，$E = 99\%$，一次萃取不完全，需要萃取几次；当 $D = 10$ 时，$E = 90\%$，需连续萃取才趋于完全；当 $D = 1$ 时，$E = 50\%$，要萃取完全相当困难。

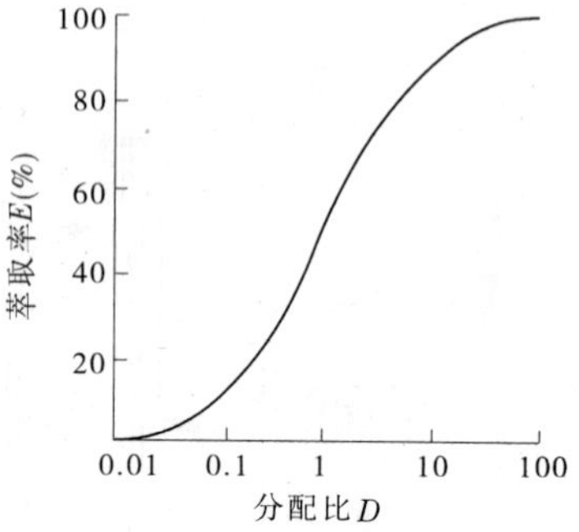

图 5-12　D 与 K 的关系

(二)类型

1. 有机物的萃取

分散在水相中的有机物易被有机溶剂萃取，利用此原理可以富集分散在水样中的有机污染物质。例如，用 4－氨基安替比林光度法测定水样中的挥发酚，当酚含量低于 0.05 mg/L 时，则水样经蒸馏分离后需再用三氯甲烷进行萃取浓缩；用紫外分光光度法测定水中的油和用气相色谱法测定有机农药(六六六、DDT)时，需先用石油醚萃取等。

2. 无机物的萃取

由于有机溶剂只能萃取水相中以非离子状态存在的物质(主要是有机物质)，而多数无机物质在水相中均以水合离子状态存在，故无法用有机溶剂直接萃取。为实现用有机溶剂萃取，需先加入一种试剂，使其与水相中的离子态组分相结合，生成一种不带电、易溶于有机溶剂的物质。该试剂与有机相、水相共同构成萃取体系。根据生成可萃取物类型的不同，可分为螯合物萃取体系、离子缔合物萃取体系、三元络合物萃取体系和协同萃取体系等。在环境监测中，螯合物萃取体系用得较多。

螯合物萃取体系是指在水相中加入螯合剂，与被测金属离子生成易溶于有机溶剂的中性螯合物，从而被有机相萃取出来。例如，用分光光度法测定水中的 Cd^{2+}、Hg^{2+}、Zn^{2+}、Pb^{2+}、Ni^{2+}、Bi^{2+} 等，双硫腙(螯合剂)能使上述离子生成难溶于水的螯合物，可用三氯甲烷(或四氯化碳)从水相中萃取后测定，三者构成双硫腙－三氯甲烷－水萃取体系。

四、吸附法

吸附法是先利用多孔性的固体吸附剂将水样中一种或数种组分吸附于表面，再用适宜溶剂加热或吹气等方法将欲测组分解吸，达到分离和富集的目的。

按照吸附机制可分为物理吸附和化学吸附。物理吸附的吸附力是范德华引力；化学吸附是在吸附过程中发生了化学反应，如氧化、还原、化合、络合等反应。常用于水样预处理的吸附剂有活性炭、氧化铝、多孔高分子聚合物和巯基棉等。活性炭可用于吸附金属离子或有机物。例如，对含微量 Cu^{2+}、Cd^{2+}、Pb^{2+}、Fe^{3+} 的水样，将其 pH 调节到 4.0～5.5，加入适量活性炭，置于振荡器上振荡一定时间后过滤，取下炭层滤纸，在 60 ℃下烘干，再将其放入烧杯中用少量浓热硝酸处理，蒸干后加入稀硝酸，使被测金属溶解，将所得悬浮液进行离心分离，上清液供原子吸收光谱测定。实验结果表明，该方法的回收率可达 93% 以上。

多孔高分子聚合物吸附剂大多是具有多孔，且孔径均一的网状结构树脂，如 CDX（高分子多孔小球）、Tenax、PorapaK、XAD 等。这类吸附剂主要用于吸附有机物。例如，对测定痕量三卤代甲烷等多种卤代烃的水样作预处理时，先用气提法将水样中的卤代烃吹出，送入内装 Tenax 的吸附柱进行富集。此后，将吸附柱加热，使被吸附的卤代烃解吸，并用氦气吹出，经冷冻浓集柱后，转入气相色谱质谱（GC—MS）分析系统。

水样预处理过程是：将 pH 调至 3～4 的水样以一定流速通过巯基棉管，待吸附完毕，加入适量氯化钠盐酸解吸液，把富集在巯基棉上的烷基汞解吸下来，并收集在离心管内。向离心管中加入甲苯，振荡提取后静置分层，离心分离，所得有机相供色谱测定。

五、离子交换法

离子交换法是利用离子交换剂与溶液中的离子发生交换反应进行分离的方法。离子交换剂分为无机离子交换剂和有机离子交换剂两大类，广泛应用的是有机离子交换剂，即离子交换树脂。

离子交换树脂是一种具有渗透性的三维网状高分子聚合物小球，在网状结构的骨架上含有可电离的活性基团，与水样中的离子发生交换反应。根据官能团不同，可分为阳离子交换树脂、阴离子交换树脂和特殊离子交换树脂。其中，阳离子交换树脂按照所含活性基团酸性强弱，又分为强酸型阳离子交换树脂和弱酸型阳离子交换树脂；阴离子交换树脂按其所含活性基团碱性强弱，又分为强碱型阴离子交换树脂和弱碱型阴离子交换树脂。在水样预处理中，最常用的是强酸型阳离子交换树脂和强碱型阴离子交换树脂。

强酸型阳离子交换树脂含有活性基团—SO_3H、—SO_3Na 等，一般用于富集金属阳离子。强碱型阴离子交换树脂含有—$N^+(CH_3)_3^-$ 基团，其中 X—为 OH^-、Cl^-、NO_3^- 等，能在酸性、碱性和中性溶液中与强酸或弱酸阴离子交换，应用较广泛。

用离子交换树脂进行分离的操作程序如下：

（1）交换柱的制备：如分离阳离子，则选择强酸型阳离子交换树脂。首先将其在稀盐酸中浸泡，以除去杂质并使之溶胀和完全转变成 H 型，然后用蒸馏水洗至中性，装入充满蒸馏水的交换柱中；注意防止气泡进入树脂层。需要其他类型的树脂，均可用相应的溶液处理。如用 NaCl 溶液处理强酸型树脂，可转变成 Na 型；用 NaOH 溶液处理强碱型树脂，可转变成 OH 型等。

（2）交换：将试液以适宜的流速倾入交换柱，则欲分离离子从上到下一层层地发生交换过程。交换完毕，用蒸馏水洗涤，洗下残留的溶液及交换过程中形成的酸、碱或盐类等。

（3）洗脱：将洗脱溶液以适宜速度倾入洗净的交换柱，洗下交换在树脂上的离子，达到分离的目的。对阳离子交换树脂，常用盐酸溶液作为洗脱液；对阴离子交换树脂，常用盐酸溶液、氯化钠或氢氧化钠溶液作为洗脱液。对于分配系数相近的离子，可用含有机络合剂或有机溶剂的洗脱液，以提高洗脱过程的选择性。

离子交换技术在富集和分离微量或痕量元素方面得到较广泛的应用。例如，测定天

然水中 K^+、Na^+、Ca^{2+}、Mg^{2+}、SO_4^{2-}、Cl^- 等组分，可取数升水样，让其流过阳离子交换柱，再流过阴离子交换柱，则各组分交换在树脂上。用几十毫升至 100 mL 稀盐酸溶液洗脱阳离子，用稀氨液洗脱阴离子，这些组分的浓度能增加数十倍至百倍。又如，废水中的 Cr(Ⅲ)以阳离子形式存在，Cr(Ⅵ)以阴离子形式存在，用阳离子交换树脂分离 Cr(Ⅲ)，而 Cr(Ⅵ)不能进行交换，留在流出液中，可测定不同形态的铬。

六、共沉淀法

共沉淀现象是指溶液中一种难溶化合物在形成沉淀的过程中，将共存的某些痕量组分一起载带沉淀出来的现象。共沉淀现象在常量分离和分析中是力图避免的，但却是一种分离富集微量组分的手段。例如，在形成硫酸铜沉淀的过程中，可使水样中浓度低至 0.02 μg/L 的 Hg^{2+} 共沉淀出来。

共沉淀的原理基于表面吸附、形成混晶、异电核胶态物质相互作用及包藏等。

(1)利用吸附作用的共沉淀分离。该方法常用的载体有 $Fe(OH)_3$、$Al(OH)_3$、$Mn(OH)_2$ 及硫化物等。由于它们是表面积大、吸附力强的非晶形胶体沉淀，故吸附和富集效率高。

例如，分离含铜溶液中的微量铝，仅加氨水不能使铝以 $Al(OH)_3$ 沉淀析出，若加入适量 Fe^{3+} 和氨水，则利用生成的 $Fe(OH)_3$ 沉淀作载体，吸附 $Al(OH)_3$ 转入沉淀，与溶液中的 $Cu(NH_3)_4{}^{2+}$ 分离；用吸光光度法测定水样中的 Cr^{6+}，当水样有色、混浊，Fe^{3+} 含量低于 200 mg/L 时，可于 pH = 8 ~ 9 条件下用氢氧化锌作共沉淀剂吸附分离干扰物质。

(2)利用生成混晶的共沉淀分离。当欲分离微量组分及沉淀剂组分生成沉淀时，如具有相似的晶格，就可能生成混晶而共同析出。

例如，硫酸铅和硫酸锶的晶形相同，如分离水样中的痕量 Pb^{2+}，可加入适量 Sr^{2+} 和过量可溶性硫酸盐，则生成 $PbSO_4 - SrSO_4$ 的混晶，将 Pb^{2+} 共沉淀出来。有资料介绍，以 $SrSO_4$ 作载体，可以富集海水中 10^{-8} 的 Cd^{2+}。

(3)用有机共沉淀剂进行共沉淀分离。有机共沉淀剂的选择性较无机沉淀剂的高，得到的沉淀也较纯净，并且通过灼烧可除去有机共沉淀剂，留下欲测元素。

例如，在含痕量 Zn^{2+} 的弱酸性溶液中，加入硫氰酸铵和甲基紫，由于甲基紫在溶液中电离成带正电荷的大阳离子 B^+，它们之间发生如下共沉淀反应：

$$Zn^{2+} + 4SCN^- = Zn(SCN)_4{}^{2-}$$

$$2B^+ + Zn(SCN)_4{}^{2-} = B_2Zn(SCN)_4 \text{（形成缔合物）}$$

$$B^+ + SCN^- = BSCN\downarrow \text{（形成载体）}$$

$B_2Zn(SCN)_4$ 与 BSCN 发生共沉淀，因而将痕量 Zn^{2+} 富集于沉淀之中。又如，痕量 Ni^{2+} 与丁二酮肟生成螯合物，分散在溶液中，若加入丁二酮肟二烷酯(难溶于水)的乙醇溶液，则析出固相的丁二酮肟二烷酯，便将丁二酮肟镍螯合物共沉淀出来。丁二酮肟二烷酯只起载体作用，称为惰性共沉淀剂。

第六章　水质指标的测定

第一节　水样的感官物理指标测定

水质的一般性指标是水质评价的重要指标，主要包括水温、pH、溶解氧、浊度、嗅和味、色度和悬浮物等。

任务一　水温的测定

水温对水中进行的化学和生化反应速度有明显影响。在一定范围内，化学和生化反应的速度随温度的升高而加快，温度每升高 10 ℃，反应速率约可增加 1 倍。水中生物和微生物的活动会受水温变化影响，如能引起水中鱼类品种的改变，稍高的水温还可使一些藻类大量滋生，影响水体的景观，也可导致污水中霉菌大量繁殖，从而影响水质。

【知识目标】

了解水温变化的主要来源及影响，熟悉水温的测定。

【技能目标】

熟悉、掌握水温的测定方法及原理，会配制测定中所使用的试剂，能用检测仪器对水体的温度进行测定，会计算、分析监测结果和数据。

【项目导入】

水温对水中气体溶解度有一定的影响，以氧为例，随着水温的升高，氧在水中的溶解度逐渐降低。在 1 atm（1.01×10^5 Pa）下，氧在淡水中的溶解度 10 ℃时为 11.33 mg/L，20 ℃时为 9.17 mg/L，30 ℃时为 7.63 mg/L。

水的温度因水源不同而有很大差异。通常，地下水温度比较稳定，一般为 8～12 ℃。地表水的温度随季节和气候而变化，大致变化范围为 0～30 ℃。生活污水水温通常为 10～15 ℃。工业废水的水温因工业类型、生产工艺的不同而差别较大。水温的测定对水体自净、水中的碳酸盐平衡、各种碱度的计算和对水处理过程的运行控制都有重要的意义。

水温为现场观测项目之一。常用的测量仪器有水温计和颠倒温度计，前者用于地表水、污水等浅层水温的测量，后者用于湖库等深层水温的测量。此外，还有热敏电阻温度计。

【技能操作】

实训　水温的测定(GB 13195—1991)

一、水温计法

水温计法适用于测量水的表层温度。水温计是安装于金属半圆槽壳内的水银温度表,下端连接一金属储水杯,温度计水银球部悬于杯中,其顶端的壳带圆环,拴以一定长度的绳子。水温计通常测量范围为-6~40 ℃,分度值为0.2 ℃。测定时,将水温计(见图6-1)投入水中至待测深度,放置5 min后,迅速提出水面并读取温度值,至读数完毕应不超过20 s。读数完毕后,将储水杯内水倒净。当与水温相差较大时,尤应注意立即读数,避免受气温的影响。必要时,重复插入水中,再一次读数。

注意事项:

(1)当现场气温高于35 ℃或低于-30 ℃时,水温计在水中的停留时间要适当延长,以达到温度平衡。

(2)在冬季的东北地区读数应在3 s内完成,否则水温计表面形成一层薄冰,影响读数的准确性。

二、深水温度计法

深水温度计(见图6-2)适用于水深40 m以内的水温的测量,测量范围为-2~40 ℃,分度值为0.2 ℃。深水温度计构造与水温计相似,储水杯较大,并有上、下活门,利用其放入水中和提升时活门的自动开启和关闭,使杯内装满所测温度的水样。

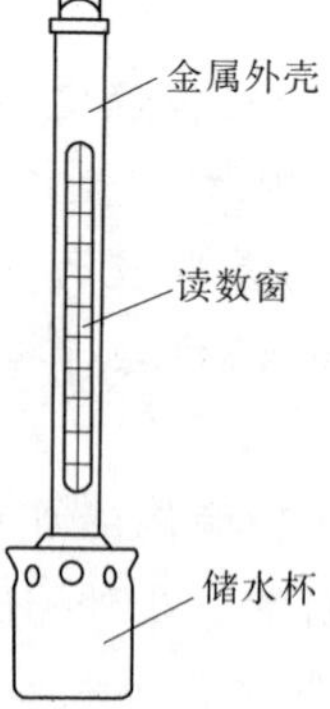

图6-1　水温计

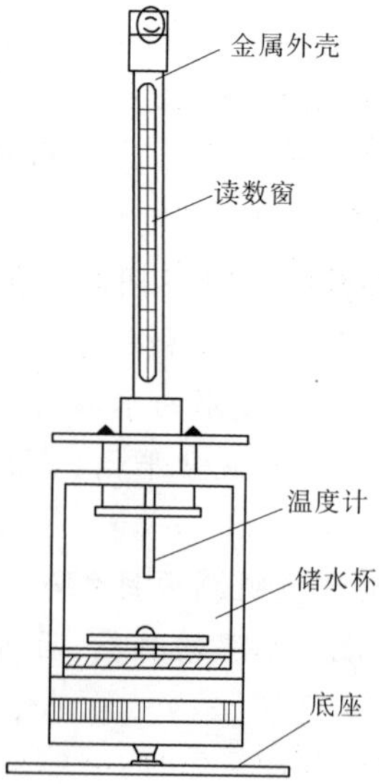

图6-2　深水温度计

三、颠倒温度计法

颠倒温度计法适用于测量水深 40 m 以内的各层水温,测量范围为主温表-2~32 ℃,分度值为 0.1 ℃,辅温表-20~50 ℃,分度值为 0.5 ℃。颠倒温度计(见图 6-3)由主温表和辅温表组装在厚壁玻璃套管内构成,主温表是双端式水银温度计。前者用于测量水温,后者与前者配合使用,用于校正因环境温度改变而引起的主温表读数的变化。测量时,一般将其装在采水器上沉入预定深度的水层,放置 10 min,由盲枝作用,使采水器完成颠倒动作。

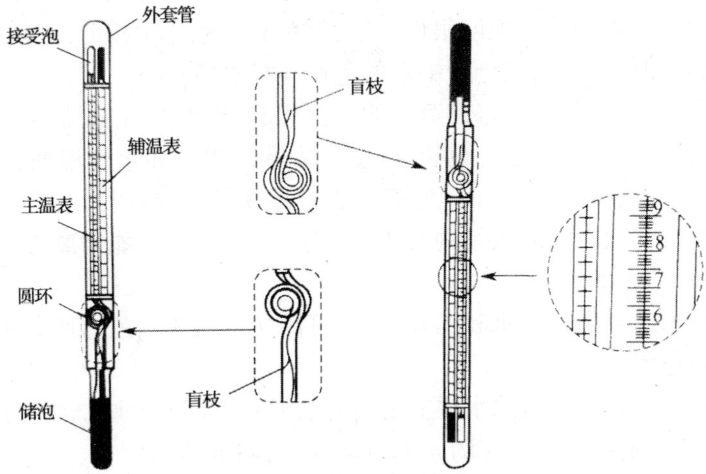

图 6-3　颠倒温度计

感温时,温度计的储泡向下,断点以上的水银柱高度取决于现场温度,当温度计颠倒时,水银在断点断开,分成上、下两部分,此时接受泡一端的水银柱显示度,即为所测温度。

上提采水器,立即读取主温表上的温度。根据主、辅温表的读数,分别查主、辅温表的器差表(由温度表检定证中的检定值线性内插做成),得相应的校正值。

颠倒温度计的还原校正值 K 的计算公式为

$$K=\frac{(T-t)(T+V_0)}{n}\left(1+\frac{T+V_0}{n}\right)$$

式中　T——主温表经器差校正后的读数;

t——辅温表经器差校正后的读数;

V_0——主温表自接受泡至刻度 0 ℃处的水银容积,以温度度数表示;

$\frac{1}{n}$——水银与温度计玻璃的相对膨胀系数,n 通常取 6 300。

主温表经器差校正后的读数 T 加还原校正值 K,即为实际水温。

以上各种水温计应定期由计检部门进行校核。

四、热敏电阻温度计法

热敏电阻温度计是目前温度测量中应用极为广泛的一种温度测量系统，适用于表层和深层水温的测定。测量水温时，启动仪器，按使用说明书进行操作，感温 1 min 后，直接从数字显示屏上读取水温数值。读完后取出探头，用棉花擦干备用。

任务二　色度的测定

颜色是反映水体的外观指标。水的颜色有表色和真色两种，表色是指没有去除水中悬浮物时水的颜色，而真色是指去除水中悬浮物后水的颜色，是由水中胶体物质和溶解性物质所造成的。对于清洁水或浊度很低的水，真色和表色非常相近；对颜色很深的工业污水，真色和表色差别很大。水质分析中水的色度是指真色。

测定较清洁水、轻度污染并略带黄色的天然水和饮用水，比较清洁的地表水、地下水和饮用水等的色度，用铂钴标准比色法，以度数表示结果。如水样混浊，则于测定前将水样放置澄清、离心分离或用 0.45 μm 滤膜除去悬浮物，但不能用滤纸过滤，因滤纸会吸附部分颜色。有些水样含有颗粒太细的有机物质或无机物质，不能用离心分离，只能测定表色，这时需在报告结果上注明。

对受工业废水污染的地表水和工业废水，可用文字描述颜色的种类和深浅程度，并以稀释倍数法测定色度。

要注意水样的代表性。所取水样应无树叶、枯枝等漂浮杂物。将水样盛于清洁、无色的玻璃瓶内，尽快测定；否则，应在约 4 ℃冷藏保存，48 h 内测定。

色度是衡量水体颜色深浅的度量指标，单位用“度”来表示，即在每升溶液中含有 2 mg 六水合氯化钴（Ⅱ）和 1 mg 铂［以六氯铂（Ⅳ）酸的形式］时产生的颜色为 1 度。注：此标准单位导出的标准度有时称为“Hazen 标”或“Pt-Co 标”［《液体化学产品颜色测定法（Hazen 单位——铂-钴色号）》（GB/T 3143—1982）］或毫克铂/升。

【知识目标】

了解水体颜色的主要来源及水体颜色的监测指标，熟悉真色、表色的含义，了解表色的去除方法。

【技能目标】

熟悉、掌握水体色度的测定方法及原理（GB 11903—1989），会配制测定中所使用的试剂，能用检测仪器对水体中的色度进行测定，会计算、分析监测结果和数据。

【项目导入】

水是无色透明液体，清洁水在水层较浅时为无色，水层较深时为浅蓝绿色。通常情况下，天然水体中存在各种杂质，如腐殖质、泥土、浮游生物、金属离子、矿物质等，均可使水体着色，从而显示出不同的颜色。生活污水和工业废水，如纺织、印染、造纸、食品、有机合成工业废水中，常含有大量的染料、生物色素和有色悬浮颗粒等，此类环境水体通常因污染源不同而显示不同的颜色。水质标准对颜色的规定主要是基于有色废水常让人有感观上的不适，若排入环境使水体着色，则会减弱水体透光性，影响水生生物的生长。

【技能操作】

实训一　色度的测定——铂钴标准比色法(GB 11903—1989)

一、方法原理

铂钴标准比色法用氯铂酸钾(K_2PtCl_6)和氯化钴($CoCl_2 \cdot 6H_2O$)的混合溶液作为标准溶液,将待测水样与标准色列进行目视比色,以确定其色度。该法所配成的标准色列,性质稳定,可较长时间存放。

由于氯铂酸钾价格较贵,可以用铬钴比色法代替进行色度的测定,即将一定量重铬酸钾和硫酸钴溶于水中制成的标准色列,进行目视比色,确定待测水样的色度。该法所制成的标准色列保存的时间比较短。本测定方法采用现行 GB 11903。

二、仪器试剂

(一)试剂及药品

(1)六水氯化钴、浓盐酸(ρ=1.18 g/mL)、六氯铂酸钾。除另有说明外,测定中仅使用光学纯水(蒸馏水)及分析纯试剂(AR,红标签)。

(2)光学纯水:将 0.2 μm 的滤膜(细菌学研究中所采用的)在 100 mL 蒸馏水或去离子水中浸泡 1 h,用它过滤 250 mL 蒸馏水或去离子水,弃去最初的 250 mL,以后用这种水配制全部标准溶液并作为稀释水。

(3)国家标准配制色度铂钴标准溶液(相当于 500 度):将(1.245±0.001)g 六氯铂(Ⅳ)酸钾(K_2PtCl_6)及(1.000±0.001)g 六水氯化钴(Ⅳ)($CoCl_2 \cdot 6H_2O$)溶于约 100 mL 水中,加(100±1)mL 浓盐酸(ρ=1.18 g/mL)并在 1 000 mL 的容量瓶内用水稀释定容到标线。

(4)保存条件:将溶液放在密封的玻璃瓶中,存放在暗处,温度不能超过 30 ℃。这些溶液至少能稳定 6 个月。

(5)色度标准溶液:在一组 50 mL 的比色管中,用移液管分别加入 0、2.50 mL、5.00 mL、7.50 mL、10.00 mL、12.50 mL、15.00 mL、17.50 mL、20.00 mL、30.00 mL 及 35.00 mL 储备液,并用水稀释至标线。溶液色度分别为 0、5 度、10 度、15 度、20 度、25 度、30 度、35 度、40 度、60 度和 70 度。

溶液放在严密性好的玻璃瓶中,存放于暗处。温度不能超过 30 ℃。这些溶液至少可以稳定 1 个月。

(二)仪器

(1)常用实验室仪器:烧杯(不同型号)3 个、胶头滴管 3 个、玻璃棒、量筒。

(2)具塞比色管 1 套,50 mL。规格一致,光学透明玻璃,底部无阴影。

(3)pH 计,精度±0.1 pH 单位。

(4)容量瓶,250 mL。

(5)离心机。

三、操作步骤

（一）样品处理

将样品倒入 250 mL（或更大）的量筒中，静置 15 min，用烧杯倾取上层液体作为样品进行测定（如果水样混浊，可以先进行离心，再取上清液测定）。

（二）样品测定

（1）将烧杯中上清液加入 50 mL 比色管中直至刻度线，将试样与色度标准系列进行目视比色，将比色管置于白纸上，在日光下目光垂直管口向下观察，记录试样与铬—钴色度标准系列的色度，记录数据。

（2）垂直向下观察液柱，找出与水样色度最接近的标准溶液。

如色度≥70 度，用光学纯水将水样适当稀释后，使色度落入标准溶液范围之中再进行测定。

（3）另取试料测定 pH。

四、结果表示

以色度的标准单位报告与水样最接近的标准溶液的值，在 0～40 度（不包括 40 度），准确到 5 度；在 40～70 度，准确到 10 度。

在报告样品色度的同时，报告 pH。

稀释过的样品色度（A_0），以度计，用下式计算：

$$A_0 = \frac{V_1}{V_0}A_1$$

式中　V_1——样品稀释后的体积，mL；

V_0——样品稀释前的体积，mL；

A_1——稀释样品色度的观察值，度。

标准溶液色度对照表可参考表 6-1。

表 6-1　标准溶液色度对照表

标准溶液（mL）	0	2.5	5	7.5	10	12.5	15	17.5	20	30	35
色度（度）	0	5	10	15	20	25	30	35	40	60	70

实训二　色度的测定——稀释倍数法（GB 11903—1989）

一、方法原理

将样品用光学纯水稀释至用目视比较与光学纯水相比刚好看不见颜色时的稀释倍数作为表达颜色的强度，单位为倍。

同时，目视观察样品，检验颜色性质：颜色的深浅（无色、浅色或深色），色调（红、橙、黄、绿、蓝和紫等），如果可能应包括样品的透明度（透明、混浊或不透明），用文字予以描述。结果以稀释倍数值和文字描述相结合表达。

二、试剂仪器

（一）试剂

光学纯水。

（二）仪器

（1）常用实验室仪器：烧杯（不同型号）3 个、胶头滴管 3 个、玻璃棒、量筒。

（2）具塞比色管 1 套，50 mL。规格一致，光学透明玻璃，底部无阴影。

（3）pH 计，精度±0.1 pH 单位。

（4）容量瓶，250 mL。

（5）离心机。

（三）采样和样品

所有与样品接触的玻璃器皿都要用盐酸或表面活性剂溶液加以清洗，最后用蒸馏水或去离子水洗净、沥干。

将样品采集在容积至少为 1 L 的玻璃瓶内，在采样后要尽早进行测定。如果必须储存，则将样品储于暗处。在有些情况下，还要避免样品与空气接触。同时，要避免温度的变化。

三、操作步骤

（一）样品前处理

将样品倒入 250 mL（或更大）量筒中，静置 15 min，倾取上层液体作为试料进行测定。

（二）测定

分别取试料和光学纯水于具塞比色管中，充至标线，将具塞比色管放在白色表面上，具塞比色管与该表面应呈合适的角度，使光线被反射自具塞比色管底部向上通过液柱。垂直向下观察液柱，比较样品和光学纯水，描述样品呈现的色度和色调，如果可能，包括透明度。

将试料用光学纯水逐级稀释成不同倍数，分别置于具塞比色管中并充至标线。将具塞比色管放在白色表面上，用上述相同的方法与光学纯水进行比较。将试料稀释至刚好与光学纯水无法区别为止，记下此时的稀释倍数值。

（三）稀释的方法

试料的色度在 50 倍以上时，用移液管计量吸取试料于容量瓶中，用光学纯水稀释至标线，每次取大的稀释比，使稀释后色度在 50 倍之内。

试料的色度在 50 倍以下时，在具塞比色管中取试料 25 mL，用光学纯水稀释至标线，每次稀释倍数为 2。

试料或试料经稀释至色度很低时，应自具塞比色管倒至量筒适量试料并计量，用光学纯水稀释至标线，每次稀释倍数小于 2。记下各次稀释倍数值。

另取试料测定 pH。

四、结果表示

将逐级稀释的各次倍数相乘，所得之积取整数值，以此表达样品的色度。同时，用文字描述样品的颜色深浅、色调,如果可能,包括透明度。

在报告样品色度的同时,报告 pH。

任务三　浊度的测定

由于水中含有泥土、细沙、有机物、无机物、浮游生物和微生物等悬浮物质,对进入水中的光产生散射或吸收,从而表现出混浊现象。色度是由水中的溶解物质引起的,而浊度则是由不溶解物质引起的。浊度是水的感官指标之一,也是水体可能受到污染的标志之一。水体浊度高,会明显阻碍光线的投射,从而影响水生生物的生存。测定水样浊度可用分光光度法、目视比浊法和浊度计法。

【知识目标】

了解水体浊度的主要来源及水体浊度的监测指标,熟悉浊度的含义,了解浊度的检测方法。

【技能目标】

熟悉、掌握水体浊度的测定方法及原理(GB 13200—1991),会配制测定中所使用的试剂,能用检测仪器对水体中的浊度进行测定,会计算、分析监测结果和数据。

【项目导入】

浊度是指水中悬浮物对光线透过时所发生的阻碍程度,美国公共卫生协会将浊度定义为“样品使穿过其中的光发生散射或吸收光线而不是沿直线穿透的光学特性的表征”。水的浊度大小与水中悬浮物质含量及其粒径等性质有关。一般情况下,浊度的测定主要用于天然水、饮用水和部分工业用水。尽管生活污水和工业废水主要通过悬浮固体这一指标反映水中悬浮物质的多少,但在实际污水处理过程中,因为浊度测定较悬浮固体更为简便、快捷,易于实现在线监测,所以也经常通过测定浊度达到随时调整所投加化学药剂的量,获得好的出水水质的目的。

【技能操作】

实训一　浊度的测定——分光光度法(GB 13200—1991)

一、方法原理

在适当温度下,硫酸肼与六次甲基四胺聚合,形成白色高分子聚合物。以此作为浊度标准液,在一定条件下与水样浊度相比较。本法适用于测定天然水、饮用水的浊度,最低检测浊度为 3 度。

二、试剂仪器

(一)试剂

1. 无浊度水

将蒸馏水通过 0.2 μm 滤膜过滤,收集于用滤过水荡洗两次的烧瓶中。

2. 浊度储备液

(1)硫酸肼溶液：称取 1. 000 g 硫酸肼($N_2H_4 \cdot H_2SO_4$)溶于水中，定容至 100 mL。

(2)六次甲基四胺溶液：称取 10. 00 g 六次甲基四胺[$(CH_2)_6N_4$]溶于水中，定容至 100 mL。

(3)浊度标准溶液：吸取 5. 00 mL 硫酸肼溶液与 5. 00 mL 六次甲基四胺溶液于 100 mL 容量瓶中，混匀，于(25±3)℃下静置反应 24 h。冷却后用水稀释至标线，混匀。此溶液浊度为 400 度，可保存 1 个月。

(二)仪器

50 mL 比色管，3 cm 比色皿分光光度计。

(三)水样的采集与保存

样品收集于具塞玻璃瓶内，应在取样后尽快测定。如需保存，可在 4 ℃冷藏、暗处保存 24 h，测试前要激烈振摇水样并恢复到室温。

三、操作步骤

(一)标准曲线的绘制

吸取浊度标准溶液 0、0. 50 mL、1. 25 mL、2. 50 mL、5. 00 mL、10. 00 mL 和 12. 50 mL，分别置于 50 mL 比色管中，加无浊度水至标线。摇匀后即得浊度为 0、4、10、20、40、80、100 的标准系列。在 680 nm 波长下，用 3 cm 比色皿测定吸光度，绘制标准曲线。

(二)水样的测定

吸取 50. 0 mL 摇匀水样(无气泡，如浊度超过 100 度可酌情少取，用无浊度水稀释至 50. 0 mL)，于 50 mL 比色管中，按绘制标准曲线步骤测定吸光度，由标准曲线上查得水样浊度。

水样应无碎屑及易沉降的颗粒。器皿不清洁及水中溶解的空气泡会影响测定结果。如在 680 nm 波长下测定，天然水中存在的淡黄色、淡绿色无干扰。

四、结果表示

$$\text{浊度(度)} = \frac{A(B + C)}{C}$$

式中　A——稀释后水样的浊度(度)；

B——稀释水体积，mL；

C——原水样体积，mL。

不同浊度范围测试结果的精度要求如表 6-2 所示。

表 6-2　不同浊度范围测试结果的精度要求

浊度范围(度)	精度(度)	浊度范围(度)	精度(度)
1~10	1	400~1 000	50
10~100	5	>1 000	100
100~400	10		

注意事项:硫酸肼毒性较强,属致癌物质,取用时应注意。

实训二　浊度的测定——目视比浊法(GB 13200—1991)

一、方法原理

将水样与由硅藻土(或白陶土)配制的浊度标准液进行比较。相当于 1 mg 一定粒度的硅藻土(白陶土)在 1 000 mL 水中所产生的浊度,称为 1 度。

二、试剂仪器

(一)试剂

(1)称取 10 g 通过 0.1 mm 筛孔(150 目)的硅藻土,于研钵中加入少许蒸馏水调成糊状并研细,移至 1 000 mL 量筒中,加水至刻度。充分搅拌,静置 24 h,用虹吸法仔细地将上层 800 mL 悬浮液移至第二个 1 000 mL 量筒中。向第二个量筒内加水至 1 000 mL,充分搅拌后再静置 24 h。

(2)虹吸出上层含较细颗粒的 800 mL 悬浮液,弃去。下部沉积物加水稀释至 1 000 mL。充分搅拌后储于具塞玻璃瓶中,作为混浊度原液,其中含硅藻土颗粒直径为 400 μm 左右。

(3)取上述悬浊液 50.0 mL 置于已恒重的蒸发皿中,在水浴上蒸干。于 105 ℃烘箱内烘 2 h,置于干燥器中冷却 30 min,称重。重复以上操作,即烘 1 h,冷却,称重,直至恒重。求出每毫升悬浊液中含硅藻土的质量(mg)。

(4)吸取含 250 mg 硅藻土的悬浊液,置于 1 000 mL 容量瓶中,加入 10 mL 甲醛溶液,加水至刻度,摇匀。此溶液浊度为 250 度。

(5)吸取浊度为 250 度的标准液 100 mL,置于 250 mL 容量瓶中,用水稀释至标线,此溶液浊度为 100 度。

(二)仪器

(1)100 mL 具塞比色管。

(2)250 mL 具塞无色玻璃瓶,玻璃质量和直径均需一致。

(3)分光光度计。

(三)采样

浊度最好在采样后立即测定。

三、操作步骤

(一)浊度低于 10 度的水样

(1)分别吸取浊度为 100 度的标准液 0、1.0 mL、2.0 mL、3.0 mL、4.0 mL、5.0 mL、6.0 mL、7.0 mL、8.0 mL、9.0 mL、10.0 mL 分别置于 100 mL 比色管中,加水稀释至标线,混匀,即得浊度依次为 0、1.0、2.0、3.0、4.0、5.0、6.0、7.0、8.0、9.0、10.0 度的标准液。

(2)取 100 mL 摇匀水样置于 100 mL 比色管中,与浊度标准液进行比较。可在黑色板上,由上往下垂直观察。

(二)浊度为10度以上的水样

(1)分别吸取浊度为250度的标准液0、10 mL、20 mL、30 mL、40 mL、50 mL、60 mL、70 mL、80 mL、90 mL及100 mL分别置于250 mL的容量瓶中,加水稀释至标线,混匀,即得浊度为0、10、20、30、40、50、60、70、80、90和100度的标准液,移入成套的250 mL具塞玻璃瓶中,密塞保存。

(2)取250 mL摇匀水样,置于成套的250 mL具塞玻璃瓶中,瓶后放一张有黑线的白纸作为判别标志。从瓶前向后观察,根据目标清晰程度,选出与水样产生视觉效果相近的标准液,记下其浊度值。

(3)水样浊度超过100度时,用水稀释后测定。

四、结果表示

同分光光度法。

实训三　浊度的测定——浊度计法

一、方法原理

根据ISO 7027国际标准设计进行测量。利用一束红外线穿过含有待测样品的样品池,光源为具有890 nm波长的高发射强度的红外发光二极管,以确保使样品颜色引起的干扰达到最小。传感器处在与发射光线垂直的位置上,它测量由样品中悬浮颗粒散射的光量。微电脑处理器再将该数值转化为浊度值(透射浊度值和散射浊度值在数值上是一致的)。浊度仪要定期用标准浊度溶液进行校正,用浊度仪法测得的浊度单位为NTU。目前,普遍使用的测量浊度的仪器为散射浊度仪。它可以实现水的浊度的在线监测。

二、试剂仪器

(一)试剂

1.0度标准溶液。

(二)仪器

3 cm比色皿、浊度计。

三、操作步骤

(1)按开关键将仪器打开,仪器先进行全功能的自检,自检完毕后,仪器进入测量状态。将盛有0度标准溶液的比色皿插入测量槽,再按CAL(校准)键,大约50 s后仪器校准完毕,可以开始测量。

(2)将完全搅拌均匀的水样倒入干净的比色皿中,距瓶口1.5 cm,在盖紧保护黑盖前允许有足够的时间让气泡逸出(不能将盖拧得过紧)。在比色皿插入测量池之前,用无绒布将其擦干净,比色皿必须无指纹、油污、脏物,特别是光通过的区域(大约距比色皿底部

2 cm 处）必须洁净。为了将比色皿带来的误差降到最低，在校准和测量过程中使用同一比色皿。

（3）用待测水样将比色皿冲洗两次，这样可将仍保留在瓶内的残留液体和其他脏物去除，然后将待测水样沿着比色皿边缘缓慢倒入，以减少气泡产生；将比色皿放入测量池内，检查盖上的凹口是否与槽相吻合，保护黑盖上的标志应与仪器上的箭头相对，按读数（或测量）键，大约 25 s 后浊度值就会显示出来。

（4）若数值小于或等于 40 度，可直接读出浊度值。

（5）若超过 40 度，需进行稀释，读出未经稀释样品的值 T_1，则取样体积 $V(\text{mL}) = 3\ 000/T_1$，用无浊度水定容至 100 mL。

（6）读完数后将废弃的样品倒掉，避免腐蚀比色皿。

浊度计工作原理示意见图 6-4。

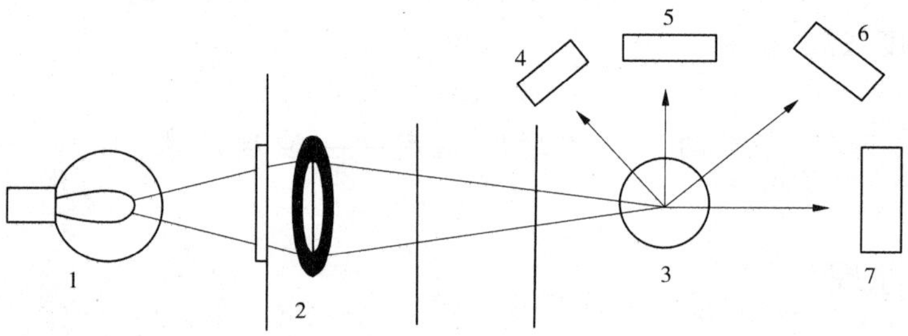

1—光源；2—透镜；3—样品池；4—后散射探测器；5—90°散射光探测器；6—前散射探测器；7—透射光探测器

图 6-4　浊度计工作原理示意

四、结果表示

按操作步骤（1）~（5）读出浊度值，计算原始水样的浊度。

$$\text{浊度(度)} = T_1 \times 100/V$$

式中　T_1——稀释后浊度值。

注意事项：

（1）当出现漂浮物和沉淀物时，读数将不准确。

（2）气泡和振动将会破坏样品的表面，得出错误的结论。

（3）有划痕或玷污的比色皿都会影响测定结果。

（4）每月用 10 度的标准溶液进行校准。

【拓展知识】

透明度

透明度是指水样的澄清程度，洁净的水是透明的。影响水透明度的因素有颜色、悬浮物和藻类等。由于供水和环境条件不同，其透明度是不断变化的，透明度与浊度相反，一般来说，颜色越深，悬浮物越多，透明度就越低。

常用的透明度测定方法有铅字法、十字法和塞氏盘法。

1. 铅字法

根据检验人员的视力观察水样的澄清程度。从透明度计筒口垂直向下观察,可清楚地看到透明度计底部标准印刷符号时,水柱的高度即为透明度,单位是 cm。透明度计是一种长 33 cm、内径 2.5 cm 的玻璃筒,筒壁有以厘米为单位的刻度,筒底有一磨光的玻璃片。筒与玻璃片之间有一个胶皮圈,用金属夹固定。距玻璃筒底部 1~2 cm 处侧面有一放水管, 如图 6-5 所示。筒底有标准印刷符号。本法受检验人员的主观影响较大,测量条件应尽可能一致,最好取多次,或数人测定结果的平均值。

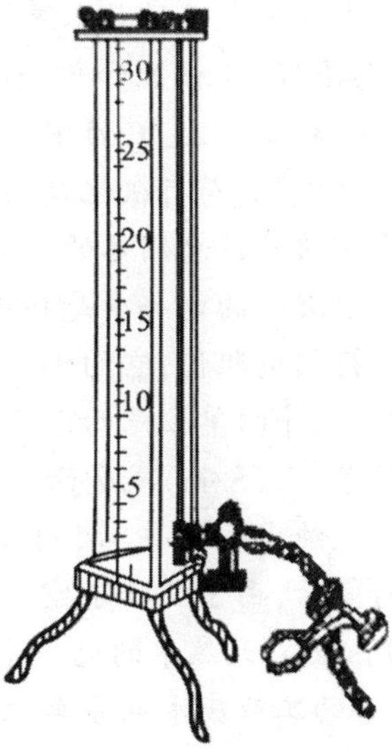

图 6-5　透明度计

测定时,透明度计应在光线充足的实验室内,放在离直射阳光窗户约 1 m 的地点。将振荡均匀的水样立即倒入筒内至 30 cm 处,从筒口垂直向下观察,如不能清楚地看见印刷符号,则缓慢放出水样,至刚好能辨认出符号为止,记录此时水柱高度,估计至 0. 5 cm。该法适用于天然水和处理后水的测定。

2. 十字法

在内径为 30 mm、长为 0. 5 m 或 1. 0 m 的刻度玻璃筒的底部放白瓷片,白瓷片中部有宽度为 1 mm 的黑色十字和 4 个直径为 1 mm 的黑点,从筒顶观察明显看到十字,看不到四个照点时,用水柱高度表示透明度,单位是 cm。

3. 塞氏盘法

塞氏盘(又称透明度盘)以较厚的白铁片剪成直径为 200 mm 的圆板,在板的一面从中心平分为四个部分,以黑白漆相间涂布。正中间开小孔,穿一铅丝,下面加一铅锤,上面系小绳,在绳上每 10 cm 处用有色丝线或漆做上一个标记即成,如图 6-6 所示。

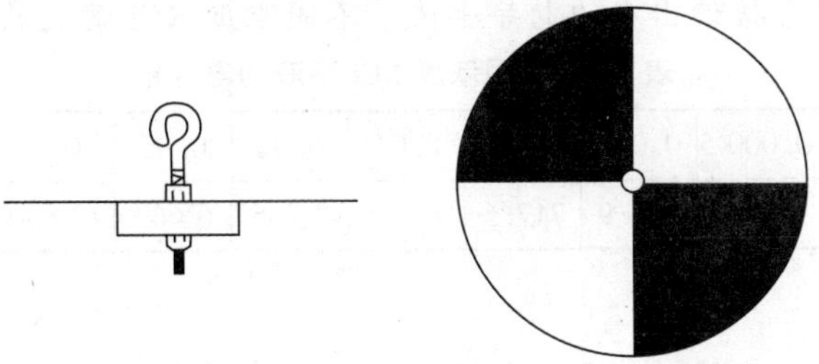

图 6-6　塞氏盘

塞氏盘法是一种现场测定透明度的方法,测定时,将塞氏盘沉入水中,以刚好看不到它时的水深(cm)表示透明度。用来测定海水的塞氏盘采用直径为 300 mm 的全白圆盘。塞氏盘法的优点是既经济又方便。

测定时,将塞氏盘在船的背光处放入水中,逐渐下沉,至恰好不能看见盘面的白色时,记录其刻度,观察时需反复 2~3 次。

注意:透明度盘使用时间较长后,白漆的颜色会逐渐变黄,必须重新涂漆。

水的电导率

电导率表示的是水溶液传导电流的能力。电导率的大小取决于溶液中所含离子的种类、总浓度、迁移性和价态,还与测定时的温度有关。温度每升高 1 ℃,电导率增加约 2%,通常规定 25 ℃为测定电导率的标准温度。因水溶液中绝大部分无机化合物都有良好的导电性,而有机化合物分子难以离解,基本不具备导电性,因此电导率又可以间接表示水中溶解性总固体的含量和含盐量。

水溶液的电导率是指将相距 1 cm、横截面面积各为 1 cm^2 的两片平行电极插入水中所测得的电阻值,它的倒数即为水溶液的电导率。在国际单位制中,电阻的单位是欧姆(Ω),电导的单位是西门子(S),电阻率的单位是欧姆·厘米(Ω·cm),电导率的单位是西门子/米(S/m)或毫西门子/米(mS/m)。

超纯水的电导率小于 0.01 mS/m;新鲜蒸馏水的电导率为 0.05~0.2 mS/m,放置一段时间后,由于吸收了空气中的 CO_2 可上升至 0.2~0.4 mS/m;饮用水的电导率为 5~150 mS/m;天然水的电导率多为 5~50 mS/m;矿化水的电导率可达 50~100 mS/m;含酸、碱、盐的工业废水电导率往往超过 1 000 mS/m;海水大约为 3 000 mS/m。

实验室中一般采用电导率仪来测定水的电导率。它的基本原理是:已知标准 KCl 溶液的电导率,用电导率仪测某一浓度 KCl 溶液的电导值,根据下式可求得电导池常数 C。

$$C = \frac{G_S}{k_S}$$

式中 G_S——标准 KCl 溶液的电导,S;

k_S——标准 KCl 溶液的电导率,S/cm。

用电导率仪测待测水样的电导,根据公式 $k = \frac{G}{C}$ 即可求得水样的电导率。常见的电导率仪经校正后可以直接读出水的电导率值。不同浓度 KCl 溶液的电导率见表 6-3。

表 6-3 不同浓度 KCl 溶液的电导率

浓度(mol/L)	0.000 1	0.000 5	0.001	0.005	0.01	0.02	0.05	0.1	0.2	0.5	1
电导率(μS/cm)	14.9	73.9	146.9	717.5	1 412	2 765	6 667	12 890	24 800	58 670	111 900

第二节 水样的一般化学指标测定

本节主要讲述水环境一般化学指标的测定方法,主要包括水体 pH、硬度、氧化还原电位、酸度、碱度等因子的测定。

任务一　水体 pH 的测定

【知识目标】

熟悉 pH 的含义,了解水体 pH 与酸碱度的区别。

【技能目标】

熟悉、掌握水体 pH 测定方法及原理(GB 6920—1986),会配置测定实验中所使用的试剂,能用检测仪器对水体 pH 进行测定,会计算、分析监测结果和数据。

【项目导入】

pH 也被称作氢离子浓度指数,是水体中氢离子活度的负对数,即 $pH=-\lg[H^+]$,用于表征溶液中氢离子活度。pH 可用于表征水体的酸碱性,是最常用的水质指标之一。天然水体 pH 一般为 6~9;饮用水 pH 要求在 6.5~8.5;工业用水 pH 必须保持为 7.0~8.5,以防止金属设备和管道发生腐蚀。pH 过高或过低均会对水生动植物、工业设备、人体健康等产生不利影响。

【技能操作】

实训　pH 的测定——玻璃电极法(GB 6920—1986)

一、方法原理

水体 pH 由测量电池的电动势所得,通常将饱和甘汞电极作为参比电极,玻璃电极作为指示电极组成工作电池。在 25 ℃理想条件下,氢离子活度变化 10 倍(1 个 pH 单位),电位差改变为 59.16 mV,即 $E=k+0.59\ pH$(25 ℃)。

在实际工作中,可用 pH 计直接测定水体 pH。pH 计是将玻璃电极法的测定原理内置于测量仪器中,使玻璃电极法仪器化,并设有温度差异补偿。

玻璃电极法测定水体 pH 适用于饮用水、地表水及工业废水等水体,适用范围广,且不受水体颜色、浊度、胶体物质、氧化剂、还原剂等的影响。

二、试剂仪器

(一)试剂及药品

1. 标准缓冲溶液

(1)pH 标准缓冲溶液甲(pH=4.008,25 ℃):称取已在 110~130 ℃干燥 2~3 h 的邻苯二甲酸氢钾($KHC_8H_4O_4$)10.12 g,溶于水并在容量瓶中稀释至 1 L。

(2)pH 标准缓冲溶液乙(pH=6.865,25 ℃):分别称取已在 110~130 ℃干燥 2~3 h 的磷酸二氢钾(KH_2PO_4)3.388 g 和磷酸氢二钠(Na_2HPO_4)3.533 g,溶于水并在容量瓶中稀释至 1 L。

(3)pH 标准缓冲溶液丙(pH=9.180,25 ℃):称取与饱和溴化钠(或氯化钠加蔗糖)溶液共同放置在干燥器中平衡两昼夜的硼砂($Na_2B_4O_7\cdot10H_2O$)3.80 g,溶于水并在容量瓶中稀释 1 L。

2. 蒸馏水

煮沸并冷却，蒸馏水电导率应小于 2×10^{-6} S/cm，pH 为 6.7~7.3。

(二)仪器

(1)pH 计；

(2)电极；

(3)磁力搅拌器；

(4)烧杯，50 mL；

(5)容量瓶，250 mL。

三、操作步骤

(一)样品处理

样品采集后应立即测定 pH；若需储存，应将样品置于暗处，尽量避免水温发生变化。

(二)样品测定

1. 温度补偿

按照 pH 计使用说明进行温度补偿，将待测水样与标准溶液调至同一温度后，记录测定温度，并将仪器温度补偿旋钮调至该温度。

2. 标准溶液校准

按照 pH 计使用说明，用标准溶液校准仪器。从第一个标准溶液中取出电极后，应用蒸馏水冲洗电极并用滤纸将水吸干，而后再将电极浸入第二个标准溶液之中。如果仪器显示值与第二个标准溶液 pH 之差大于 0.1 个 pH 单位，需检查仪器、电极或 pH 标准溶液是否存在问题，三者均正常方可用于测定样品，必要时可用两点定位法校正。

3. 样品测定

测定样品前，先用蒸馏水认真冲洗电极，而后用水样冲洗，最后将电极浸入样品中，小心摇动或搅拌使其均匀，待读数稳定后记录水样 pH。

四、注意事项

(1)标准溶液要在聚乙烯或硬质玻璃瓶中密闭保存，室温下可保存 1~2 个月，若发现混浊、发霉、沉淀等现象，则不能继续使用。

(2)样品最好现场测定，若无法现场测定，采样后应保存在 0~4 ℃环境下，且需在采样后 6 h 内进行 pH 测定。

(3)玻璃电极在使用前应先在蒸馏水中浸泡 24 h 以上。

(4)测定 pH 时，玻璃电极的球泡应完全浸入溶液中，并稍高于甘汞电极的陶瓷芯端，以免搅动时被碰坏。

(5)甘汞电极中饱和氯化钾溶液液面必须高于汞体，室温下应有少许饱和氯化钾晶体存在以保证溶液饱和，但晶体不可过多，以防堵塞与被测溶液的通路。

任务二　总硬度的测定

【知识目标】

了解水体硬度的主要来源，熟悉水体硬度的含义，了解不同国家硬度的表达方式。

【技能目标】

熟悉、掌握水体总硬度的测量方法及原理(GB 8538—2016)，会配置测定中所使用的试剂，能用滴定法对水体总硬度进行测定，会计算、分析监测结果和数据。

【项目导入】

水体中存在大量钙、镁、铁、铝、锰、锶、锌等离子，这些离子的存在会影响电解沉淀肥皂的程度，对这些离子浓度之和进行计算后可得到水体硬度。一般情况下，水体中铝、锰、锶、锌等金属离子浓度极低，故多采用 EDTA 络合滴定法测定钙镁离子总量，经过换算后以每升水中碳酸钙含量表征水体总硬度。硬度的单位有 mg/L(以 CaO 计)、mg/L(以 $CaCO_3$ 计)、度等，我国采用的是德国度，即 1 度相当于每升水中含有 10 mg CaO 所引起的硬度。适当的硬度有利于人体健康，但硬度过大会导致水体味道苦涩，引发肠胃不适。此外，在工业用水中，水体硬度过高会导致锅炉、循环水等系统内部产生水垢，降低锅炉导热能力，堵塞循环水管道。

【技能操作】

实训　总硬度的测定——EDTA-2Na 络合滴定法(GB 8538—2016)

一、方法原理

利用铬黑 T 指示剂与水样中钙、镁离子发生反应，生成紫红色螯合物。这些螯合物的不稳定常数大于乙二胺四乙酸钙和乙二胺四乙酸镁螯合物的不稳定常数。当 pH = 10 时，EDTA-2Na 先与钙离子形成螯合物，再与镁离子形成螯合物。滴定至终点时，溶液呈现出铬黑 T 指示剂的纯蓝色。

该方法的最低检测质量为 0.05 mg，即若测定 50 mL 水样，最低检测质量浓度为 1.0 mg/L。

二、试剂仪器

(一)试剂及药品

1. 缓冲溶液(pH = 10)

(1)氯化铵-氢氧化铵溶液：称取 16.9 g 氯化铵，溶于 143 mL 氨水(ρ_{20} = 0.88 g/mL)。

(2)称取 0.780 g 硫酸镁($MgSO_4 \cdot 7H_2O$)及 1.178 g 乙二胺四乙酸二钠(EDTA-2Na · $2H_2O$)溶于 50 mL 纯水中，加入 2 mL 氯化铵-氢氧化铵溶液和 5 滴铬黑 T 指示剂(此时溶液应呈紫红色；若为纯蓝色，应再加极少量硫酸镁使其呈紫红色)，用 EDTA-2Na 标准溶液将水样滴定至由紫红色变为纯蓝色。将溶液与氯化铵-氢氧化铵溶液合并，并用纯水稀释至 250 mL。合并后若溶液又变为紫红色，在计算结果时应扣除试剂空白。

注意事项：

(1)此缓冲溶液应储存于聚乙烯瓶或硬质玻璃瓶中。由于使用中反复开盖使氨逸失会影响 pH,因此当缓冲溶液放置时间较长时,氨水浓度会降低,此时应重新配制缓冲溶液。

(2)配制缓冲溶液时,加入 MgEDTA 是为了使某些含镁较低的水样滴定终点更为敏锐。如果备有市售 MgEDTA 试剂,可直接称取 1.25 g MgEDTA,加入 250 mL 缓冲溶液中。

(3)以铬黑 T 为指示剂,用 EDTA-2Na 滴定钙、镁离子,当 pH 在 9.7~11.0 时,溶液越偏碱性,滴定终点越敏锐。但若 pH 过高,溶液会产生碳酸钙和氢氧化镁沉淀,从而造成滴定误差。因此,最佳滴定 pH 为 10.0。

2. 硫化钠溶液(50 g/L)

称取 5.0 g 硫化钠($Na_2S \cdot 9H_2O$)溶于纯水中,并稀释至 100 mL。

3. 盐酸羟胺溶液(10 g/L)

称取 1.0 g 盐酸羟胺($NH_2OH \cdot HCl$)溶于纯水中,并稀释至 100 mL。

4. 氰化钾溶液(100 g/L)

称取 10.0 g 氰化钾(KCN)溶于纯水中,并稀释至 100 mL。

注意:此溶液有剧毒!

5. EDTA-2Na 标准溶液($C_{EDTA-2Na}=0.01$ mol/L)

称取 3.72 g 乙二胺四乙酸二钠溶解于 1 000 mL 纯水中,按下述步骤标定其浓度:

(1)锌标准溶液。称取 0.6~0.7 g 纯锌粒溶解于(1+1)HCl 溶液中,置于水浴上温热至完全溶解。而后移入容量瓶中,定容至 1 000 mL,计算锌标准溶液的浓度:

$$c_{Zn}=\frac{m}{65.39}$$

式中 c_{Zn}——锌标准溶液的浓度,mol/L;

m——锌的质量,g。

(2)吸取 25.00 mL 锌标准溶液于 150 mL 锥形瓶中,加入 25 mL 纯水,加入几滴氨水调节溶液至近中性,再加入 5 mL 缓冲溶液和 5 滴铬黑 T 指示剂,在不断振荡下用 EDTA-2Na 溶液滴定至纯蓝色,30 s 不变色。计算 EDTA-2Na 标准溶液的浓度:

$$c_{EDTA-2Na}=\frac{c_{Zn}V_2}{V_1-V_0}$$

式中 $c_{EDTA-2Na}$——EDTA-2Na 标准溶液的浓度,mol/L;

c_{Zn}——锌标准溶液的浓度,mol/L;

V_1——消耗 EDTA-2Na 溶液的体积, mL;

V_2——所取锌标准溶液的体积, mL;

V_0——空白实验消耗 EDTA-2Na 标准溶液的体积, mL。

6. 铬黑 T 指示剂(5 g/L)

称取 0.5 g 铬黑 T($C_{20}H_{12}N_3NaO_7S$),溶于 100 mL 三乙醇胺($C_6H_{15}NO_3$)中。

(二)仪器

(1)锥形瓶,150 mL。

(2)滴定管,10 mL 或 25 mL。

三、操作步骤

(1)吸取 50.0 mL 水样,置于 150 mL 锥形瓶中。若水样硬度过高,可取适量水样用纯水稀释至 50 mL;若水样硬度过低,可取 100 mL 置于 150 mL 锥形瓶中。

(2)向锥形瓶中加入 1~2 mL 缓冲溶液和 5 滴铬黑 T 指示剂,立即用 EDTA-2Na 标准溶液将溶液从紫红色滴定至纯蓝色。同时,做空白实验,记下用量。

(3)若水样中含有金属干扰离子,导致滴定终点延迟或颜色变暗,可另取水样加入 0.5 mL 盐酸羟胺及 1 mL 硫化钠溶液或 0.5 mL 氰化钾溶液再行滴定。

(4)若水样中钙、镁的重碳酸盐含量较大,应预先酸化水样,并加热除去二氧化碳,以防碱化后产生碳酸盐沉淀,影响滴定时反应的进行。

(5)若水样中含较多悬浮性或胶体有机物,会影响滴定终点的观察判断,可预先将水样蒸干并于 550 ℃灰化,用纯水溶解残渣后再进行滴定。

四、结果表示

水样总硬度可按照下式进行计算:

$$\rho_{CaCO_3} = \frac{(V_1 - V_0) \times c_{EDTA-2Na} \times 100.09}{V} \times 1\ 000$$

式中 ρ_{CaCO_3}——总硬度(以 $CaCO_3$ 计),mg/L;

V_0——滴定空白所消耗 EDTA-2Na 标准溶液的体积, mL;

V_1——滴定水样所消耗 EDTA-2Na 标准溶液的体积, mL;

$c_{EDTA-2Na}$——EDTA-2Na 标准溶液的浓度,mol/L;

V——水样体积, mL;

100.09——与 1.00 mL EDTA-2Na(1.000 mol/L)相当的以克表示的总硬度(以 $CaCO_3$ 计)。

五、注意事项

测定过程中,若有铁、锰、铜、镍、钴等重金属影响终点判定,可加入硫化钠及氰化钾进行掩蔽;若存在高铁离子及高价锰离子干扰,可加入盐酸羟胺将其还原为低价离子,以消除干扰。

六、不同国家硬度表示方法

(1)德国硬度:1 德国硬度相当于 CaO 含量为 10 mg/L 或 0.178 mol/L。

(2)英国硬度:1 英国硬度相当于 $CaCO_3$ 含量为 1 格令/英加仑或 0.143 mmol/L。

(3)法国硬度:1 法国硬度相当于 $CaCO_3$ 含量为 10 mg/L 或 0.1 mmol/L。

(4)美国硬度:1 美国硬度相当于 $CaCO_3$ 含量为 1 mg/L 或 0.01 mmol/L。

硬度换算见表 6-4。

表 6-4 硬度换算

各国硬度	mmol	德国(°DH)	英国(Clark)	法国(degreeF)	美国(mg/L)
mmol	1	5.61	7.02	10	100
德国(°DH)	0.178	1	1.25	1.78	17.8
英国(Clark)	0.143	0.08	1	1.43	14.3
法国(degreeF)	0.1	0.56	0.70	1	10
美国(mg/L)	0.01	0.056	0.070	0.1	1

任务三　氧化还原电位的测定

【知识目标】

了解如何利用氧化还原电位判断水体氧化性及还原性情况。

【技能目标】

熟悉、掌握氧化还原电位的测量方法及原理(SL 94—1994),会配置测定实验中所使用的试剂,能用检测仪器对水体氧化还原电位进行测定,会计算、分析监测结果和数据。

【项目导入】

水体中存在多种氧化还原电位,构成了一个复杂的氧化还原体系,而氧化还原电位可用于表征多种氧化物质与还原物质发生氧化还原反应的综合结果。该指标虽不能作为某种氧化物质与还原物质的浓度指标,但有助于人们了解水体电化学特征,分析水体性质,是一项综合性指标,且必须进行现场测定。

一般来说,氧化还原电位越高,水体氧化性越强;反之,水体氧化性越弱。氧化还原电位为正,表示溶液显示出一定的氧化性;氧化还原电位为负,表示溶液显示出一定的还原性。

【技能操作】

实训　氧化还原电位的测定——电位测定法(SL 94—1994)

一、方法原理

氧化还原电位是水溶液氧化还原能力的测量指标,单位为 mV。测量时,通常将铂电极作为电子导体,以饱和甘汞电极作为参比电极,与被测水体共同构成一个化学电池。将铂电极与参比电极插入水体后,铂电极表面金属会产生电子转移反应,电极与水体之间产生电位差,当电极反应达到平衡时,相对于氢标准电极的电位差为氧化还原电位。

二、试剂仪器

(一)试剂及药品

(1)邻苯二甲酸氢钾缓冲溶液(pH=4.00,25 ℃)。

称取已在 110~130 ℃干燥 2~3 h 的邻苯二甲酸氢钾（$KHC_8H_4O_4$）10.12 g，溶于水并在容量瓶中稀释至 1 L。

（2）磷酸缓冲溶液（pH=6.86，25 ℃）。

分别称取已在 110~130 ℃干燥 2~3 h 的磷酸二氢钾（KH_2PO_4）3.388 g 和磷酸氢二钠（Na_2HPO_4）3.533 g，溶于水并在容量瓶中稀释至 1 L。

邻苯二甲酸氢钾缓冲溶液和磷酸缓冲溶液在不同温度下的电位见表 6-5。

表 6-5　邻苯二甲酸氢钾缓冲溶液和磷酸缓冲溶液在不同温度下的电位

缓冲液	邻苯二甲酸氢钾缓冲溶液			磷酸缓冲溶液		
温度（℃）	20	25	35	20	25	30
电位（mV）	233	218	213	47	41	34

（3）氧化还原标准溶液（在以下两种标准溶液中任选一种即可）。

①硫酸亚铁铵–硫酸高铁铵标准溶液：溶解 39.21 g 硫酸亚铁铵[$Fe(NH_4)_2(SO_4)_2 \cdot 6H_2O$]和 48.22 g 硫酸高铁铵[$FeNH_4(SO_4)_2 \cdot 12H_2O$]于适量水中，缓缓加入 56.2 mL 浓硫酸，用纯水定容至 1 000 mL，储存于玻璃瓶或聚乙烯瓶中。此溶液在 25 ℃时的氧化还原电位为+430 mV。

②氢醌溶液：称 2 份 10.00 g 氢醌分别加入 1 000 mL 邻苯二甲酸氢钾缓冲溶液（pH=4.00，25 ℃）及 1 000 mL 磷酸缓冲溶液（pH=6.86，25 ℃）中，混匀。溶液中应有部分固体氢醌存在，以保证氢醌溶液呈饱和状态。

（4）（1+1）硝酸溶液。

（5）（3+97）硫酸溶液。

（二）仪器

（1）电位计或通用酸度计，精度±0.1 mV。

（2）铂电极。

（3）饱和甘汞电极。

（4）温度计，精度±0.5 ℃。

（5）容量瓶：1 000 mL。

三、操作步骤

（一）铂电极的检查和校正

以铂电极为指示电极，连接仪器正极；以饱和甘汞电极为参比电极，连接仪器负极。将两电极插入硫酸亚铁铵–硫酸高铁铵标准溶液中，其电位值应与标准值相符，即硫酸亚铁铵–硫酸高铁铵标准溶液 25 ℃时为 430 mV，氢醌溶液 25 ℃时为 218 mV。若实测结果与标准电位值相差大于±5 mV，则铂电极需重新净化或更换。铂电极净化有以下两种方法：

（1）将铂电极置于（1+1）硝酸溶液中，缓缓加热至近沸状态，保持 5 min。冷却后将电极取出，用纯水洗净。

(2)将铂电极浸入(3+97)硫酸溶液中,饱和甘汞电极与1.5 V干电池阴极相接,铂电极与干电池阳极相接。保持5~8 min,将与电池正极相接的铂电极取出,用纯水洗净。

净化后电极重新用标准溶液检验,至合格为止,用纯水洗净备用。

(二)样品测定

(1)取洁净的500 mL棕色广口瓶一个,用橡皮塞塞紧瓶口,其上打有5个孔,分别插入铂电极、饱和甘汞(或氯化银)电极、温度计及两支玻璃管。其中,两支玻璃管分别供进水和出水使用。参比电极的试剂添加口应在瓶塞以上,以免参比电极内进水样,且添加试剂也较方便。电极插至棕色广口瓶中间位置,不能触及瓶底。组装完成后,将电极与仪器连接。

(2)氧化还原电位应现场测定,用大塑料桶现场采集水样,采样后应立即盖紧桶盖,并在其上开2个小孔,其中一孔插入橡皮管,用虹吸法将水样不断送入测量用的棕色广口瓶中,在水流动的情况下,按仪器使用说明进行测定。

四、结果表示

水样氧化还原电位(E_n)按下式计算:

$$E_n = E_{obs} + E_{ref}$$

式中　E_{obs}——由铂电极-饱和甘汞电极测得氧化还原电位值,mV;

E_{ref}——溶液温度为t ℃时的饱和甘汞电极电位值,mV,其值随温度变化而变化。

不同溶液温度下饱和甘汞电极电位见表6-6。

表6-6　不同溶液温度下饱和甘汞电极电位

温度(℃)	电极电位(mV)	温度(℃)	电极电位(mV)	温度(℃)	电极电位(mV)
0	260.1	17	249.0	34	237.9
1	259.4	18	248.3	35	237.3
2	258.8	19	247.7	36	236.6
3	258.1	20	247.1	37	236.0
4	257.5	21	246.4	38	235.3
5	256.8	22	245.8	39	234.7
6	256.2	23	245.1	40	234.0
7	255.5	24	244.5	41	233.4
8	254.9	25	243.8	42	232.7
9	254.2	26	243.1	43	232.1
10	253.6	27	242.5	44	231.4
11	252.9	28	241.8	45	230.8
12	252.3	29	241.2	46	230.1
13	251.6	30	240.5	47	299.5
14	251.0	31	239.9	48	228.8
15	250.3	32	239.3	49	228.3
16	249.7	33	238.6	50	227.5

五、注意事项

(1)铂电极可用铂片或铂丝电极,铂片电极响应速度快。电极清洗后,不得用手或异物触摸,以免玷污。

(2)测完一个样品后,必须用纯水充分冲洗电极。测定时,需待数值稳定后再读数。

(3)电极表面必须保持清洁光亮。

(4)测定应尽可能在采样现场进行,并注意防止空气侵入影响氧化还原电位。

任务四　总酸度的测定

【知识目标】

了解水体酸度的主要来源,掌握总酸度的概念,了解总酸度与 pH 的关系。

【技能目标】

熟悉、掌握水体总酸度的测量方法及原理[《水和废水监测分析方法》(第四版)],会配置测定实验中所使用的试剂,能用滴定法对水体总酸度进行测定,会计算、分析监测结果和数据。

【项目导入】

水体中酸度主要来自于雨水淋洗大气中 SO_2 后汇入地表水体、大气中 CO_2 进入水体、细菌分解反应释放的 CO_2,以及含酸废水的排放等。天然水体若总酸度过大,会导致水体缓冲系统被破坏,阻碍水体净化,抑制微生物生长繁殖,并影响水生生物、农作物等正常生长。

【技能操作】

实训　总酸度的测定——酸碱指示剂滴定法
[《水和废水监测分析方法》(第四版)]

一、方法原理

酸碱指示剂滴定法用强碱标准溶液与水样中酸性物质发生中和反应,滴定至某一 pH 即为水样的总酸度。酸碱指示剂滴定法测定的酸度,其大小与所选指示剂指示终点的 pH 有关。

关于滴定终点,目前有两种规定,分别为 pH = 8.3 和 pH = 3.7。其中,使用酚酞作为指示剂,用标准氢氧化钠溶液进行滴定,滴定终点为 pH = 8.3。此时的酸度称为酚酞酸度,也称为总酸度。使用甲基橙作为指示剂,用标准氢氧化钠溶液进行滴定,滴定终点为 pH = 3.7。此时的酸度称为甲基橙酸度,代表水体中一些较强的酸。

二、试剂仪器

(一)试剂及药品

1. 无二氧化碳水

将水煮沸 15 min,然后在不与大气中 CO_2 接触的条件下冷却至室温。实验用水的 pH 应大于 6.0,否则应延长煮沸时间。最好用时制备。

实验中若无特殊说明,本实验用水均为无二氧化碳水。

2. 氢氧化钠标准溶液[c_{NaOH}=0.1 mol/L]

(1)氢氧化钠标准溶液的配置:称取 60 g 氢氧化钠,溶于 50 mL 水中,摇匀后转移至聚乙烯瓶中,冷却后用装有碱石灰管的橡皮塞塞紧,静置 24 h 以上。吸取上层清液 7.5 mL,用容量瓶定容至 1 000 mL 后转移入聚乙烯瓶中保存。

(2)氢氧化钠标准溶液的标定:称取约 0.5 g(精确到 0.000 1 g)邻苯二甲酸氢钾($KHC_8H_4O_4$,基准试剂,提前于 105~110 ℃干燥至恒重)置于 250 mL 锥形瓶中,加入 100 mL 水溶解,加入 4 滴酚酞指示剂,用待标定的氢氧化钠标准溶液滴定至粉红色。同时,用无二氧化碳水做空白实验。

氢氧化钠标准溶液浓度按下式计算:

$$c_{NaOH} = \frac{m \times 1\ 000}{(V_1 - V_0) \times 204.23}$$

式中 c_{NaOH}——氢氧化钠标准溶液的浓度,mol/L;

m——邻苯二甲酸氢钾的质量,g;

V_1——滴定邻苯二甲酸氢钾所消耗氢氧化钠标准溶液的体积, mL;

V_0——空白实验消耗氢氧化钠标准溶液的体积, mL;

204.23——邻苯二甲酸氢钾($KHC_8H_4O_4$)的摩尔质量,g/mol。

3. 氢氧化钠标准使用液(0.020 0 mol/L)

吸取一定体积已标定过的 0.1 mol/L 氢氧化钠标准溶液,用水稀释至 0.020 0 mol/L,储存于聚乙烯瓶中。

4. 酚酞指示剂(5 g/L)

称取 0.5 g 酚酞,用 50 mL 95%乙醇溶解,并用水定容至 100 mL。

5. 甲基橙指示剂(0.5 g/L)

称取 0.05 g 甲基橙,溶于 70 ℃的水中,冷却后稀释定容至 100 mL。

6. 硫代硫酸钠标准溶液(0.1 mo/L)

称取 2.5 g 硫代硫酸钠,溶解于水中,定容至 100 mL。

(二)仪器

(1)碱式滴定管,25 mL。

(2)移液管,50 mL。

(3)锥形瓶,250 mL。

(4)分析天平。

三、操作步骤

(一)样品处理

采集的样品用聚乙烯瓶或硅硼玻璃瓶储存,水样需充满瓶子,不可留空,盖紧瓶盖。若采集的是废水样品,接触空气易引起微生物活动,应减少或增加 CO_2 及其他气体,最好在 1 天之内分析完毕。对生物活动明显的水样,应在 6 h 内完成分析。

(二)样品测定

(1)取适量待测水样置于 250 mL 锥形瓶中,用水稀释至 100 mL,加入 2 滴甲基橙指示剂,用氢氧化钠标准使用液滴定至溶液由橙红色变为橘黄色为终点,记录氢氧化钠标准使用液体积(V_1)。

(2)另取适量待测水样置于 250 mL 锥形瓶中,用水稀释至 100 mL,加入 4 滴酚酞指示剂,用氢氧化钠标准使用液滴定至溶液由无色变为浅红色为终点,记录氢氧化钠标准使用液体积(V_2)。

若水样中含硫酸铁、硫酸铝,加入酚酞后加热煮沸 2 min,趁热滴至红色。

四、结果表示

水样中总酸度按下式计算:

$$\text{甲基橙酸度}(CaCO_3, mg/L) = \frac{M \times V_1 \times 50.05 \times 1\,000}{V}$$

$$\text{酚酞酸度}(CaCO_3, mg/L) = \frac{M \times V_2 \times 50.05 \times 1\,000}{V}$$

式中　M——氢氧化钠标准使用液浓度,mol/L;

V_1——用甲基橙作滴定指示剂时,滴定水样消耗的氢氧化钠标准使用液体积, mL;

V_2——用酚酞作滴定指示剂时,滴定水样消耗的氢氧化钠标准使用液体积, mL;

V——水样体积, mL;

50.05——碳酸钙 ($1/2CaCO_3$)的摩尔质量,g/mol。

五、注意事项

待测水样取用体积参考滴定时所耗氢氧化钠标准溶液用量,以 10~25 mL 为宜。

任务五　总碱度的测定

【知识目标】

掌握总碱度的概念,了解总碱度与 pH 的关系。

【技能目标】

熟悉、掌握水体总碱度的测量方法及原理[《水和废水监测分析方法》(第四版)],会配置测定实验中所使用的试剂,能用酸碱滴定法对水体总碱度进行测定,会计算、分析监测结果和数据。

【项目导入】

水的碱度主要由碳酸钾、碳酸钠、碳酸钙、碳酸镁等碳酸盐、碳酸氢盐及氢氧化物引起。水体碱度过高会破坏水体缓冲系统，阻碍水体净化，影响金属离子在水体中的溶解性、存在价态及毒性。此外，水体碱度过高还可能会造成土地盐碱化，导致表土易干燥、易板结，影响粮食产量。

【技能操作】

实训　总碱度的测定——酸碱指示剂滴定法
[《水和废水监测分析方法》(第四版)]

一、方法原理

酸碱指示剂滴定法用强酸标准溶液与水样发生中和反应，滴定至某一 pH 可求得水样总碱度。测量结果用相当于碳酸钙的含量表征，以 mg/L 为单位。其数值大小与所选滴定终点的 pH 有关。当滴定至酚酞指示剂由红色变为无色时，溶液 pH 为 8.3。此时，溶液中氢氧根离子（OH^-）已全部被中和，碳酸根离子（CO_3^{2-}）均被转化为碳酸氢根离子（HCO_3^-）。当滴定至甲基橙指示剂由橘黄色变成橘红色时，溶液的 pH 为 4.4~4.5，此时溶液中碳酸氢根离子均被中和。

根据酚酞指示剂和甲基橙指示剂两个终点到达时所消耗的盐酸标准溶液的滴定体积，可计算出水中碳酸盐、重碳酸盐及总碱度。

该方法不适用于污水及复杂体系中碳酸盐和重碳酸盐的计算，不适用于有色水样、混浊水样等影响滴定终点判断的水样。

二、试剂仪器

（一）试剂及药品

1. 无二氧化碳水

临用前将水煮沸 15 min，然后在不与大气 CO_2 接触的条件下冷却至室温。实验用水的 pH 应大于 6.0，电导率小于 2 μS/cm。

实验中若无特殊说明，本实验用水均为无二氧化碳水。

2. 酚酞指示剂（5 g/L）

称取 0.5 g 酚酞，用 50 mL 95%乙醇溶解，并用水定容至 100 mL。

3. 甲基橙指示剂（0.5 g/L）

称取 0.05 g 甲基橙，溶于 70 ℃的水中，冷却后稀释定容至 100 mL。

4. 碳酸钠标准溶液（$c_{1/2Na_2CO_3}$ = 0.025 0 mol/L）

称取 1.324 9 g（于 250 ℃烘干 4 h）的基准试剂无水碳酸钠（Na_2CO_3），溶解后于 1 000 mL 容量瓶中定容，摇匀。储于聚乙烯瓶中，保存时间不要超过一周。

5. 盐酸标准溶液［c_{HCl} = 0.025 mol/L］

（1）盐酸标准溶液的配制：移取 2.1 mL 浓盐酸（ρ_{20} = 1.19 g/mL），用水稀释至 1 000

mL。

(2)盐酸标准溶液的标定:移取 25.00 mL 碳酸钠标准溶液于 250 mL 锥形瓶中,加水稀释至 100 mL。加入 3 滴甲基橙指示液,用盐酸标准溶液滴定至溶液由橘黄色突变为橘红色。同时,做空白实验。

盐酸标准溶液浓度按下式计算:

$$c_{HCl}=\frac{25\times 0.025}{V-V_0}$$

式中　c_{HCl}——盐酸标准溶液的浓度,mol/L;

V——滴定碳酸钠所消耗盐酸标准溶液的体积, mL;

V_0——空白实验消耗盐酸标准溶液的体积, mL。

(二)仪器

(1)酸式滴定管,25 mL。

(2)移液管,50 mL。

(3)锥形瓶,250 mL。

(4)分析天平。

三、操作步骤

吸取 100.0 mL 水样于 250 mL 锥形瓶中,加入 4 滴甲基橙指示剂,摇匀后用盐酸标准溶液滴定至溶液由橘黄色刚刚变为橘红色,记录盐酸标准溶液滴定体积(V_1)。

四、结果表示

水样中总碱度按下式计算:

$$\text{总碱度(以 } CaCO_3 \text{ 计,mg/L)}=\frac{c_{HCl}\times V_1\times 50.04}{V}\times 1\,000$$

式中　c_{HCl}——盐酸标准溶液的浓度,mol/L;

V_1——滴定水样所消耗的盐酸标准溶液的体积, mL;

V——水样体积, mL;

50.04——与 1.00 mL 氢氧化钠标准溶液($c_{NaOH}=1.000$ mol/L)相当的以克表示的总碱度(以 $CaCO_3$ 计)的质量。

当水样总碱度<20 mg/L 时,可改用 0.01 mol/L 盐酸标准溶液进行滴定,或改用 10 mL 微量滴定管,以提高测量精度。

第三节　水样中非金属指标的测定

水中非金属物质非常多,尤其是营养物质在水环境中大量存在。营养物质是指促进水中植物生长,从而加速水体富营养化的各种物质,主要指氮和磷。污水中的氮可分为有机氮和无机氮两类。前者是含氮化合物,如蛋白质、多肽、氨基酸和尿素等,后者指氨氮、亚硝酸态氮、硝酸态氮等,它们中大部分直接来自污水,但也有一部分是有机氮经微生物分解转化而形成的。在天然水和废水中,磷几乎都以各种磷酸盐的形式存在,它们分别为正磷酸盐、缩合磷酸盐(焦磷酸盐、偏磷酸盐和多磷酸盐)和有机结合的磷(如磷脂)等,它们存在于溶液中、腐殖质粒子中或水生生物中。主要来自于城市生活污水以及一些工厂排放的废水中(如化肥厂、食品厂所排出的废水中均含有氮、磷)。植物营养物质污染的危害是水体富营养化,造成湖泊、河流的透明度和溶解氧降低,水质变差。氮、磷是评价水质的重要指标。

生活污水和工业废水中都含有大量的有机污染物,它们主要是由碳、氢、氧、氮、硫等基本元素组成的。有机化合物通常以毒性大、强致癌性和消耗水体中溶解氧的形式对环境和人体产生危害作用,所以有机物污染指标是水质监测非常重要的指标。有机污染物的种类很多,难以将它们准确地加以区分和定量,目前采用综合指标(化学需氧量、高锰酸盐指数、生化需氧量及溶解氧)方法来表示。

任务一　溶解氧的测定

【知识目标】

明确水中溶解氧的含量与大气压、水温及盐的含量有关,了解水体缺氧的危害。

【技能目标】

掌握碘量法测定水中溶解氧的原理和方法;掌握溶解氧采样、现场固定、碘析出、测定技能,为生化需氧量测定打下基础;熟悉数据的记录以及处理,掌握结果的应用技能;强化滴定操作。

【项目导入】

溶解氧是指溶解于水中的氧,以每升水中所含氧的毫克数表示。未受污染的水中,溶解氧呈饱和状态。适量的氧是鱼类和好氧菌生存、繁殖的基本条件。在 1 atm、0 ℃的淡水中,饱和溶解氧浓度为 10 mg/L。溶解氧低于 4 mg/L 时,鱼类难以生存。水被有机物污染后,由于好氧菌作用使其氧化而消耗溶解氧。如得不到空气中氧的及时补充,则水中的溶解氧减少,最终导致水体变质甚至发臭。溶解氧是水质污染程度的一项指标。溶解氧越少,表明污染程度越严重。

【技能操作】

实训　溶解氧的测定——碘量法(GB 7489—1987)

一、方法原理

水样中加入硫酸锰和碱性碘化钾,生成氢氧化锰白色沉淀,然后水中溶解氧将低价锰氧化成高价锰,生成四价锰的氢氧化物[$MnO(OH)_2$]棕色沉淀。加酸后,氢氧化物沉淀溶解并与碘离子反应,释出游离碘。以淀粉作为指示剂,用硫代硫酸钠滴定释出的碘,可计算出溶解氧的含量。化学反应方程式如下:

$$MnSO_4+2NaOH=Mn(OH)_2\downarrow(白色)+Na_2SO_4$$

$$2Mn(OH)_2+O_2=2MnO(OH)_2(棕色,即亚锰酸\ H_2MnO_3)$$

$$MnO(OH)_2+2KI+2H_2SO_4=I_2+MnSO_4+K_2SO_4+3H_2O$$

$$I_2+2Na_2S_2O_3=2NaI+Na_2S_4O_6\text{(连四硫酸钠)}$$

二、试剂仪器

(一)试剂及药品

(1)硫酸锰溶液:称取硫酸锰($MnSO_4 \cdot 4H_2O$)480 g或$MnSO_4 \cdot 2H_2O$ 400 g溶解于蒸馏水中,过滤后稀释至1 000 mL(此溶液中不能含有高价锰,可取少量此溶液加入碘化钾及稀硫酸检验,溶液不能变成黄色,如变成黄色表示有少量碘析出,即表示溶液中含有高价锰)。离子反应式如下:

$$MnO_3^{2-}+2I^-+6H^+=I_2+Mn^{2+}+3H_2O$$

(2)碱性碘化钾溶液:溶解350 g氢氧化钠(NaOH)于300~400 mL蒸馏水中,冷却至室温。另外,溶解300 g碘化钾(KI)于200 mL蒸馏水中,慢慢加入已冷却的氢氧化钠溶液,摇匀后用蒸馏水稀释至1 000 mL。

(3)浓硫酸(H_2SO_4),$\rho=1.84$ g/cm³。

(4)1%淀粉指示液:称取2 g可溶性淀粉,溶于少量蒸馏水中,用玻璃棒调成糊状,慢慢加入(边加边搅拌)新煮沸的200 mL蒸馏水中,冷却后加入0.25 g水杨酸或0.8 g氯化锌($ZnCl_2$)作防腐剂。

(5)(1+1)硫酸溶液:将浓硫酸(3)在搅拌下缓慢加到等体积的水中。

(6)硫酸溶液,$c_{H_2SO_4}=2$ mol/L:将56 mL浓硫酸稀释至1 000 mL。

(7)碘酸钾标准溶液,$c_{KIO_3}=0.010\,00$ mol/L:称取于180 ℃烘干的碘酸钾3.567 g溶于蒸馏水中,移入1 000 mL容量瓶,定容至标线,摇匀。

将上述溶液吸取100 mL转移至1 000 mL容量瓶,定容,摇匀。

(8)硫代硫酸钠溶液,$c_{Na_2S_2O_3}\approx 0.025$ mol/L(待标定):称取6.2 g硫代硫酸钠($Na_2S_2O_3 \cdot 5H_2O$)溶于新煮沸放冷的蒸馏水中,加入0.2 g碳酸钠(Na_2CO_3),用水稀释至1 000 mL。储于棕色瓶中,使用前用碘酸钾标准溶液标定。

于250 mL碘量瓶中,加入100 mL蒸馏水和1 g碘化钾,加入碘酸钾标准溶液10.00 mL、2 mol/L硫酸溶液5 mL,密塞,摇匀,于暗处静置5 min后,用待标定的硫代硫酸钠溶液滴定至溶液呈淡黄色,加入1 mL淀粉溶液,继续滴定至蓝色刚好消失为止,记录用量。化学反应方程式如下:

$$K_2Cr_2O_7+6KI+7H_2SO_4=Cr_2(SO_4)_3\text{(硫酸铬,绿色)}+3I_2+4K_2SO_4+7H_2O$$

$$I_2+2Na_2S_2O_3=2NaI+Na_2S_4O_6\text{(连四硫酸钠,无色)}$$

硫代硫酸钠标准溶液的浓度c按下式计算:

$$c=\frac{0.025\,0\times 10.00}{V}$$

式中　c——硫代硫酸钠标准溶液的浓度,mol/L;

V——硫代硫酸钠标准溶液的用量,mL。

(二)仪器

250~300 mL溶解氧瓶。

三、操作步骤

(一)水样采集

将取样器下口样管插入溶解氧瓶底,让水样慢慢溢出,装满后再溢出半瓶左右后,赶走瓶壁上可能存在的气泡,取出取样管,盖上瓶盖(盖下不能留有气泡)。

(二)溶解氧的固定

将移液管插入溶解氧瓶的液面下,加入 1 mL 硫酸锰溶液、2 mL 碱性碘化钾溶液,盖好瓶盖颠倒混合数次,静置。待棕色沉淀物降至半瓶时,再颠倒混合一次,待沉淀物降到瓶底。

(三)析出碘

轻轻打开瓶塞,立即将移液管插入液面下,加入 1.5 mL(1+1)硫酸,小心盖好瓶塞,颠倒混合摇匀,至沉淀物全部溶解为止,放置暗处 5 min。

(四)滴定

取 100.0 mL 上述溶液于 250 mL 锥形瓶中,用硫代硫酸钠滴定至溶液呈淡黄色,加入 1 mL 淀粉溶液,继续滴定至蓝色刚好褪去为止,记录硫代硫酸钠用量。

四、结果表示

样品中溶解氧的浓度 DO(O_2,mg/L)按下式计算:

$$DO = \frac{c \times V_2 \times 8 \times 1\ 000}{V_3} \times f$$

式中 c——硫代硫酸钠溶液浓度,mol/L;

V_2——滴定时消耗硫代硫酸钠体积, mL;

V_3——所取碘析出后溶液的体积, mL;

8——氧(O)摩尔质量,g/mol;

V_0——溶解氧瓶体积,mL,通常为 250 mL;

V_1——加入硫酸锰、碱性碘化钾、硫酸的体积之和, mL;

f——校正系数,$f = \frac{V_0}{V_0 - V_1}$。

五、注意事项

(1)一般规定要在取水样后立即进行溶解氧的测定,如果不能在采样处完成,应该在样品采取后立即加入硫酸锰及碱性碘化钾溶液,使溶解氧固定在水中,其余的测定步骤可送往实验室进行。取样与测定时间间隔以不超过 4 h 为宜。

(2)瓶中充满水样时,必须不留空气泡,不然空气泡中的氧也会氧化 $Mn(OH)_2$,使分析结果偏高。

(3)水中如果有亚硝酸盐存在,亚硝酸氮含量大于 0.1 mg/L 时,由于亚硝酸盐与碘化钾作用能析出游离碘,在反应中析出的碘在滴定时受空气氧化而生成亚硝酸。亚硝酸又会从碘化钾中将碘析出,这样就使分析结果偏高。为了获得正确的结果,可在用浓硫酸溶解沉淀之前，在水样瓶中加入数滴5%叠氮化钠溶液，或直接在水样中加入碱性碘化钾-叠氮化钠溶液替代碱性碘化钾溶液，也可达到相同的效果。

$$2NO_2^- + 4H^+ + 2I^- \longrightarrow 2NO + I_2 + 2H_2O$$

$$2NO + O_2 \longrightarrow 2NO_2$$

$$2NO_2 + H_2O \longrightarrow HNO_2 + HNO_3$$

$$2NaN_3 + H_2SO_4 \longrightarrow 2HN_3 + Na_2SO_4$$

$$HNO_2 + HN_3 \longrightarrow H_2O + N_2 + N_2O$$

(4)当Fe^{3+}的含量大于1 mg/L时，溶液酸化后Fe^{3+}将与KI作用而析出碘，这样就使分析结果偏高。为使测定溶解氧获得正确的结果，可以在沉淀未溶解以前，加入2 mL 40%氟化钾溶液，然后用4 mL 85%磷酸代替硫酸，此时沉淀溶解，同时所有的Fe^{3+}与F^-或PO_4^{3-}络合成$[FeF_6]^{3-}$或$[Fe(PO_4)_2]^{3-}$，这样就抑制了Fe^{3+}与KI的作用。

(5)如果水样中含有还原物质Fe^{2+}、S^{2-}、SO_3^{2-}、NO_2^-和有机物等，可采用酸性条件下加高锰酸钾来去除，过量的高锰酸钾可用草酸还原去除。去除的具体步骤如下：

取水样250 mL，在水样瓶中，用移液管沿瓶口壁加0.7 mL浓硫酸，再加1 mL 0.6%高锰酸钾溶液（移液管插入液面以下），盖好瓶盖摇匀，溶液为红色。如溶液中红色很快褪去，则再加1 mL高锰酸钾溶液摇匀，红色保持5 min至不褪为止。

5 min后，用移液管加2%草酸溶液1 mL（移液管仍须插入液面之下），盖好盖子摇匀，红色褪尽。若红色未褪尽，则需再加草酸，草酸的用量要恰好使高锰酸钾完全作用；否则，会造成测定结果偏低。过程中试剂的全部加入量要准确记录，以便结果计算时进行校正，同时注意防止水中溶解氧的损失或大气中的氧溶入。

去除还原物质后的水样，其溶解氧的测定按碘量法的相关步骤进行。

(6)硫代硫酸钠标定中的注意事项：用碘酸钾作氧化剂，必须在高酸度条件下。而碘和硫代硫酸钠定量的反应要求在微酸性或中性溶液中进行。因为酸度高会加快硫代硫酸钠的分解，所以必须把高酸度的溶液稀释，与此同时，溶液稀释后也可减少碘分子在滴定过程中的损失。

任务二　高锰酸盐指数的测定

【知识目标】

了解高锰酸盐指数的定义，掌握高锰酸盐指数的测定原理以及适用范围，了解高锰酸盐指数测定过程中存在的干扰。

【技能目标】

理解高锰酸盐指数的意义；掌握酸式法和碱式法的不同测定原理；提高标准溶液的配制与标定技能；掌握高锰酸盐指数测定操作的基本技能；锻炼学生在样品存在不同干扰时的处理方法及选用合适测定方法的能力。

【项目导入】

高锰酸盐指数是反映水体中有机及无机可氧化物质污染的常用指标，是指在一定条件下，用高锰酸钾氧化水中的某些有机物及无机还原性物质，由消耗的高锰酸钾量计算相当的氧量，以O_2(mg/L)表示。

高锰酸盐指数不能作为理论需氧量或总有机物含量的指标，因为在规定的条件下，许多有机物只能部分地被氧化，易挥发的有机物也不包含在测定值之内。

高锰酸盐指数测定方法分为酸式法和碱式法，二者皆适用于饮用水、地表水的测定，不适用于测定工业废水中有机污染负荷。酸式法适用于氯离子浓度不超过 300 mg/L 的水样；氯离子浓度超过 300 mg/L 时，应采用碱式法。

【技能操作】

实训　高锰酸盐指数的测定——酸式法(GB 11892—1989)

一、方法原理

在沸水浴条件下，酸性高锰酸钾溶液将水中的某些有机物及还原性物质氧化，剩余的高锰酸钾用过量的草酸钠还原，再以高锰酸钾标准溶液回滴过量的草酸钠至溶液呈微红色。根据加入的高锰酸钾和草酸钠标准溶液的量及最后滴定消耗高锰酸钾标准溶液的用量，计算出高锰酸盐指数。其化学反应式如下：

$$4MnO_4^- + 5C(\text{有机物}) + 12H^+ = 4Mn^{2+} + 5CO_2\uparrow + 6H_2O$$

$$2MnO_4^- + 5C_2O_4^{2-} + 16H^+ = 2Mn^{2+} + 10CO_2\uparrow + 8H_2O$$

二、试剂仪器

(一)试剂及药品

除另有说明，均使用符合国家标准或专业标准的分析纯试剂和蒸馏水或同等纯度的水，不得使用去离子水。

(1)不含还原性物质的水：将 1 L 蒸馏水置于全玻璃蒸馏器中，加入 10 mL(1+3)硫酸溶液和少量高锰酸钾储备液，蒸馏。弃去 100 mL 初馏液，余下馏出液储于具玻璃塞的细口瓶中。

(2)硫酸(H_2SO_4，ρ=1.84 g/cm^3)。

(3)(1+3)硫酸溶液：在不断搅拌下，将 1 体积硫酸慢慢加入到 3 体积水中。趁热加入数滴高锰酸钾标准使用液，直至出现粉红色。

(4)氢氧化钠溶液，500 g/L：称取 50 g 氢氧化钠(NaOH)溶于水并稀释至 100 mL。

(5)草酸钠标准储备液，$c_{Na_2C_2O_4}$=0.100 0 mol/L：称取 0.670 5 g 经 120 ℃烘干 2 h 的草酸钠($Na_2C_2O_4$)溶于水中，移入 100 mL 容量瓶，定容至标线，混匀，置 4 ℃保存。

(6)草酸钠标准溶液，$c_{Na_2C_2O_4}$=0.010 0 mol/L：吸取 10.00 mL 草酸钠标准储备液于 100 mL 容量瓶中，定容至标线，混匀。

(7)高锰酸钾标准储备液，c_{KMnO_4}=0.1 mol/L：称取 3.2 g 高锰酸钾($KMnO_4$)溶于水，定容至 1 000 mL，混匀。于 90~95 ℃水浴中加热此溶液 2 h，冷却。存放两天后，倾出上清液，储于棕色瓶中。

(8)高锰酸钾标准使用液，c_{KMnO_4}= 0.01 mol/L：吸取 10 mL 高锰酸钾标准储备液于

100 mL 容量瓶中，定容至标线，混匀。此溶液在暗处可保存几个月，使用当天标定其浓度。

(二) 仪器

(1) 水浴或相当的加热装置，有足够的容积和功率。

(2) 25 mL 酸式滴定管。新的玻璃器皿必须用酸性高锰酸钾溶液清洗干净。

三、测定方法

国际标准化组织建议高锰酸盐指数仅限于测定地表水、饮用水和生活污水。

四、操作步骤

(1) 水样采集，采样后要加入硫酸，调节样品 pH<2，以抑制微生物活动。样品应尽快分析，如保存时间超过 6 h，则需置暗处，0~5 ℃下保存，不得超过 2 天。

(2) 分取 100 mL 混匀水样（如高锰酸盐指数高于 10 mg/L，则酌情少取，并用水稀释至 100 mL）于 250 mL 锥形瓶中。

加入 5 mL(1+3) 硫酸溶液，混匀。再加入 10.00 mL 高锰酸钾标准使用液，摇匀，立即放入沸水浴中加热 30 min（从水浴重新沸腾起计时）。沸水液面要高于锥形瓶中的反应溶液液面。

(3) 取下锥形瓶，趁热加入 10.00 mL 草酸钠标准使用液，摇匀。立即用高锰酸钾标准使用液滴定至微红色，记录高锰酸钾标准使用液的消耗量。

(4) 将上述滴定完的溶液加热至约 70 ℃，准确加入 10.00 mL 草酸钠标准使用液，再用高锰酸钾标准使用液滴至显微红色。记录高锰酸钾标准使用液的消耗量，按下式求得高锰酸钾使用液的校正系数 K：

$$K=\frac{10.00}{V}$$

式中　V——高锰酸钾标准使用液的消耗量，mL。

注：沸水浴的水面要高于锥形瓶的液面；样品量以加热氧化后残留的高锰酸钾标准溶液为其加入量的 1/2~1/3 为宜，加热时，如溶液红色褪去，说明高锰酸钾量不够，需重新取样，经稀释后测定；滴定时，温度如低于 60 ℃，反应速率缓慢，因此应至 80 ℃左右；沸水浴温度为 98 ℃，如在高原地区，报出数据时，需注明水的沸点。

(5) 水样经稀释时，同时另取 100 mL 水代替样品，按步骤(2)和(3)进行空白实验。

五、结果表示

(1) 不经稀释的样品高锰酸盐指数 $\rho(O_2, mg/L)$ 按下式计算：

$$\rho=\frac{c[K(10+V_1)-10]\times 8\times 1\,000}{100}$$

式中　V_1——滴定样品高锰酸钾溶液的消耗量，mL；

c——草酸钠标准使用液浓度，mol/L；

8 ——氧(1/2O)摩尔质量，g/mol；

K——校正系数(每毫升高锰酸钾标准溶液相当于草酸钠标准溶液的毫升数)。

(2)经稀释样品的高锰酸盐指数 $\rho(O_2, mg/L)$ 按下式计算：

$$\rho = \frac{c\{[K(10 + V_1) - 10] - [K(10 + V_0) - 10]f\} \times 8 \times 1\,000}{V_2}$$

式中 V_0——空白实验滴定时,高锰酸钾溶液的消耗量, mL;

V_2——测定时分取样品的体积, mL;

f——稀释样品时,蒸馏水在 100 mL 测定用体积内所占比例(例如,10.0 mL 样品,加 90 mL 水稀释至 100 mL,则 $f = \frac{100 - 10}{100} = 0.90$);

其他字母含义同前。

任务三　化学需氧量的测定

【知识目标】

了解化学需氧量的定义,掌握化学需氧量测定的方法选择,了解测定过程中存在的干扰。

【技能目标】

了解化学需氧量测定的基本原理,掌握回流装置的安装技能。熟悉重铬酸钾法测定样品中 COD 的方法、条件及影响因素的处理办法。巩固滴定操作技能。

【项目导入】

化学需氧量(COD)是水体中还原性物质进行化学氧化时消耗氧的数量,以每升水消耗氧的毫克数表示。水中的还原性物质有各种有机物、亚硝酸盐、硫化物、亚铁盐等,主要是有机物。它们大多具有毒性,并能使水体中溶解氧减少,使水生生物窒息死亡,从而对生态系统产生影响,导致水体恶化。因此,化学需氧量是评价水体污染程度的极为重要的综合性指标,COD 值越大,表示水体受有机物的污染越严重。

水样的化学需氧量,可因加入氧化剂的种类及浓度、反应溶液的酸度、反应温度和时间以及催化剂的有无而获得不同的结果。因此,化学需氧量也是一个条件性指标,必须严格按操作步骤进行。

对于污水,我国规定用重铬酸钾法,其测得的值称为化学需氧量。国外也有用高锰酸钾、臭氧等氧化剂的方法体系。如果使用,必须与重铬酸钾法做对照实验,得出相关系数,以重铬酸钾法上报监测数据。测定水中化学需氧量的国家标准方法为重铬酸钾法。

【技能操作】

实训　化学需氧量的测定——重铬酸钾法(GB/T 11914—1989)

一、方法原理

在样品中加入已知量的重铬酸钾溶液,并在强酸介质下以银盐作为催化剂,经沸腾回流后,以试亚铁灵为指示剂,用标定过的硫酸亚铁铵标准溶液滴定样品中未被还原的重铬酸钾,由消耗的硫酸亚铁铵的量换算成消耗氧的质量浓度。

$$2Cr_2O_7^{2-}+16H^++3C=4Cr^{3+}+8H_2O+3CO_2$$

$$Cr_2O_7^{2-}+14H^++6Fe^{2+}=6Fe^{3+}+2Cr^{3+}+7H_2O$$

二、试剂仪器

(一)试剂及药品

除另有说明,实训采用符合国家标准的分析纯试剂,用水为蒸馏水或同等纯度的水。

(1)重铬酸钾标准储备溶液,$c(1/6\ K_2Cr_2O_7)=0.250\ 0$ mol/L:准确称取预先在 120 ℃烘干 2 h 的重铬酸钾 1.225 8 g 溶于蒸馏水中,移入 100 mL 容量瓶,定容,摇匀。

(2)重铬酸钾标准使用溶液,$c(1/6\ K_2Cr_2O_7)=0.025\ 00$ mol/L:准确吸取重铬酸钾标准溶液 10 mL 移入 100 mL 容量瓶,定容,摇匀。

(3)试亚铁灵指示剂:称取 0.7 g 硫酸亚铁($FeSO_4 \cdot 7H_2O$,别名绿矾、铁矾)溶于 50 mL 水中,加入 1.5 g 邻菲罗啉($C_{12}H_8N_2 \cdot H_2O$)搅动至溶解,稀释至 100 mL,储于棕色瓶中。

(4)硫酸亚铁铵标准溶液,$c\approx 0.1$ mol/L(待标定):称取 39.5 g 硫酸亚铁铵$[(NH_4)_2Fe(SO_4)_2 \cdot 6H_2O]$溶于含有 20 mL 浓硫酸冷却后的蒸馏水中,移入 1 000 mL 容量瓶,定容,摇匀。

标定方法:准确吸取 10.00 mL 重铬酸钾标准溶液于 500 mL 锥形瓶中,加蒸馏水稀释至 110 mL 左右,缓慢加入 30 mL 浓硫酸,混匀。冷却后,加入 3 滴(约 0.15 mL)试亚铁灵指示剂,用硫酸亚铁铵溶液滴定,溶液的颜色由黄色经蓝绿色至刚出现红褐色不褪即为终点。记录硫酸亚铁铵所消耗的体积,按下式计算硫酸亚铁铵标准溶液的准确浓度:

$$c[(NH_4Fe(SO_4)_2]=\frac{0.250\ 0\times 10.00}{V}$$

式中　c——硫酸亚铁铵标准溶液的浓度,mol/L;

V——硫酸亚铁铵标准溶液滴定消耗的体积,mL。

(5)浓硫酸(H_2SO_4),$\rho=1.84$ g/cm^3。

(6)硫酸—硫酸银溶液:于 500 mL 浓硫酸中加入 5 g 硫酸银(Ag_2SO_4)。放置 1~2 天,不时摇动使其溶解。

(7)硫酸汞($HgSO_4$)。

(8)邻苯二甲酸氢钾标准溶液,2.082 4 mol/L:称取 105 ℃干燥 2 h 的邻苯二甲酸氢钾($KC_8H_5O_4$)0.425 1 g 配制成 1 000 mL 溶液,其 COD 理论值为 500 mg/L(以重铬酸钾为氧化剂,将邻苯二甲酸氢钾完全氧化的 COD 值为 1.176 g O/g),使用前新配制。

(9)沸石(也可用玻璃珠、碎瓷片等代替)。

(二)仪器

(1)加热装置:变阻电炉。

(2)25 mL 或 50 mL 酸式滴定管。

(3)加热回流装置:带 250 mL 锥形瓶的全玻璃回流装置,回流冷凝管长度不小于 300 mm,见图 6-7。

三、测定方法

水中化学需氧量的测定，有化学氧化法、库仑滴定法、快速密闭消解法和氯气校正法等。

化学氧化法随样品中还原性物质的不同、氧化剂不同，其测定值也有所不同。应用最普遍的是重铬酸钾氧化法与高锰酸钾氧化法。

重铬酸钾氧化法氧化率高，再现性好，适用于测定样品中有机物的总量。使用 0.025 mol/L 的重铬酸钾溶液，样品最低检出浓度为 5 mg/L，测定上限为 50 mg/L；使用 0.250 mol/L 的重铬酸钾溶液，对未经稀释的样品测定上限为 700 mg/L。本方法不适用于氯化物浓度大于 1 000 mg/L 的含盐水，高氯废水采用氯气校正法。

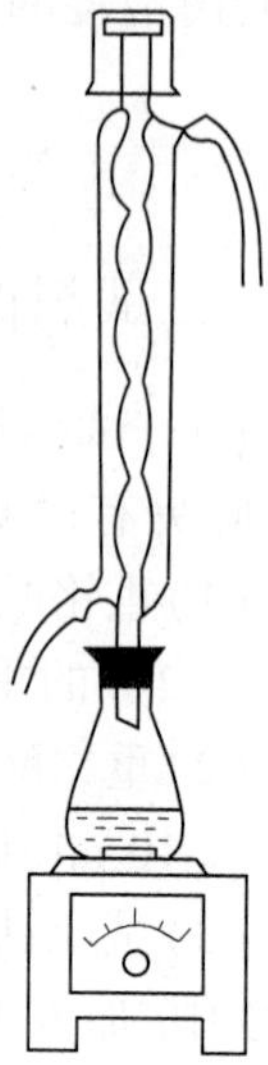

图 6-7　重铬酸钾法测定 COD 的回流装置

四、操作步骤

(1) 采样容器用玻璃瓶，使用前先用蒸馏水清洗干净，再用所采水样冲洗 3 遍。采样后立即分析，否则用浓硫酸酸化，使其 pH<2，置 2~5 ℃下保存，保存时间不超过 5 天。当样品中含有高于 30 mg/L 的氯离子时，于 500 mL(或 250 mL) 的磨口锥形瓶中加 2 mL 浓硫酸及 0.4 g 硫酸汞，使其溶解。

(2) 用移液管吸取 20.0 mL 充分摇匀的样品加入锥形瓶中，加入 10.0 mL 重铬酸钾标准液，玻璃珠数粒，连接好回流冷凝管，从回流管口慢慢加入 28 mL 含有硫酸银的浓硫酸，边加边摇。打开冷凝水，加热回流 2 h。稍冷，先用蒸馏水冲洗冷凝管等器壁后，再用蒸馏水稀释到 140 mL 左右。

(3) 加 2~3 滴试亚铁灵指示剂，以硫酸亚铁铵标准溶液滴定到溶液由黄色变为绿色，最后变为红褐色为终点，记录消耗硫酸亚铁铵标准溶液的用量。

(4) 吸 20.0 mL 蒸馏水代替样品，按上述分析方法测定，记录硫酸亚铁铵标准溶液的用量。

五、结果表示

样品的 COD(O_2, mg/L) 按下式计算：

$$COD_{Cr}(O_2, mg/L) = \frac{(V_1 - V_2) \times c \times 8 \times 1\,000}{V_0}$$

式中　c——硫酸亚铁铵标准溶液的浓度，mol/L；

V_1——空白消耗的硫酸亚铁铵标准溶液的体积，mL；

V_2——样品消耗的硫酸亚铁铵标准溶液的体积，mL；

V_0——样品体积，mL；

8——1/2 O 的摩尔质量，g/moL。

六、注意事项

(1)无机还原性物质如亚硝酸盐、硫化物及二价铁盐将使结果增加,将其需氧量作为样品 COD 值的一部分是可以接受的。本方法主要干扰为氯离子。使用 0.4 g 硫酸汞络合氯离子的最高量可达 40 mg,如取用 20.00 mL 样品,即最高可络合 2 000 mg/L 氯离子浓度的样品。若氯离子浓度较低,也可少加硫酸汞,使硫酸汞∶氯离子为10∶1(*W/W*)。若出现少量氯化汞沉淀,并不影响测定。

(2)在特殊情况下,取样量可在 10.00~50.00 mL 范围内,但试剂用量及浓度需按表 6-7 进行相应的调整,也可得到满意的结果。

表 6-7　不同取样量采用的试剂用量

样品体积(mL)	0.250 0 mol/L $K_2Cr_2O_7$(mL)	H_2SO_4-Ag_2S_4 (mL)	$HgSO_4$ (g)	$(NH_4)_2Fe(SO_4)_2$ (mol/L)	滴定前总体积(mL)
10.0	5.0	15	0.2	0.050	70
20.0	10.0	30	0.4	0.100	140
30.0	15.0	45	0.6	0.150	210
40.0	20.0	60	0.8	0.200	280
50.0	25.0	75	1.0	0.250	350

(3)对于化学需氧量小于 50 mg/L 的样品,应改用 0.025 0 mol/L 重铬酸钾标准溶液。回滴时,用 0.01 mol/L 硫酸亚铁铵标准溶液稀释 10 倍而成。

(4)样品加热回流后,溶液中重铬酸钾剩余量应以加入量的 1/5~4/5 为宜。

(5)每次测定时,应对硫酸亚铁铵标准溶液进行标定。

(6)为了获取更可信的结果,可同时进行校核实验。如果校核实验结果大于该理论值的 96%,即可认为实验步骤基本上是适当的,否则必须找出原因,重做实验。

(7)该方法对未经稀释的样品,其测定上限为 700 mg/L,对于污染严重的样品,COD 超过测定上限时,必须经稀释后测定。可选取 1/10 体积的样品和 1/10 的试剂,放入 10 mm×150 mm 硬质玻璃管中,摇匀后,用酒精灯加热至沸腾数分钟,观察溶液是否变成蓝绿色。如呈蓝绿色,应再适当少取样品,重复以上实验,至溶液不再变为蓝绿色为止,从而确定待测样品的稀释倍数。

任务四　生化需氧量的测定

【知识目标】

了解生化需氧量和五日生化需氧量的定义,掌握生化需氧量测定的稀释与接种方法。

【技能目标】

理解 BOD_5 的含义及测定条件;掌握水样预处理原理与方法。

【项目导入】

生物化学需氧量(BOD)指的是在规定条件下,微生物分解存在水中的某些可氧化物质，特别是有机物所进行的生物化学过程所消耗的溶解氧量。该过程进行的时间很长，如在 20 ℃培养条件下，全过程需 100 天左右。根据目前国际统一规定，在(20±1)℃的温度下，培养 5 天后测出的结果，称为五日生化需氧量，记为 BOD_5。

BOD 可使水体中溶解氧减少，使水生生物窒息死亡，从而对生态系统产生影响，导致水体恶化。BOD 值越大，水中的溶解氧量就越低，水质就越差。因此，BOD_5 是反映水体被有机物污染程度的综合指标，也是研究废水可生化降解性、生化处理效果，以及废水生化处理工艺设计的重要参数。

造纸、食品、纤维、化工等废水及城市排放的生活污水、畜禽养殖业废水中，含有许多有机物质，常引起 BOD 值增高。

【技能操作】

实训　五日生化需氧量的测定——稀释与接种法(HJ 505—2009)

一、方法原理

水样经稀释后，注满培养瓶，塞好后应不透气，在(20±1)℃条件下避光培养 5 天。培养前后分别测定溶解氧浓度，由两者的差值可算出每升水消耗氧的质量，即 BOD_5 值。

清洁的地表水和地下水，其 $BOD_5 \leq 7$ mg/L 时，不必进行稀释。对于污染的地表水和工业废水，含有机物较多，需要稀释后再培养测定。对于不含或少含微生物的工业废水，培养时应进行接种，引入微生物降解废水中的有机物。

二、方法选择

本标准适用于地表水、工业废水和生活污水中五日生化需氧量(BOD_5)的测定。

方法的检出限为 0.5 mg/L，方法的测定下限为 2 mg/L，非稀释法和非稀释接种法的测定上限为 6 mg/L，稀释与稀释接种法的测定上限为 600 mg/L。

三、试剂仪器

(一)试剂及药品

除另有说明，本实训采用分析纯试剂，用水采用重蒸蒸馏水。

(1)硫酸锰溶液：称取硫酸锰($MnSO_4 \cdot 4H_2O$)480 g 或($MnSO_4 \cdot 2H_2O$)400 g 溶解于蒸馏水中，过滤后稀释至 1 000 mL(此溶液中不能含有高价锰，可取少量此溶液加入碘化钾及稀硫酸检验，溶液不能变成黄色，如变成黄色表示有少量碘析出，即表示溶液中含有高价锰)。离子反应式如下：

$$MnO_3^{2-}+2I^-+6H^+=I_2+Mn^{2+}+3H_2O$$

(2)碱性碘化钾溶液：溶解 350 g 氢氧化钠(NaOH)于 300~400 mL 蒸馏水中，冷却至室温。另外，溶解 300 g 碘化钾(KI)于 200 mL 蒸馏水中，慢慢加入已冷却的氢氧化钠溶液，摇匀后用蒸馏水稀释至 1 000 mL。

(3)浓硫酸(H_2SO_4)，$\rho=1.84$ g/cm^3。

(4)1%淀粉指示液:称取 2 g 可溶性淀粉,溶于少量蒸馏水中,用玻璃棒调成糊状,慢慢加入(边加边搅拌)新煮沸的 200 mL 蒸馏水中,冷却后加入 0.25 g 水杨酸或 0.8 g 氯化锌($ZnCl_2$)作防腐剂。

(5)(1+1)硫酸溶液:将浓硫酸(3)在搅拌下缓慢加到等体积的水中。

(6)硫酸溶液,$c_{H_2SO_4}=2$ mol/L:将 56 mL 浓硫酸稀释至 1 000 mL。

(7)碘酸钾标准溶液,$c_{KIO_3}=0.010\ 00$ mol/L:称取于 180 ℃烘干的碘酸钾 3.567 g 溶于蒸馏水中,移入 1 000 mL 容量瓶,定容至标线,摇匀。

将上述溶液吸取 100 mL 转移至 1 000 mL 容量瓶,定容,摇匀。

(8)硫代硫酸钠溶液,$c_{Na_2S_2O_3}\approx 0.025$ mol/L(待标定):称取 6.2 g 硫代硫酸钠($Na_2S_2O_3 \cdot 5H_2O$)溶于新煮沸放冷的蒸馏水中,加入 0.2 g 碳酸钠(Na_2CO_3),用水稀释至 1 000 mL。储于棕色瓶中,使用前用碘酸钾标准溶液标定。

于 250 mL 碘量瓶中,加入 100 mL 蒸馏水和 1 g 碘化钾,加入碘酸钾标准溶液 10.00 mL、2 mol/L 硫酸溶液 5 mL,密塞,摇匀,于暗处静置 5 min 后,用待标定的硫代硫酸钠溶液滴定至溶液呈淡黄色,加入 1 mL 淀粉溶液,继续滴定至蓝色刚好消失为止,记录用量。化学反应方程式如下:

$$K_2Cr_2O_7+6KI+7H_2SO_4=Cr_2(SO_4)_3(\text{硫酸铬,绿色})+3I_2+4K_2SO_4+7H_2O$$

$$I_2+2Na_2S_2O_3=2NaI+Na_2S_4O_6(\text{连四硫酸钠,无色})$$

硫代硫酸钠标准溶液浓度 c 按下式计算:

$$c=\frac{0.025\ 0\times 10.00}{V}$$

式中　c——硫代硫酸钠标准溶液的浓度,mol/L;

　　V——硫代硫酸钠标准溶液的用量, mL。

(9)磷酸盐缓冲溶液:将 8.5 g 磷酸二氢钾(KH_2PO_4)、21.75 g 磷酸氢二钾(K_2HPO_4)、33.4 g 七水磷酸氢二钠($Na_2HPO_4 \cdot 7H_2O$)和 1.7 g 氯化铵(NH_4Cl)溶于 500 mL 水,转移至 1 000 mL 容量瓶中,定容至标线。此缓冲溶液的 pH 为 7.2。

(10)22.5 g/L 硫酸镁溶液:将 22.5 g 硫酸镁($MgSO_4 \cdot 7H_2O$)溶于水,稀释至 1 000 mL 并混匀。

(11)27.5 g/L 氯化钙溶液:将 27.5 g 无水氯化钙($CaCl_2$)溶于水,稀释至 1 000 mL。

(12)0.25 g/L 氯化铁溶液:将 0.25 g 氯化铁($FeCl_3 \cdot 6H_2O$)溶于水,稀释至 1 000 mL 并混匀。

试剂(9)~(12)储存在玻璃瓶内,置于暗处至少可稳定 1 个月。一旦发现有生物滋生迹象,则应弃去不用。

(13)0.5 mol/L 盐酸溶液。

(14)0.5 mol/L 氢氧化钠溶液。

(15)稀释水:在 5~20 L 玻璃瓶内装入一定量的纯水,曝气 2~8 h,使稀释水的溶解氧接近饱和;曝气后瓶口盖上两层干净纱布,置于 20 ℃培养箱中放置数小时,使水中溶解氧含量不少于 8 mg/L。临用前,每升水中加入 4 种营养盐溶液[试剂(9)、(10)、(11)、(12)]各 1 mL 并混合均匀。稀释水的 pH 为 7.2,应在 8 h 内使用完。

(16)接种水:如被测样品本身不含有足够的适应性微生物,应采取下述方法获得接种水。接种温度应在(20±1)℃。

城市污水:一般采用住宅区生活污水,过滤后在 20 ℃培养箱内放置一昼夜,取上清液作为接种水。

当工业废水中含有难降解有机物时,取该工业废水排放口下游 3~8 km 处的水作为接种水;如无此种水源,采用驯化菌种的方法在实验室培养含有适应于待测样品的接种水,建议采用如下方法:取中和或适当稀释后的该水样进行连续曝气,每天加少量新鲜水样。同时,加入适量表层土壤、花园土壤或生活污水,使能适应水样的微生物大量繁殖。当水中出现大量絮状物,或分析其化学需氧量的降低值出现突变时,表明适应的微生物已经繁殖,可用作接种水。一般驯化过程需要 3~8 天。

(17)接种稀释水:根据需要和接种水的来源,向每升稀释水(15)中加入 1~5 mL 接种水(16)中的一种。接种稀释水的 5 天(20 ℃)耗氧量应为 0.3~1.0 mg/L。

(18)葡萄糖-谷氨酸标准溶液:称取于 103 ℃下干燥 1 h 的葡萄糖($C_6H_{12}O_6$)和谷氨酸($C_5H_9NO_4$)各 150 mg 溶于水,稀释至 1 000 mL,混合均匀。临用前配制。

(二)仪器

(1)常用实验室仪器。

(2)生化培养箱:温度控制在(20±1)℃。

(3)(550±1)mL 培养瓶,250 mL 溶解氧瓶。

(4)充氧设备:充氧动力常采用无油空气压缩机(或隔膜泵、氧气瓶、真空泵)。充氧流程可分为正压充氧、负压充氧两种流程。

四、操作步骤

(一)水样采集

样品须充满并密封于采样瓶中,置于 2~5 ℃保存。一般应在采样后 6 h 之内分析测定。若需远距离运输,储存不得超过 24 h。

(二)水样的预处理

将实训用的稀释水、接种水和接种的稀释水放入培养箱内恒温备选用。

样品的中和:样品 pH 不在 6.5~7.5 时,先做单独实验,确定需要的盐酸溶液(13)或氢氧化钠溶液(14)体积,再中和样品。当水样的酸度或碱度很高时,可改用高浓度的碱或酸进行中和,确保酸碱用量不超过水样体积的 0.5%。

去除游离氯:含有少量游离氯的水样,一般放置 1~2 h 后,游离氯即可消失。对于游离氯在短时间内不能消失的水样,可加入适量的亚硫酸钠溶液,以除去游离氯。

水温调节:从水温较低的水体中或富营养化的湖泊中采集的样品,应迅速升温至 20 ℃左右,以赶出水样中过饱和的溶解氧,否则会造成分析结果偏低。从水温较高的水体中或废水排放口取样,应迅速使其冷却至 20 ℃左右,否则会造成分析结果偏高。

接种:待测水样没有微生物或微生物活性不足时,都要对样品接种足够的微生物。诸如以下几种工业废水:

(1)未经生化处理过的工业废水。

(2)高温高压或经卫生杀菌的废水,特别要注意食品加工工业的废水和医院的生活污水。

(3)强酸强碱性的工业废水。

(4)高 BOD_5 值的工业废水。

(5)含铜、锌、铅、砷、镉、铬、氰等有毒物质的工业废水。

(三)不经稀释的水样的测定

溶解氧含量较高、有机物含量较少的地表水,可不经稀释,而直接以虹吸法将 2 ℃的混匀水样转移至两个溶解氧瓶内,转移过程中应注意不使其产生气泡,以同样的操作使两个溶解氧瓶充满水样,加塞水封。立即测定其中一瓶溶解氧。将另一瓶放入培养箱中,在(20±1) ℃培养 5 天后,测其溶解氧。

(四)需稀释水样的测定

1. 稀释倍数的确定

(1)地表水:由样品的高锰酸盐指数与一定系数的乘积,即可求得稀释倍数。高锰酸盐指数与系数的关系见表 6-8。

表 6-8　高锰酸盐指数与系数的关系

高锰酸盐指数(mg/L)	系数	高锰酸盐指数(mg/L)	系数
<5	—	10~20	0.4、0.6
5~10	0.2、0.3	>20	0.5、0.7、1.0

(2)工业废水:由重铬酸钾法测得的 COD 值来确定,同时作 3 个样品的稀释。

由 COD 值分别乘以系数 0.075、0.15、0.225,即获得 3 个稀释倍数。

使用接种稀释水时,则分别乘以系数 0.075、0.15、0.25,获得 3 个稀释倍数。

2. 样品稀释

(1)一般稀释法:按照确定的稀释倍数,用虹吸法沿筒壁先引入部分稀释水(或接种稀释水)于 1 000 mL 量筒(或其他稀释容器)中,先加入需要量的均匀水样,再加入稀释水(或接种稀释水)至 800 mL,用带胶板的玻璃棒小心地上下搅匀。搅拌时,勿使玻璃棒的胶板露出水面,防止产生气泡。

按不经稀释水样的测定步骤进行装瓶,测定当天溶解氧和培养 5 天后的溶解氧含量。

另取两个溶解氧瓶,用虹吸法装满稀释水(或接种稀释水)作为空白,分别测定 5 天前后的溶解氧含量。

(2)直接稀释法:是在溶解氧瓶内直接稀释。在已知两个容积相同(差值<1 mL)的溶解氧瓶内,先用虹吸法加入部分稀释水(或接种稀释水),再加入根据瓶容积和稀释倍数计算出来的样品量,然后用稀释水(或接种稀释水)使其刚好充满,加塞,勿留气泡于瓶内。

(五)溶解氧的测定

1. 不经稀释样品的测定

溶解氧含量较高、有机物含量较少的地表水,可不经稀释而直接以虹吸法将约 20 ℃的混匀水样转移入两个溶解氧瓶内,转移过程中应注意不使其产生气泡。以同样的操作使两个溶解氧瓶充满水样后溢出少许,加塞。瓶内不留气泡。

其中,一瓶立即测定溶解氧。另一瓶瓶口进行水封后,放入培养箱中,在 20 ℃条件下培养 5 昼夜。培养过程中,要避光并注意添加封口水。培养 5 天后,弃去封口水,测定剩余的溶解氧。

2. 需经稀释样品的测定

按照上述方法,对稀释后的样品测定培养 5 天前后的溶解氧。

另取 2 个溶解氧瓶,装满稀释水(或接种稀释水)作为空白实验,测定培养 5 天前后的溶解氧。

五、结果表示

(1)不经稀释直接培养的水样,$BOD_5(O_2, mg/L)$按下式计算:

$$BOD_5=(a_1-a_2)-(b_1-b_2)$$

(2)经稀释后培养的水样,当培养后剩余溶解氧>1 mg/L、培养前后的溶解氧差值≥2 mg/L 时,则稀释倍数适宜为合格数据,否则剔除。合格数据按以下公式计算 BOD_5 值后求平均值方可用于评价水质。

$BOD_5(O_2, mg/L)$按下式计算:

$$BOD_5=\frac{(a_1-a_2)-(b_1-b_2)\times f_1}{f_2}$$

式中　a_1——样品培养前的溶解氧浓度,mg/L;

a_2——样品培养 5 天后的溶解氧浓度,mg/L;

b_1——稀释水(或接种稀释水)培养前的溶解氧浓度,mg/L;

b_2——稀释水(或接种稀释水)培养 5 天后的溶解氧浓度,mg/L;

f_1——稀释水(或接种稀释水)在培养液中所占比例;

f_2——样品在培养液中所占比例。

六、注意事项

(1)根据废水浓度高低及毒性大小确定使用稀释水、接种水还是稀释接种水,若稀释倍数大于 100,分两步或几步进行稀释。

(2)培养时要注意避光,防止藻类生长影响测定结果。

任务五　氨氮的测定

【知识目标】

了解氨氮在自然界中的存在形态,掌握氨氮的来源和产生的危害,明确氨氮在水环境中的转化。

【技能目标】

掌握水样预处理的方法,以及所涉及的仪器的安装与使用。熟悉氨氮的测定原理及测定方法的选择;掌握分光光度计的使用方法,学习标准系列的配制和标准曲线的制作。

【项目导入】

氨氮(NH_3-N)以游离氨(NH_3)或铵盐(NH_4^+)形式存在于水中,两者的组成比取决于水的pH和水温。当pH偏高时,游离氨的比例较高;反之,则铵盐的比例高。水温则相反。氨氮含量较高时,对鱼类呈现毒害作用,对其他水生生物和人体也有不同程度的危害。

水体中的氨氮主要来源于生活污水(含氮有机物受微生物作用的分解产物),焦化、合成氨等行业的废水,以及过度施肥的农田排水等。

测定水中各种形态的含氮化学物,有助于评价水体被污染和自净状况。

测定水中氨氮的国家标准方法有流动注射—水杨酸分光光度法、连续流动—水杨酸分光光度法、水杨酸分光光度法、纳氏试剂分光光度法、气相分子吸收法。

【技能操作】

实训　氨氮的测定——纳氏试剂分光光度法(HJ 535—2009)

一、方法原理

在中性条件下,经絮凝沉淀或蒸馏预处理的样品中的氨与纳氏试剂反应生成淡红棕色胶态络合物,该络合物的色度与氨氮的含量成正比,可用分光光度法测定。此颜色在较宽的波长内具有强烈吸收。通常测量波长为410~425 nm。

二、方法选择

纳氏试剂比色法样品体积50 mL,使用光程10 mm的比色皿,最低检出浓度为0.025 mg/L,测定上限为2 mg/L。

三、试剂仪器

(一)试剂及药品

实训用水为无氨水,可按下述方法制备:在1 000 mL蒸馏水中,加入0.1 mL硫酸(ρ=1.84 g/cm^3),并在全玻璃蒸馏器中重蒸馏。弃去前50 mL馏出液,然后将约800 mL馏出液收集在带磨口玻璃塞的玻璃瓶中。每升馏出液中加入10 g强酸性阳离子交换树脂(氢型),以利于保存。

(1)吸收液。

①硼酸吸收液,20 g/L:称取20 g硼酸(H_3BO_3)溶于水中,稀释至1 L。

②硫酸标准溶液,$c(H_2SO_4)\approx0.01$ mol/L。

(2)溴百里酚蓝指示剂,0.5 g/L:将0.5 g溴百里酚蓝(3,3′-二溴百里酚磺酰酞)置于烧杯中,滴加少量水润湿,用玻璃棒研磨均匀,渐渐加水使其溶解后,稀释至1 000 mL。

(3)1 mol/L盐酸。

(4)氢氧化钠溶液,1 mol/L:将40 g氢氧化钠(NaOH)溶于约500 mL水中,冷却至室温,稀释至1 000 mL。

(5)轻质氧化镁:在 500 ℃下加热氧化镁(MgO),以除去碳酸盐。

(6)防泡剂,如石蜡碎片。

(7)纳氏试剂:可选择下列一种方法制备:

①称取 16 g 氢氧化钠($NaOH$),溶于 50 mL 水中,充分冷却至室温。另称取 7 g 碘化钾和 10 g 碘化汞(HgI)溶于水,然后将此溶液在搅拌下徐徐注入氢氧化钠溶液中,用水稀释至 100 mL,储于聚乙烯瓶中,密塞保存。

②称取 20 g 碘化钾溶于约 100 L 水中,边搅拌边少量加入二氯化汞($HgCl_2$)结晶粉末(约 10 g),至出现朱红色沉淀不易溶解时,改为滴加饱和二氯化汞溶液,并充分搅拌,当出现微量朱红色沉淀不易溶解时,停止滴加二氯化汞溶液。

另称取 60 g 氢氧化钾溶于水,并稀释至 250 mL,充分冷却至室温后,将上述溶液在搅拌下,徐徐注入氢氧化钾溶液中,用水稀释至 400 mL,混匀,静置过夜。将上清液移入聚乙烯瓶中,密塞保存。

(8)酒石酸钾钠溶液:称取 50 g 酒石酸钾钠($KNaC_4H_4O_6 \cdot 4H_2O$)溶于 100 mL 水中,加热煮沸以去除氨,放冷,稀释至 100 mL。

(9)铵标准储备溶液:称取 3. 819 g 经 100 ℃干燥过的氯化铵(NH_4Cl)溶于水,移入 1 000 mL 容量瓶中,定容至标线。此溶液含氨氮 1. 00 mg/mL。

(10)铵标准使用液:移取 5. 00 mL 铵标准储备液(9)于 500 mL 容量瓶中,定容。此溶液含氨氮 0. 010 mg/mL。

(11)100 g/L 硫酸锌溶液:称取 10 g 硫酸锌($ZnSO_4 \cdot 7H_2O$)溶于水中,稀释至 100 mL。

(12)250 g/L 氢氧化钠溶液:称取 25 g 氢氧化钠溶于水,稀释至 100 mL。

(13)1 mol/L 氢氧化钠溶液:称取 4 g 氢氧化钠溶于水,稀释至 100 mL。

(二)仪器

带氮球的氨氮蒸馏装置:500 mL 凯氏烧瓶、氮球、直形冷凝管和导管,装置如图 6-8 所示。

四、操作步骤

(一)水样预处理

(1)蒸馏装置的预处理。加 250 mL 水样于凯氏烧瓶中,加 0. 25 g 轻质氧化镁和数粒玻璃珠,加热蒸馏至馏出液不含氨为止,弃去瓶内残液。

(2)分取 250 mL 水样(如氨氮含量较高,可分取适量并加水至 250 mL,使氨氮含量不超过 2. 5 mg),移入凯氏烧瓶中,加数滴溴百里酚蓝指示液,用氢氧化钠溶液或盐酸溶液调节至 pH=7 左右。加入 0. 25 g 轻质氧化镁和数粒玻璃珠,立即连接氮球和冷凝管,导管下端插入硼酸吸收液液面下。加热蒸馏,至馏出液达 200 mL 时,停止蒸馏,定容至 250 mL。

(二)标准曲线的绘制

(1)吸取 0、0. 50 mL、1. 00 mL、3. 00 mL、5. 00 mL、7. 00 mL 和 10. 00 mL 铵标准使用液于 50 mL 比色管中,定容至标线,加 1. 0 mL 酒石酸钾钠溶液,摇匀。加 1. 5 mL 纳氏试剂,混匀。放置 10 min 后,在波长 420 nm 处,用光程 20 mm 比色皿,以水为参比,测量吸

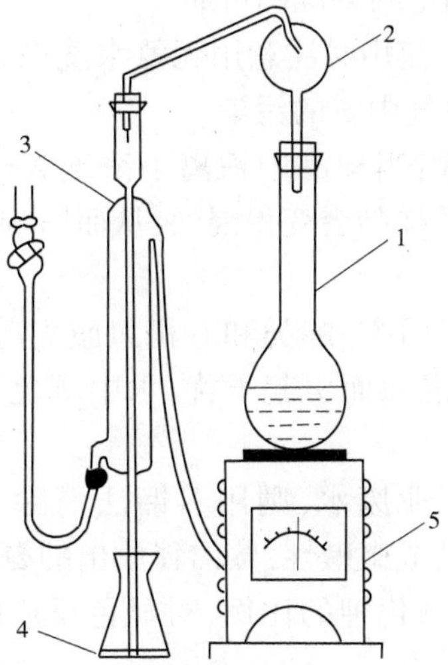

1—凯氏烧瓶；2—氮球；3—直形冷凝管；4—吸收瓶；5—电炉

图 6-8　氨氮蒸馏装置

光度。

(2)扣除空白实验的吸光度，得到校正吸光度，以氨氮含量和对应的校正吸光度绘制标准曲线或统计回归方程。

(三)水样的测定

分取适量经蒸馏预处理后的馏出液，加入 50 mL 比色管中，加一定量 1 mol/L 氢氧化钠溶液以中和硼酸，稀释至标线。以下同标准曲线的绘制步骤，并测量吸光度。

(四)空白实验

以无氨水代替水样，做全程序空白测定。

五、结果表示

样品中氨氮的吸光度 A_r 按下式计算：

$$A_r = A_s - A_b$$

式中　A_s——样品测定的吸光度；

A_b——空白实验的吸光度。

氨氮含量 ρ_N(mg/L)按下式计算：

$$\rho_N = \frac{m}{V}$$

式中　m——由标准曲线或回归方程计算得到的氨氮质量，μg；

V——样品体积，mL。

六、注意事项

(1)样品储存要用硫酸酸化至 pH<2，在 2～5 ℃下保存。但如果样品酸度过大，加入纳氏试剂后仍呈酸性，会出现红色沉淀，影响测定的准确性。实际测定时，要先把样品的

pH 调整到 7 左右，才能保证测定结果准确可靠。

(2)滤纸中常含痕量铵盐，使用时注意用无氨水洗涤。样品应在无氨的环境中测定，所用玻璃器皿应避免实验室空气中氨的污染。

(3)铁、铜的影响及其消除：当样品中铁离子浓度大于 0.15 mg/L、铜离子浓度大于 0.10 mg/L 时，加入纳氏试剂后样品会变得混浊，从而影响吸光度的测定。可加 1 mL 5% 的 EDTA 消除干扰。

(4)脂肪胺、芳香胺、醛类、丙酮、醇类和有机氯胺类等有机化合物，以及铁、锰、镁和硫等无机离子，因产生异色或混浊而引起干扰，水中颜色和混浊也影响氨氮的测定。因此，应进行预处理。

(5)对污染严重的水或工业废水，则用蒸馏法消除干扰(调节水样的 pH，使其在 6.0~7.4，加入适量氧化镁使其成微碱性，蒸馏释放出的氨被吸收于硫酸或硼酸溶液中)。

(6)纳氏试剂中碘化汞与碘化钾的比例，对显色反应的灵敏度有较大影响。静置后生成的沉淀应去除。

任务六　总磷的测定

【知识目标】

了解总磷在水体中的存在形式和含磷化合物的来源，明确水体中磷的含量过高产生的危害。

【技能目标】

了解水体中总磷的来源；掌握钼酸铵分光光度法的测定原理；培养样品的消解技能；巩固分光光度计的操作技能；掌握工作曲线的制作方法及回归方程的统计能力。

【项目导入】

在天然水和废水中，磷几乎都以各种磷酸盐的形式存在，它们分为正磷酸盐、缩合磷酸盐(焦磷酸盐、偏磷酸盐和多磷酸盐)和有机结合的磷(如磷脂)等，它们存在于溶液中、腐殖质粒子中或水生生物中。

一般天然水中磷的含量不高，地表水中的磷主要来源于化肥、冶炼、合成洗涤剂等行业的废水和生活污水。磷是水体富营养化的关键元素。总磷包括水溶解的、悬浮的、有机磷和无机磷。将水中各形态磷通过消解转化成可溶态的无机磷酸盐，用钼酸铵分光光度法进行测定。地表水中氮、磷含量过高时，水体呈现富营养化状态，微生物大量繁殖，浮游植物生长旺盛，水质恶化，如赤潮等。因此，水体总磷含量是评价水质污染程度的重要指标之一。

测定水中总磷的国家标准方法为流动注射—钼酸铵分光光度法、钼酸铵分光光度法。

【技能操作】

实训　总磷的测定——钼酸铵分光光度法(GB 11893—1989)

一、方法原理

在中性条件下，过硫酸钾溶液在高压釜内经 120 ℃以上加热，发生如下反应：

$$K_2S_2O_8+H_2O \longrightarrow 2KHSO_4+[O]$$

从而将水中的有机磷、无机磷、悬浮物中的磷全部氧化成正磷酸。

在酸性介质中，正磷酸与钼酸铵反应，在锑盐存在下生成磷钼杂多酸后，立即被抗坏血酸还原，生成蓝色的络合物，在 700 nm 和 880 nm 波长下均有最大吸收度。

二、方法选择

水中磷的测定，通常按其存在的形式而分别测定总磷、溶解性正磷酸盐和总溶解性磷。

正磷酸盐的测定可采用离子色谱法、钼锑抗分光光度法、氯化亚锡还原钼蓝法（灵敏度较低，干扰也较多），而孔雀绿—磷钼杂多酸法是灵敏度较高，且容易普及的方法，罗丹明 6 G（Rh6G）荧光分光光度法灵敏度最高。本实验采用钼锑抗分光光度法。

本方法最低检出限浓度为 0.01 mg/L（吸光度 $A=0.01$ 时所对应的浓度），测定上限为 0.6 mg/L。

三、试剂仪器

（一）试剂及药品

（1）硫酸（H_2SO_4），$\rho=1.84\ g/cm^3$。

（2）（1+1）硫酸：将浓硫酸在搅拌下缓慢加入到等体积的水中。

（3）50 g/L 过硫酸钾溶液：将 5 g 过硫酸钾（$K_2S_2O_8$，AR）溶于水，稀释至 100 mL。

（4）100 g/L 抗坏血酸溶液：称取 10 g 抗坏血酸（$C_6H_8O_6$，又名维生素 C）溶于水中，稀释至 100 mL。此溶液储于棕色的试剂瓶中，在冷处可稳定几周。如不变色可长时间使用。

（5）钼酸盐溶液：称取 13 g 钼酸铵［$(NH_4)_6Mo_7O_{24}\cdot 4H_2O$］溶于 100 mL 水中。称取 0.35 g 酒石酸锑钾（$KSbC_4H_4O_7\cdot H_2O$，AR）溶于 100 mL 水中。在不断搅拌下把钼酸铵溶液徐徐加到 300 mL（1+1）硫酸溶液中，然后加入酒石酸锑钾溶液，混匀。储于棕色瓶中，在冷处可保存 2 个月。

（6）磷标准储备溶液：称取 0.217 9 g 于 110 ℃ 干燥 2 h 的磷酸二氢钾（KH_2PO_4，AR），溶解后转移至 1 000 mL 容量瓶中。加入大约 800 mL 水，加 5 mL 硫酸，定容，摇匀。此溶液含磷 50.0 μg/mL。

（7）磷标准使用液：将 10.00 mL 的磷标准溶液移至 250 mL 容量瓶中，定容至标线，摇匀，此溶液含磷 2.00 μg/mL。

（二）仪器

（1）常用实验室玻璃仪器。

（2）蒸汽消毒器或一般压力锅（1.1~1.4 kg/cm^2）。

（3）50 mL 具塞磨口比色管，纱布和棉线。

（4）可见光分光光度计。

四、操作步骤

（一）采样

采样容器选用玻璃瓶。样品采集后加入 1 mL 硫酸，调节样品 pH≤1，置于冷处保存。

（二）标准曲线绘制

取 7 支 50 mL 具塞比色管分别加入 0、0. 50 mL、1. 00 mL、2. 50 mL、5. 00 mL、10. 00 mL、15. 00 mL 磷酸盐使用标准溶液，加水至 50 mL。

（1）显色。分别向各消解液加入 1 mL 10%抗坏血酸溶液，摇匀。30 s 后加 2 mL 钼酸盐溶液充分混匀。放置 15 min。

（2）测量。用 10 mm 或 30 mm 比色皿，于 700 nm 波长，以零浓度溶液为参比，测量吸光度。

（三）样品测定

取 25. 00 mL 摇匀后的样品于具塞比色管中（取样时，应将样品摇匀，如样品含磷量高，可相应地减少取样量并用水补充至 25 mL。如样品是酸化储存的，应先中和成中性），加入 4 mL 过硫酸钾溶液，稀释至 50 mL 左右。将比色管塞塞紧，并用纱布和棉线扎紧，放在大烧杯中。置于高压蒸汽消毒器或压力锅内，加热，待压力表指示达到 1. 1 kg/cm^2，保持 30 min 后停止加热。待压力表指针回 0 后，取出冷却，定容至 50 mL。以下按绘制标准曲线的步骤进行显色和测量。减去空白实验的吸光度，并从标准曲线上查出含磷量。

（四）空白实验

以等体积蒸馏水代替样品，进行空白实验，测定吸光度。

五、结果表示

总磷含量以 ρ（mg/L）表示，按下式计算：

$$\rho = \frac{m}{V}$$

式中 m——样品含磷质量，由工作曲线或回归方程计算得到，μg；

V——样品体积，mL。

六、注意事项

（1）水中砷将严重干扰测定，使测定结果偏高。

（2）含氯化合物高的水样品在消解过程中会产生 Cl_2；含有大量不含磷的有机物会影响有机磷消解转化成正磷酸，对测定产生负干扰。此类样品应选用其他消解方法，例如用 HNO_3-HClO_4 方法消解样品。

（3）过硫酸钾溶解比较困难，可于 40 ℃以下的水浴锅上加热溶解，但切不可将烧杯直接放在电炉上加热，否则局部温度达到 60 ℃，过硫酸钾即分解失效。

【拓展知识】

总氮测定——碱性过硫酸钾消解-紫外分光光度法(HJ 636—2012)

一、方法原理

在 60 ℃以上水溶液中,过硫酸钾可进行如下分解产生原子态氧:

$$K_2S_2O_8+H_2O \xrightarrow{\Delta} 2KHSO_4+[O]$$

分解出的原子态氧在 120~140 ℃高压水蒸气条件下可将大部分有机氮化合物及氨氮、亚硝酸盐氮氧化成硝酸盐。

以 $CO(NH_2)_2$ 代表可溶有机氮化合物,各形态氮氧化示意式如下:

$$CO(NH_2)_2+2NaOH+8[O] \longrightarrow 2NaNO_3+3H_2O+CO_2$$

$$(NH_4)_2SO_4+4NaOH+8[O] \longrightarrow 2NaNO_3+Na_2SO_4+6H_2O$$

$$NaNO_2+[O] \longrightarrow NaNO_3$$

硝酸根离子在紫外光 220 nm 波长处有特征性的大量吸收,而在 275 nm 波长处基本没有吸收。因此,可分别于 220 nm 和 275 nm 波长处测出吸光度 A_{220} 和 A_{275}。按下式计算校正吸光度:

$$A=A_{220}-2A_{275}$$

A 值扣除空白实验吸光度后,通过标准曲线或回归方程计算总氮含量(以 NO_3^--N 计)。

二、试剂仪器

(一)试剂及药品

除另有说明,采用符合国家标准的分析纯试剂,用水为无氨水。

(1)无氨水,制备方法见"实训　氨氮的测定——纳氏试剂分光光度法(HJ 535—2009)"。

(2)20.0 g/L 氢氧化钠溶液:称取 2.0 g 氢氧化物(NaOH),溶于水中,稀释至 100 mL。

(3)碱性过硫酸钾溶液:称取 40 g 过硫酸钾($K_2S_2O_8$,AR),另称取 15 g 氢氧化钠溶于水中并稀释至 1 000 mL。溶液储存于聚乙烯瓶中,最长可保存 1 周。

(4)(1+9)盐酸溶液:量取 1 体积盐酸(HCl)缓慢加入到 9 体积水中,混合均匀。

(5)硝酸钾标准溶液,100 mg/L(以 NO_3^--N 计):称取在 105~110 ℃烘干 3 h 的硝酸钾(KNO_3)0.721 8 g,溶于水,移至 1 000 mL 容量瓶中,定容。0~10 ℃保存可稳定 6 个月。

(6)硝酸钾标准使用溶液,10.0 mg/L(以 NO_3^--N 计):用硝酸钾标准溶液(5)准确稀释 10 倍而得,临用时现配。

(7)硫酸(H_2SO_4),ρ=1.84 g/mL。

(8)(1+35)硫酸溶液:量取 1 体积硫酸(7),在搅拌下缓慢加入到 35 体积水中。

（二）仪器

（1）常用实验室仪器。

（2）紫外光分光光度计，10 mm 石英比色皿，25 mL 具磨口玻璃塞比色管。

（3）蒸汽灭菌器或压力锅（压力为 1.1～1.4 kg/cm^2），纱布和棉线。

所有玻璃仪器均用（1+9）盐酸或（1+35）硫酸浸泡，清洗后再用无氨水冲洗数次。

三、操作步骤

（一）采样

采样方法及样品的储存见“实训　氨氮的测定——纳氏试剂分光光度法（HJ 535—2009）”。

（二）样品消解

取样品用氢氧化钠溶液或硫酸溶液调节 pH 至 5～9。按以下步骤进行消解：用移液管量取 10.00 mL 样品（氮含量超过 100 μg 时，可减少取样量并加入纯水至 10 mL）于比色管中。加入 5 mL 碱性过硫酸钾溶液（3），上塞并用纱布和线包扎紧，以防弹出。将盛有样品的比色管置于高压蒸汽灭菌器中，加热，使压力表指针到 1.1～1.4 kg/cm^2，温度达 120～140 ℃后开始计时，或将比色管置于高压锅中，加热至限压阀吹气时计时，保持半个小时。冷却至室温，取出比色管。加盐酸溶液（4）1 mL，定容至标线，混匀。

（三）测定吸光度

（1）样品不含悬浮物时，移取消解后的样品至 10 mm 石英比色皿中，以纯水作参比，分别在波长为 220 nm 和 275 nm 处测定吸光度。

（2）含悬浮物时，将消解后的样品放置澄清后，移取上清液，同上测定吸光度，并计算出校正吸收度。

（四）空白实验

以 10 mL 纯水代替样品，按照操作步骤（三）测定吸光度。空白实验吸光度不能超过 0.03，超过此值，要检查所用水、试剂、器皿和压力锅或灭菌器的压力。

（五）标准曲线的绘制

1. 工作曲线校准系列的配制

向一组比色管中分别加入硝酸盐标准溶液 0、0.50 mL、1.00 mL、2.50 mL、5.00 mL、7.50 mL、10.00 mL，加纯水稀释至 10.00 mL。按操作步骤（二）、（三）进行测定。

2. 工作曲线的制作

由标准溶液及零浓度溶液在 220 nm 和 275 nm 处测得的吸光度，分别按下式计算校准系列的校正吸光度 A_s 和零浓度的校正吸光度 A_b 及其差值 A_r：

$$A_s = A_{s220} - 2A_{s275}$$

$$A_b = A_{b220} - 2A_{b275}$$

$$A_r = A_s - A_b$$

式中　A_{s220}——标准溶液在 220 nm 波长的吸光度；

A_{s275}——标准溶液在 275 nm 波长的吸光度；

A_{b220}——零浓度溶液在 220 nm 波长的吸光度；

A_{b275}——零浓度溶液在 275 nm 波长的吸光度。

按 A_r 值与相应的 NO_3^--N 含量(μg)绘制工作曲线或进行线性回归统计。

四、结果表示

计算出样品校正吸收度,由工作曲线或回归方程计算样品含氮量,样品总氮浓度 ρ_N (mg/L)按下式计算:

$$\rho_N = \frac{m}{V}$$

式中　m——由工作曲线或回归方程计算得到的样品的含氮量,μg;

V——样品体积, mL。

五、注意事项

(1)溶解性有机物对紫外光有较强的吸收,虽使用了双波长测定扣除法以校正,但不同样品其干扰强度和特性不同,$2A_{275}$ 校正值仅是经验性的,有机物中氮未能完全转化为 NO_3^--N 对测定结果有影响,也使 $2A_{275}$ 值带有不确定性。样品消化完全者,A_{275} 值接近于空白值。

(2)溶液中许多阳离子和阴离子对紫外光都有一定的吸收,其中碘离子相对于总氮含量的 2.2 倍以上,溴离子相对于总氮含量的 3.4 倍以上有干扰。

(3)样品在预处理时要防止空气中可溶性含氮化合物的污染,实验室应避开氨或硝酸等挥发性化合物。

第四节　水样中金属指标的测定

重金属元素很多,在水环境监测中所说的重金属是指我国现行《污水综合排放标准》(GB 8978)规定的第一类污染物中的汞、烷基汞、总镉、总铬、六价铬、总砷、总铅、总镍及第二类污染物中的铜、锌、锰等金属。重金属污染物在水体中可以氢氧化物、硫化物、硅酸盐、配位化合物或离子状态存在,其毒性以离子态最为严重,重金属不能被生物降解,有时还可转化为极毒的物质,如无机汞转化为甲基汞;且大多数重金属离子能被富集于生物体内,通过食物链危害人类。因此,测定重金属元素是水质监测的重要内容。以下介绍六价铬、汞、铅、砷、铜和镉等的测定。

任务一　六价铬的测定

【知识目标】

了解铬在环境中存在的形态及铬对环境产生的危害,明确铬在环境中迁移转化规律。

【技能目标】

学会六价铬的水样采集保存、预处理及测定方法,学会各种标准溶液的配置方法和标准方法。

【项目导入】

环境中铬的污染主要来源有铬矿的开采、选矿、冶炼、电镀、机器制造、汽车制造、印染、制药等行业排出的废水与烟尘。铬有二价、三价和六价化合物,其中三价和六价化合物较常见。在水中,六价铬一般以 CrO_4^{2-}、$HCr_2O_7^-$、$Cr_2O_7^{2-}$ 三种阴离子形式存在,受水体

pH、温度、氧化还原物质、有机物等因素的影响，三价铬和六价铬化合物之间可以相互转化。所有铬的化合物都有毒性，六价铬的毒性最大，三价次之，二价毒性最小，六价铬的毒性比三价铬几乎大 100 倍。因此，六价铬是水质监测的重要指标。

【技能操作】

实训　六价铬的测定——二苯碳酰二肼分光光度法(GB/T 7467—1987)

一、方法原理

在酸性溶液中，样品中的六价铬与二苯碳酰二肼反应生成紫红色化合物，在波长 540 nm 处有最大吸收，可进行分光光度测定。

二、方法选择

本方法适用于地表水和工业废水的测定。样品体积为 50 mL，使用光程长 30 mm 的比色皿，最低检出浓度为 0.004 mg/L，最小检出限为 0.2 μg。使用光程长 10 mm 的比色皿，测定上限为 1.0 mg/L。

三、试剂仪器

(一)试剂及药品

本实训所用试剂均应不含铬。

(1)丙酮。

(2)硫酸(H_2SO_4)，$\rho=1.98\ g/cm^3$。

(3)(1+1)硫酸溶液：将浓硫酸在搅拌下缓慢加入到等体积水中，混匀。

(4)(1+1)磷酸溶液：将磷酸(H_3PO_4，$\rho=1.69\ g/mL$)缓慢加入到等体积水中。

(5)4 g/L 氢氧化钠溶液：将 1 g 氢氧化钠(NaOH)溶于水中，冷却至室温，稀释至 250 mL。

(6)氢氧化锌共沉淀剂：用时将 8%(*m/V*)硫酸锌溶液和 2%(*m/V*)氢氧化钠溶液混合。

① 8%(*m/V*)硫酸锌溶液：称取硫酸锌($ZnSO_4 \cdot 7H_2O$)8 g，溶于 100 mL 水中。

② 2%(*m/V*)氢氧化钠溶液：称取氢氧化钠 2.4 g，溶于 120 mL 水中。

(7)40 g/L 高锰酸钾溶液：称取高锰酸钾($KMnO_4$)4 g，在加热和搅拌下溶于水，稀释至 100 mL。

(8)铬标准储备液：称取于 110 ℃干燥 2 h 的重铬酸钾($K_2Cr_2O_7$，GR)0.282 9 g，溶解后移入 1 000 mL 容量瓶中，定容，摇匀。此溶液 1 mL 含六价铬 0.10 mg。

(9)铬标准溶液：吸取 5 mL 铬标准储备液置于 500 mL 容量瓶中，定容，摇匀。此溶液 1 mL 含六价铬 1.00 μg。使用当天配制。

(10)铬标准溶液：吸取 25 mL 铬标准储备液置于 500 mL 容量瓶中，定容，摇匀。此溶液 1 mL 含六价铬 5.00 μg。使用当天配制。

(11) 200 g/L 尿素溶液：称取尿素[$(NH_2)_2CO$] 20 g 溶于水并稀释至 100 mL。

(12) 20 g/L 亚硝酸钠溶液：称取亚硝酸钠($NaNO_2$) 2 g 溶于水并稀释至 100 mL。

(13) 显色剂Ⅰ：称取二苯碳酰二肼($C_{13}H_{14}N_4O$) 0.2 g，溶于 50 mL 丙酮(1)中，加水稀释至 100 mL，摇匀。储于棕色瓶中，置于冰箱中。色变深后，不能使用。

(14) 显色剂Ⅱ：称取二苯碳酰二肼($C_{13}H_{14}N_4O$) 2 g，溶于 50 mL 丙酮(1)中，加水稀释至 100 mL，摇匀。储于棕色瓶中，置于冰箱中。色变深后，不能使用。

(二) 仪器

分光光度计，10 mm 或 30 mm 比色皿，实验室常用仪器。

四、操作步骤

(一) 采样

样品应用玻璃瓶采集，采样之前要洗涤干净，并用即将采集的水样润洗 3 次。采样后加入氢氧化钠，调节样品 pH 约为 8。样品应尽快分析测定，如需储存，不得超过 24 h。

(二) 样品预处理

(1) 样品中不含悬浮物、低色度的清洁地表水可直接测定。

(2) 样品有色但不太深时，要进行色度校正。按样品预处理步骤(3)另取一份样品，以 2 mL 丙酮代替显色剂，其他测定步骤相同。以扣除色度校正吸光度的样品吸光度计算六价铬浓度。

(3) 对混浊、色度较深的样品采用锌盐沉淀分离进行预处理。

取适量样品(含六价铬少于 100 μg)于 150 mL 烧杯中，加水至 50 mL，滴加 4 g/L 氢氧化钠溶液，调节 pH 为 7~8。不断搅拌下滴加氢氧化锌共沉淀剂至溶液 pH 为 8~9。将此溶液转移至 100 mL 容量瓶中，定容，摇匀。用慢速滤纸干过滤，弃去 10~20 mL 初滤液后，取 50 mL 滤液进行测定。

(4) 二价铁、亚硫酸盐、硫代硫酸盐等还原性物质的消除：取适量样品(含六价铬少于 50 μg)于 50 mL 比色管中，定容至标线。加入 4 mL 显色剂Ⅱ(14)，混匀，放置 5 min 后加入 1 mL 硫酸溶液，混匀。以下测定同操作步骤(四)(免去加硫酸溶液和磷酸溶液)。

(5) 次氯酸盐等氧化性物质的消除：取适量样品(含六价铬少于 50 μg)于 50 mL 比色管中，定容至标线。加入 1 mL 尿素溶液，摇匀。逐滴加入 1 mL 亚硝酸钠溶液，边加边摇，以除去由过量的亚硝酸钠与尿素反应生成的气泡。以下测定同操作步骤(四)(免去加硫酸溶液和磷酸溶液)。

(三) 空白实验

按水样完全相同的处理步骤进行空白实验，仅用 50 mL 蒸馏水代替水样。

(四) 水样的测定

取适量无色透明样品(含六价铬少于 50 μg)于 50 mL 比色管中，定容至标线。加入 0.5 mL 硫酸溶液、0.5 mL 磷酸溶液，混匀。加入 2 mL 显色剂Ⅰ，摇匀。5~10 min 后，用光程 10 mm 或 30 mm 的比色皿，以水作参比，在 540 nm 波长处测定吸光度。扣除空白实验测得的吸光度后，由标准曲线或回归方程计算得到六价铬含量。

用 50 mL 水代替样品，同步测定吸光度。

(五)标准曲线的绘制

向一系列 50 mL 比色管中分别加入 0、0. 20 mL、0. 50 mL、1. 00 mL、2. 00 mL、4. 00 mL、8. 00 mL 铬标准溶液[(9)或(10)],定容至标线。然后按操作步骤(四)进行处理。测得的吸光度扣除零浓度溶液的吸光度后,用对应六价铬的含量绘制标准曲线。

五、结果表示

样品中六价铬的浓度 ρ(mg/L)按下式计算:

$$\rho = \frac{m}{V}$$

式中　m——由标准曲线或回归方程计算得到的样品六价铬含量,μg;

　　V——样品体积,mL。

六价铬浓度低于 0. 1 mg/L,计算结果以三位小数表示;六价铬浓度高于 0. 1 mg/L,计算结果以三位有效数字表示。

六、注意事项

(1)含铁大于 1 mg/L 的样品显色后呈黄色,干扰测定。

(2)钒含量高于 4 mg/L,干扰显色,但钒与显色剂反应后 10 min,可自行褪色。

任务二　汞的测定

【知识目标】

熟悉汞和汞的化合物,掌握不同形态的汞产生的环境效应,了解汞在水环境中的迁移和转化规律。

【技能目标】

掌握原子荧光光谱仪的使用,掌握汞的测定方法和原理。

【项目导入】

汞是各种水体总的毒理学指标,也是我国大部分地区水体质量的常规检测项目。我国对各种水体质量标准中汞的含量进行了严格的规定,因此探讨汞元素的快速或联合测定方法具有一定的现实意义。

汞及其化合物属于剧毒物质,特别是有机汞化合物,由食物链进入人体,通过生物富集,作用于人体。如发生在日本的水俣病。天然水含汞极少,一般不超过 0.1 mg/L。我国《生活饮用水卫生标准》(GB 5749—2006)限值 0.01 mg/L,工业污水中汞的最高允许排放浓度为 0.05 mg/L。氯碱工业、仪表制造、油漆、电池生产、军工等行业排放的废液、废渣都是水和土壤汞污染的来源。

【技能操作】

实训　汞的测定——原子荧光法(HJ 694—2014)

一、方法原理

经预处理后的试液进入原子荧光仪,在酸性条件的硼氢化钾(或硼氢化钠)还原作用下,生成汞原子,氢化物在氩氢火焰中形成基态原子,汞原子受元素汞灯发射光的激发产生原子荧光,原子荧光强度与试液中待测元素含量在一定范围内呈正比。

二、适用范围

本方法适用于地表水、地下水、生活污水和工业废水中汞的溶解态及总量的测定。

本方法汞的检出限为 0.04 μg/L,测定下限为 0.16 μg/L。

三、试剂仪器

(一)试剂及药品

(1)盐酸:$\rho_{HCl}=1.19$ g/mL,优级纯。

(2)硝酸:$\rho_{HNO_3}=1.42$ g/mL,优级纯。

(3)盐酸-硝酸溶液:分别量取 300 mL 盐酸和 100 mL 硝酸,加入 400 mL 水中,混匀。

(4)重铬酸钾($K_2Cr_2O_7$):优级纯。

(5)氯化汞($HgCl_2$):优级纯。

(6)硼氢化钾(KBH_4)。

(7)盐酸溶液:1+1。

(8)汞标准溶液。

①标准固定液:称取 0.5 g 重铬酸钾溶于 950 mL 水中,加入 50 mL 硝酸,混匀。

②汞标准储备液:$\rho_{Hg}=100$ mg/L。

购买市售有证标准物质,或称取 0.135 4 g 于硅胶干燥器中放置过夜的氯化汞,用少量汞标准固定液溶解后移入 1 000 mL 容量瓶中,用汞标准固定液稀释至标线,混匀。储存于玻璃瓶中。4 ℃下可存放 2 年。

③汞标准中间液:$\rho_{Hg}=1.00$ mg/L。

移取 5.00 mL 汞标准储备液于 500 mL 容量瓶中,加入 50 mL 盐酸(7),用汞标准固定液稀释至标线,混匀。储存于玻璃瓶中。4 ℃下可存放 100 天。

④汞标准使用液:$\rho_{Hg}=10.0$ μg/L。

量取 5.00 mL 汞标准中间液于 500 mL 容量瓶中,加入 50 mL 盐酸,用水稀释至标线,混匀。储存于玻璃瓶中。临用现配。

(二)仪器

(1)原子荧光光谱仪:仪器性能指标应符合 GB/T 21191 的规定。

(2)元素灯(汞)。

(3)可调温电热板。

(4)恒温水浴装置:温控精度±1 ℃。

(5)抽滤装置:0.45 μm 孔径水系微孔滤膜。

(6)分析天平:精度为 0.000 1 g。

(7)采样容器:硬质玻璃瓶或聚乙烯瓶(桶)。

(8)实验室常用器皿:符合国家标准的 A 级玻璃量器和玻璃器皿。

四、操作步骤

(一)样品采集

样品采集后尽快用 0.45 μm 滤膜过滤,弃去初始滤液 50 mL,用少量滤液清洗采样瓶,收集滤液于采样瓶中。如水样为中性,按每升水样中加入 5 mL 盐酸的比例加入盐酸。

(二)样品测定

量取 5.0 mL 混匀后的样品于 10 mL 比色管中,加入 1 mL 盐酸-硝酸溶液,加塞混匀,置于沸水浴中加热消解 1 h,其间摇动 1~2 次并开盖放气。冷却,用水定容至标线,混匀,待测。

分别移取 0、1.00 mL、2.00 mL、5.00 mL、7.00 mL、10.00 mL 汞标准使用液于 100 mL 容量瓶中,分别加入 10.0 mL 盐酸-硝酸溶液,用水稀释至标线,混匀。

1. 标准曲线的绘制

参考测量条件或采用自行确定的最佳测量条件,以盐酸溶液为载流,硼氢化钾溶液 A 为还原剂,浓度由低到高依次测定汞标准系列的原子荧光强度,以原子荧光强度为纵坐标、汞质量浓度为横坐标,绘制标准曲线。

2. 试样的测定

按照与绘制标准曲线相同的条件测定试样的原子荧光强度。超过标准曲线高浓度点的样品,对其消解液稀释后再行测定,稀释倍数为 f。

五、结果表示

样品中待测元素的质量浓度 ρ 按下式计算:

$$\rho = \frac{\rho_1 f V_1}{V}$$

式中 ρ——样品中待测元素的质量浓度,μg/L;

ρ_1——由标准曲线上查得的试样中待测元素的质量浓度,μg/L;

f——试样稀释倍数(样品若有稀释);

V_1——分取后测定试样的定容体积, mL;

V——分取试样的体积, mL。

当汞的测定结果小于 1 μg/L 时,保留小数点后两位;当测定结果大于 1 μg/L 时,保留三位有效数字。

六、注意事项

(1)硼氢化钾是强还原剂,极易与空气中的氧气和二氧化碳反应,在中性和酸性溶液中易分解产生氢气，所以配制硼氢化钾还原剂时，要将硼氢化钾固体溶解在氢氧化钠溶液中，并临用现配。

(2)实验室所用的玻璃器皿均需用硝酸溶液浸泡 24 h，或用热硝酸荡洗。清洗时，依次用自来水、去离子水洗净。

任务三　铅的测定

【知识目标】

了解水环境中铅的来源和迁移转化规律，铅对环境和人体产生的危害，掌握铅的测定方法和适用范围。

【技能目标】

掌握铅测定的原理和方法，掌握原子荧光光度计的使用方法。

【项目导入】

铅是可在人体和动植物体内蓄积的有毒金属，其主要毒性效应是导致贫血、神经机能失调和肾损伤等。铅对水生生物的安全浓度为 0.16 mg/L。

铅的主要污染源是蓄电池、冶炼、五金、机械、涂料和电镀工业等排放的废水。汽车尾气排出的铅随降水进入地表水中，也造成铅的污染。

测定水体中铅的方法与测定镉的方法相同。广泛采用原子吸收分光光度法和双硫腙分光光度法，也可以用阳极溶出伏安法、示波极谱法和电感耦合等离子体发射光谱法(ICP-AES)、原子荧光光度法。

【技能操作】

实训　铅的测定——原子荧光光度法(SL 327.4—2005)

一、方法原理

样品经预处理，其中各种形态的铅均转化为四价铅(Pb^{4+})，加入硼氢化钾(或硼氢化钠)与其反应，生成气态氢化铅，用氩气将气态氢化铅载入原子化器进行原子化，以铅高强度空心阴极灯作激发光源，铅原子受光辐射激发产生荧光，检测原子荧光强度，利用荧光强度在一定范围内与溶液中铅含量成正比的关系计算样品中的铅含量。

二、方法选择

本方法是将氢化物发生技术与原子荧光光谱分析技术相结合测定水中铅，从而实现水样检测的新技术。与双硫腙分光光度法、原子吸收分光光度法测定水中铅相比，原子荧光光度法具有基体干扰小、操作简便、用样量少、灵敏度和准确度高、测量重现性好、自动化程度高、适合大批量分析等特点。本法适用于地表水、地下水、大气降水、污水及其再生利用水中铅的测定。方法检出限 1.0 μg/L，在 2～200 μg/L，线性良好。大于 200 μg/L 的样品，可稀释后测定。

三、试剂仪器

(一)试剂及药品

(1)本法所用水均指去离子水或同等纯度的水。

(2)硝酸(HNO_3):$\rho = 1.42$ g/mL,优级纯。

(3)盐酸(HCl):$\rho = 1.18$ g/mL,优级纯。

(4)氢氧化钾(KOH):优级纯。

(5)50%盐酸溶液(体积分数):量取 50 mL 盐酸,缓慢加入 50 mL 水中,摇匀。

(6)5%盐酸溶液(体积分数):量取 50 mL 盐酸,缓慢加入 950 mL 水中,摇匀。

(7)40 g/L 草酸溶液:称取 4 g 草酸,溶于适量水中,用水稀释至 100 mL。

(8)100 g/L 铁氰化钾溶液:称取 10 g 铁氰化钾,溶于适量水中,并用水稀释至 100 mL。临用时现配。

(9)20 g/L 硼氢化钾(或硼氢化钠)溶液:称取 10 g 硼氢化钾(或硼氢化钠),溶于 500 mL 0.5%氢氧化钾溶液中,摇匀。

(10)铅标准储备液(1 000 mg/L),购置或自配:准确称取 1.599 0 g(准确至 0.1 mg)硝酸铅(纯度≥99.5%),溶解于 200 mL 水中,加入 20 mL 硝酸,移入 1 000 mL 容量瓶中,用水稀释至标线,摇匀 。

(11)铅标准中间液(10.0 mg/L):准确移取浓度为 1 000 mg/L 的铅标准储备液 10 mL,转入 1 000 mL 容量瓶中,用水稀释至标线,摇匀。

(12)铅标准使用液(1.00 mg/L):准确移取浓度为 10.0 mg/L 的铅标准中间液 10 mL,转入 100 mL 容量瓶中,用水稀释至标线,摇匀。

(13)氢气:纯度大于 99.99%。

(二)仪器

(1)原子荧光光度计。

(2)铅高强度空心阴极灯。

(3)3 kW 电热板。

(4)常用玻璃量器。

四、实验步骤

(1)水样的保存:采样后水样加硝酸酸化至1%进行保存,1 个月内完成测定。

(2)水样的预处理。

①清洁水样的预处理。

取一定体积(视浓度而定,准确至 0.1 mL)水样于 50 mL 容量瓶中,加入 2.0 mL 50%盐酸溶液、0.5 mL 40 g/L 草酸溶液,再加入 2.0 mL 100 g/L 铁氰化钾溶液,用水定容,摇匀。放置 30 min 后上机测定。

②较混浊或基体干扰较严重的水样。

准确移取 50.0 mL 水样于 100 mL 锥形瓶中,加入 3.0 mL 硝酸,于电热板上微沸消解至近干,加水 20 mL,加热至近干,再加入 1.0 mL 盐酸,消解至近干,以充分赶去硝酸,至溶液澄清，加入 2.0 mL 50%盐酸溶液、0.5 mL 40 g/L 草酸溶液、2.0 mL 100 g/L 铁氰化钾溶液，用水定容，摇匀。放置 30 min 后待测。

(3)样品测定。

①设置仪器工作参数（依仪器型号不同，测量参数会有所变动，根据仪器操作说明设置）。

②标准工作曲线的配制。

分别准确移取铅标准使用液 0、0.5 mL、1.0 mL、2.0 mL、3.0 mL、4.0 mL、5.0 mL 置于 50 mL 容量瓶中，各加入 2.0 mL 50%盐酸溶液、0.5 mL 40 g/L 草酸溶液、2.0 mL 100 g/L 铁氰化钾溶液，定容至 50 mL，此标准系列的浓度分别为 0、10.0 μg/L、20.0 μg/L、40.0 μg/L、60.0 μg/L、80.0 μg/L、100.0 μg/L，放置 30 min 后待测。

③样品的测定。

按照仪器操作规程，预热 30 min，接通气源，调整好出口压力，使用 5%盐酸溶液作为载流，按照仪器工作参数调整好仪器，测定铅标准工作曲线。测定的标准工作曲线相关系数应大于 0.999 0，否则应查明原因，重新测定标准曲线或用比例法处理数据。

按前述测定程序，先测定样品空白，再按程序依次测定各样品浓度。

五、结果表示

仪器随机软件有自动计算的功能，工作曲线为线性拟合曲线，测定待测样品荧光强度值后减去样品空白荧光强度，代入拟合曲线的一次方程，即得出待测样品浓度。若人工计算，可采用下式

$$C_{Pb} = C\frac{V}{V_0}$$

式中　C_{Pb}——待测样品浓度，μg/L；

C——根据待测样品的荧光强度减去样品空白荧光强度后，从工作曲线上查得相应的样品浓度，μg/L；

V——待测样品经处理、稀释定容后的最终体积，L；

V_0——所取待测样品的体积，L。

六、注意事项

(1)消解水样时，务必充分赶尽硝酸，因硝酸有较强的抑制荧光的作用。废液 pH 应控制在 8~9。

(2)锥形瓶、容量瓶等玻璃器皿均应及时使用稀硝酸盥洗后冲净使用，防止污染。

(3)硼氢化钾和硼氢化钠是强还原剂，使用时注意勿接触皮肤和溅入眼睛。

(4)仪器延迟时间和读数时间根据实验时的具体峰形确定。参考条件会因仪器型号、管路连接长短及粗细的不同而有差异，适当调整使仪器能读出完整的峰高或峰面积即可。

(5)本法采用氢化物发生法，使得待测元素与基体分离，干扰很少，共存离子和化合物不干扰测定。当铅含量为 40.0 μg/L 时，若共存离子分别为 609.2 μg/L 三价铁、214

μg/L 二价锰、201.6 μg/L 二价镍、200 μg/L 二价汞、52 360 μg/L 二价锌、200 μg/L 六价铬，对测定无干扰。

任务四　砷的测定

【知识目标】

了解砷的化合物和砷的来源，掌握砷对人体产生的危害。

【技能目标】

掌握原子荧光光谱仪的使用，砷的测定方法和原理，学会砷水样的预处理。

【项目导入】

砷是人体非必需元素。元素砷的毒性很小，而砷化合物均有剧毒，三价砷化合物比其他砷化合物毒性更强。口服三氧化二砷（俗称砒霜）5～10 mg 可造成急性中毒，致死量 60～200 mg。表水中含砷量因水源和地理条件不同而有很大差异。天然水中通常含有一定量的砷，淡水中砷为 0.2～230 μg/L，海水中砷为 6～30 g/L，我国一些主要河道干流中砷含量为 0.01～0.60 mg/L，长江水中含砷一般小于 6 g/L，松花江水系含砷量为 0.3～1.17 μg/L。砷的主要污染源为采矿、冶金、化工、化学制药、纺织、玻璃、制革等部门的工业废水。

【技能操作】

实训　砷的测定——原子荧光法（HJ 694—2014）

一、方法原理

经预处理后的试液进入原子荧光仪，在酸性条件的硼氢化钾（或硼氢化钠）还原作用下，生成砷化氢，氢化物在氩氢火焰中形成基态原子，氢化物在氩氢火焰中形成基态原子，其基态原子受元素砷灯发射光的激发产生原子荧光，原子荧光强度与试液中待测元素含量在一定范围内呈正比。

二、方法选择

本法适用于地表水、地下水、生活污水和工业废水中砷的溶解态及总量的测定。

本法砷的检出限为 0.3 μg/L，测定下限为 1.2 μg/L。

三、试剂仪器

（一）试剂及药品

（1）硝酸：$\rho(HNO_3)$ = 1.42 g/ mL，优级纯。

（2）高氯酸：$\rho(HClO_4)$ = 1.68 g/ mL，优级纯。

（3）硝酸-高氯酸混合酸：用等体积硝酸和高氯酸混合配制。临用时现配。

（4）硼氢化钾（KBH_4）。

（5）氢氧化钠（NaOH）。

(6)硫脲(CH_4N_2S)。

(7)抗坏血酸($C_6H_8O_6$)。

(8)重铬酸钾($K_2Cr_2O_7$):优级纯。

(9)三氧化二砷(As_2O_3):优级纯。

(10)(1+1)盐酸溶液。

(11)硼氢化钾溶液B。

称取0.5 g氢氧化钠溶于100 mL水中,加入2.0 g硼氢化钾,混匀,存于塑料瓶中。临用时现配。

(12)硫脲-抗坏血酸溶液称取硫脲和抗坏血酸各5.0 g,用100 mL水溶解,混匀。测定当日配制。

(13)砷标准溶液。

①砷标准储备液:$\rho(As)=100$ mg/L。

购买市售有证标准物质,或称取0.132 0 g于105 ℃干燥2 h的优级纯三氧化二砷(9)溶解于5 mL 1 mol/L氢氧化钠溶液中,用1 mol/L盐酸溶液中和至酚酞红色褪去,移入1 000 mL容量瓶中,用水稀释至标线,混匀。储存于玻璃瓶中。

②砷标准中间液:$\rho(As)=1.00$ mg/L。

移取5.00 mL砷标准储备液于500 mL容量瓶中,加入100 mL盐酸,用水稀释至标线,混匀。4 ℃下可存放1年。

③砷标准使用液:$\rho(As)=100$ μg/L。

移取10.00 mL砷标准中间液于100 mL容量瓶中,加入20 mL盐酸溶液,用水稀释至标线,混匀。4 ℃下可存放30天。

(二)仪器

(1)原子荧光光谱仪:仪器性能指标应符合GB/T 21191的规定。

(2)元素灯(汞)。

(3)可调温电热板。

(4)恒温水浴装置:温控精度±1 ℃。

(5)抽滤装置:0.45 μm孔径水系微孔滤膜。

(6)分析天平:精度为0.000 1 g。

(7)采样容器:硬质玻璃瓶或聚乙烯瓶(桶)。

(8)实验室常用器皿:符合国家标准的A级玻璃量器和玻璃器皿。

四、操作步骤

(一)样品采集

样品采集后,尽快用0.45 μm滤膜过滤,弃去初始滤液50 mL,用少量滤液清洗采样瓶,收集滤液于采样瓶中。如水样为中性,按每升水样中加入5 mL盐酸的比例加入盐酸。

(二)样品测定

量取50.0 mL混匀后的样品于150 mL锥形瓶中,加入5 mL硝酸-高氯酸混合酸(3),于电热板上加热至冒白烟,冷却。再加入5 mL盐酸溶液,加热至黄褐色烟冒尽,冷却后移入 50 mL 容量瓶中，加水稀释定容，混匀，待测。

分别移取 0、0.50 mL、1.00 mL、2.00 mL、3.00 mL、5.00 mL 砷标准使用液于 50 mL 容量瓶中，分别加入 10.0 mL 盐酸溶液、10 mL 硫脲-抗坏血酸溶液，室温放置 30 min（室温低于 15 ℃时，置于 30 ℃水浴中保温 30 min），用水稀释定容，混匀。

1. 标准曲线的绘制

参考测量条件或采用自行确定的最佳测量条件，以盐酸溶液为载流，硼氢化钾溶液 B 为还原剂，浓度由低到高依次测定汞标准系列的原子荧光强度，以原子荧光强度为纵坐标、砷质量浓度为横坐标，绘制标准曲线。

2. 试样的测定

量取 5.0 mL 试样于 10 mL 比色管中，加入 2 mL 盐酸溶液、2 mL 硫脲-抗坏血酸溶液，室温放置 30 min（室温低于 15 ℃时，置于 30 ℃水浴中保温 30 min），用水稀释定容，混匀，按照与绘制标准曲线相同的条件进行测定。超过标准曲线高浓度点的样品，对其消解液稀释后再行测定，稀释倍数为 f。

五、结果表示

样品中待测元素的质量浓度 ρ 按下式计算：

$$\rho = \frac{\rho_1 f V_1}{V}$$

式中 ρ——样品中待测元素的质量浓度，μg/L；

ρ_1——由标准曲线上查得的试样中待测元素的质量浓度，μg/L；

f——试样稀释倍数（样品若有稀释）；

V_1——分取后测定试样的定容体积，mL；

V——分取试样的体积，mL。

当砷的测定结果小于 10 μg/L 时，保留至小数点后一位；当砷的测定结果大于 10 μg/L 时，保留三位有效数字。

六、注意事项

（1）硼氢化钾是强还原剂，极易与空气中的氧气和二氧化碳反应，在中性和酸性溶液中易分解产生氢气，所以配制硼氢化钾还原剂时，要将硼氢化钾固体溶解在氢氧化钠溶液中，并临用现配。

（2）实验室所用的玻璃器皿均需用硝酸溶液浸泡 24 h，或用热硝酸荡洗。清洗时依次用自来水、去离子水洗净。

任务五　铜的测定

【知识目标】

了解原子吸收仪的结构，培养基本操作能力；了解水环境中铜的来源和产生的危害。

【技能目标】

掌握原子吸收分光光度计的使用，掌握铜的测定方法和原理。

【项目导入】

铜工业废水排入水体,严重影响水体质量。水中铜含量达0.01 mg/L时,对水体自净有明显的抑制作用;超过3.0 mg/L,会产生异味;超过15 mg/L,就无法饮用。若用含铜废水灌溉农田,铜在土壤和农作物中累积,会造成农作物特别是水稻和大麦生长不良,并会污染粮食籽粒。

在冶炼、金属加工、机器制造、有机合成及其他工业废水中都含有铜,其中以金属加工、电镀工厂所排废水含铜量最高,每升废水含铜几十至几百毫克。

【技能操作】

实训　铜的测定——原子吸收分光光度法(GB 7475—1987)

一、方法原理

原子吸收分光光度法是通过基态原子对特征光辐射的吸收而测定该元素原子含量的方法。溶液中的铜离子在一定温度火焰下形成铜原子蒸气,吸收由铜空心阴极灯辐射出波长为324.5 nm的铜特征锐线光,其吸光度A与铜原子蒸气中基态原子数N_0的关系符合比耳定律。在一定的实验条件下,$N_0 \approx C$(样品中待测元素Cu的浓度),则$A=KC$。

利用A与C的关系,用已知不同浓度的铜离子标准溶液通过原子吸收分光光度计测出的不同吸光度,绘制成标准曲线;再测出试样的吸光度A,即可从标准曲线上求得样品中铜的含量。

二、方法选择

直接吸入火焰原子吸收法快速、干扰少,适用分析废水和受污染的水。分析清洁水可选用萃取或离子交换浓缩火焰原子吸收分光光度法,也可选用石墨炉原子吸收分光光度法。但后一种方法基体干扰比较复杂,要注意干扰的检验和校正。没有原子吸收分光光度计的单位可选二乙氨基二硫代甲酸钠萃取分光光度法、新亚铜灵萃取分光光度法、阳极溶出伏安法和示波极谱法。等离子发射光谱法是简便、快速、干扰少、准确度高的新方法,但仪器比较昂贵。

本实验采用直接吸入火焰原子吸收法。

三、试剂仪器

(一)试剂及药品

除另有说明,分析时均使用符合国家标准或专业标准的分析纯试剂、去离子水或同等纯度的水。

(1)硝酸(HNO_3,GR),$\rho=1.42$ g/mL。

(2)硝酸(HNO_3,AR),$\rho=1.42$ g/mL。

(3)(1+1)硝酸溶液。

(4)(1+499)硝酸溶液。

（5）高氯酸（$HClO_4$，GR），ρ＝1.67 g/mL。

（6）（1+499）硝酸溶液。

（7）燃料：乙炔，纯度不低于99%。

（8）氧化剂：空气，一般由空气压缩机供给。

（9）铜标准溶液：可直接购买，此溶液含铜1.000 g/L。

（10）铜标准使用液：用硝酸溶液准确稀释铜标准溶液配制，此溶液中铜的浓度为50.00 mg/L。

（二）仪器

原子吸收分光光度仪及相应辅助设备；其他常规实验用品、器具。所用玻璃器皿用洗涤剂洗净后，在硝酸溶液中浸泡，使用前用水冲洗干净。

四、操作步骤

（一）采样

用聚乙烯塑料瓶采集样品，采样容器先用洗涤剂洗净，再在硝酸溶液中浸泡，使用前用蒸馏水洗净。

分析溶解态金属时，采样后立即通过0.45 μm滤膜过滤，然后加入硝酸酸化至pH为1～2，一般每升水样加2 mL硝酸。

分析金属总量时，采样后直接酸化。

（二）样品消解

取100 mL水样放入200 mL烧杯中，加入5 mL硝酸在电热板上加热消解，确保样品不沸腾蒸至10 mL左右。加入5 mL硝酸和2 mL高氯酸继续消解至1 mL左右。如果消解不完全，再加入5 mL硝酸和2 mL高氯酸，继续消解至1 mL左右取下冷却，加水溶解残渣，通过中速滤纸（预先酸洗）滤入100 mL容量瓶中，定容至标线。

注：消解中使用高氯酸有爆炸危险，整个消解要在通风橱中进行。

（三）测定吸光度

选择波长为324.7 nm，调节火焰。仪器用0.2%硝酸调零，吸入空白样和试样，测量其吸光度。扣除空白吸光度后，从标准曲线上查出试样中的金属浓度，也可以从仪器上直接读出试样中的金属浓度。

（四）空白实验

在测定样品的同时，进行空白实验。取100 mL（1+499）硝酸溶液置于200 mL烧杯中，按步骤（二）、步骤（三）进行测定。

（五）标准曲线的绘制

配制一个空白和至少4个校准系列溶液，准确吸取0、0.50 mL、1.00 mL、2.00 mL、5.00 mL、10.00 mL铜标准使用液置于100 mL容量瓶中，用（1+499）硝酸溶液定容后溶液浓度分别为0、0.25 mg/L、0.50 mg/L、1.0 mg/L、2.5 mg/L、5 mg/L。转移至200 mL烧杯中，按照步骤（二）、步骤（三）进行测定。校准系列的吸光度扣除空白吸光度后，与对应的铜含量绘制标准曲线，或统计回归方程。

五、结果表示

样品中铜的浓度以ρ(mg/L)表示,按下式计算:

$$\rho=\frac{m}{V}$$

式中　m——样品中铜的质量,由标准曲线或回归方程计算得到,μg;

V——样品体积, mL。

报告结果时,注明测定的是溶解态金属还是金属总量。

任务六　镉的测定

【知识目标】

了解水环境中镉的来源和迁移转化,镉对环境和人体产生的危害,掌握镉的测定方法和适用范围。

【技能目标】

掌握原子吸收分光光度计的使用,掌握镉的测定方法和原理。

【项目导入】

水体的镉污染来自地表径流和工业废水。电镀工业排放的废水中镉含量是很低的,而由硫铁矿石制取硫酸和由磷矿石制取磷肥时排出的废水中含镉较高,每升废水含镉可达数十至数百微克。工业废水的排放使近海海水和浮游生物体内的镉含量高于远海,工业区地表水的镉含量高于非工业区的。

镉(Cd)不是人体的必需元素,镉的毒性很大,可在人体内积聚,主要积聚在肾脏,引起泌尿系统的功能变化。水中含镉0.1 mg/L时,可轻度抑制地表水的自净作用。镉对白鲢鱼的安全浓度为0.014 mg/L,用含镉0.04 mg/L的水进行农灌时,土壤和稻米受到明显污染;农灌水中含镉0.007 mg/L时,即可造成污染。日本的痛痛病即镉污染所致,我国也有受镉污染稻米的报道,镉是我国实施排放总量控制的指标之一。

绝大多数淡水含镉量低于1 μg/L,海水中镉的平均浓度为0.15 μg/L。镉的主要污染源有电镀、采矿、冶炼、染料、电池和化学工业等排放的废水。

【技能操作】

实训　镉的测定——原子吸收分光光度法(GB 7475—1987)

一、方法原理

原子吸收分光光度法是通过基态原子对特征光辐射的吸收而测定该元素原子含量的方法。溶液中的镉离子在一定温度火焰下形成镉原子蒸气,吸收由镉空心阴极灯辐射出波长为228.8 nm的镉特征锐线光,其吸光度A与镉原子蒸气中基态原子数N_0的关系符合比耳定律。在一定的实验条件下,$N_0 \approx C$(样品中待测元素Cd的浓度),则$A=KC$。

利用A与C的关系,用已知不同浓度的镉离子标准溶液通过原子吸收分光光度计测出的不同吸光度，绘制成标准曲线；再测出试样的吸光度 A，即可从标准曲线上求得样品中镉的含量。

二、方法选择

本实验的方法选择同铜的测定方法选择。

三、试剂仪器

(一) 试剂及药品

除另有说明外，均使用符合国家标准或专业标准的分析纯试剂、去离子水或同等纯度的水。

(1) 硝酸(HNO_3, GR), ρ=1.42 g/mL。

(2) 硝酸(HNO_3, AR), ρ=1.42 g/mL。

(3) (1+1)硝酸溶液。

(4) (1+499) 硝酸溶液。

(5) 高氯酸($HClO_4$, GR), ρ=1.67 g/mL。

(6) 燃料：乙炔，纯度不低于 99%。

(7) 氧化剂：空气，一般由空气压缩机供给。

(8) 镉标准溶液：可直接购买，此溶液含镉 1.000 g/L。

(9) 镉标准使用液：用硝酸溶液准确稀释镉标准溶液配制，此溶液中镉的浓度为 10.00 mg/L。

(二) 仪器

原子吸收分光光度仪及相应辅助设备，其他常规实验用品、器具。

所用玻璃器皿用洗涤剂洗净后，在硝酸溶液中浸泡，使用前用水冲洗干净。

四、操作步骤

(一) 标准曲线的绘制

配制 1 个空白和至少 4 个校准系列溶液，准确吸取一定量的镉标准使用液置于 100 mL 容量瓶中，用(1+499)硝酸溶液定容后，溶液浓度分别为 0、0.25 mg/L、0.50 mg/L、1.0 mg/L、2.5 mg/L、5 mg/L。转移至 200 mL 烧杯中，按照操作步骤(二)、(三)进行测定。校准系列的吸光度扣除空白吸光度后，与对应的镉含量绘制标准曲线，或统计回归方程。

(二) 采样

用聚乙烯塑料瓶采集样品，采样容器先用洗涤剂洗净，再在硝酸溶液中浸泡，使用前用蒸馏水洗净。

分析溶解态金属时，采样后立即通过 0.45 μm 滤膜过滤，然后加入硝酸酸化至 pH 为 1~2，一般每升水样加 2 mL 硝酸。

分析金属总量时，采样后直接酸化。

(三) 样品消解

测定金属总量时，如果样品需要消解，则空白和校准系列也要按如下步骤进行消解。

加入 5 mL 硝酸在电热板上加热消解，确保样品不沸腾蒸至 10 mL 左右。加入 5 mL 硝酸和 2 mL 高氯酸继续消解至 1 mL 左右。如果消解不完全，再加入 5 mL 硝酸和 2 mL 高氯酸，继续消解至 1 mL 左右取下冷却，加水溶解残渣，通过中速滤纸（预先酸洗）滤入 100 mL 容量瓶中，定容至标线。

（四）测定吸光度

选择波长 228.8 nm，调节火焰，吸入硝酸溶液，将仪器调零，测定空白、工作标准溶液或样品的吸光度，并记录。

扣除空白实验吸光度后，由标准曲线或回归方程计算样品中的镉含量。

五、结果表示

样品中镉的浓度以 ρ（mg/L）表示，按下式计算：

$$\rho = \frac{m}{V}$$

式中　m——样品中镉的质量，由标准曲线或回归方程计算得到，μg；

V——样品体积，mL。

报告结果时，注明测定的是溶解态金属还是金属总量。

六、注意事项

根据验证实验的结果，如果存在基体干扰，用标准加入法测定并计算结果。如果存在背景吸收，用自动背景校正装置或邻近非特征吸收谱线法进行校正，后一种方法是从特征谱线处测得的吸收值中扣除邻近非特征吸收谱线处的吸收值，得到被测元素原子的真正吸收。此外，也可使用螯合萃取法或样品稀释法降低或排除产生基体干扰或背景吸收的组分。

【拓展知识】

锌的测定——双硫腙分光光度法

一、方法原理

在 pH＝4～5.5 的条件下，锌离子与双硫腙生成红色螯合物，该螯合物可被四氯化碳或三氯甲烷萃取，萃取后测定吸光度，其最大吸收波长为 440 nm。根据吸光度由标准曲线或回归方程计算样品中锌的含量。在测定条件下，该螯合物可稳定 1 h。

二、试剂仪器

（一）试剂及药品

所用玻璃仪器均须用（1+1）硝酸洗涤，然后用不含锌的纯水冲洗干净。

（1）无锌水：将普通蒸馏水通过阴阳离子交换柱，以除去水中痕量锌，用于配制试剂。

（2）四氯化碳（CCl_4）或三氯甲烷（$CHCl_3$）。

（3）高氯酸（$HClO_4$），ρ＝1.75 g/mL。

（4）盐酸（HCl），ρ＝1.18 g/mL。

(5)6 mol/L 盐酸:量取 100 mL 浓盐酸用水稀释至 200 mL。

(6)2 mol/L 盐酸:量取 100 mL 浓盐酸用水稀释至 600 mL。

(7)0.02 mol/L 盐酸:量取 2 mol/L 盐酸 10 mL 用水稀释至 1 000 mL。

(8)6%(*V*/*V*)乙酸。

(9)氨水,ρ=0.90 g/mL。

(10)(1+100)氨水溶液:取氨水 10 mL 用水稀释至 1 000 mL。

(11)硝酸(HNO_3),ρ=1.42 g/mL。

(12)(1+49)硝酸溶液:取 20 mL 硝酸用水稀释至 1 000 mL。

(13)(1+499)硝酸溶液:取 2 mL 硝酸用水稀释至 1 000 mL。

(14)乙酸钠缓冲溶液:将 68 g 三水合乙酸钠($CH_3COONa \cdot 3H_2O$)溶于水中,稀释至 250 mL,另取乙酸 1 份与 7 份水混合。将上述两种溶液按等体积混合,混合液再用双硫腙四氯化碳溶液重复萃取数次,直到最后的萃取液呈绿色不变。然后用四氯化碳萃取,以除去残留的双硫腙。

(15)硫代硫酸钠溶液:称取 25 g 硫代硫酸钠($Na_2S_2O_3 \cdot 5H_2O$)溶于 100 mL 水中,并每次用 0.05%双硫腙四氯化碳溶液 10 mL 萃取,至双硫腙溶液呈绿色不变为止。然后用四氯化碳萃取,以除去多余的双硫腙。

(16)0.1%双硫腙四氯化碳储备液:称取 0.20 g 双硫腙($C_6H_5NNCSNHNH \cdot C_6H_5$)溶于 200 mL 四氯化碳,储于棕色瓶中,放置在冰箱内。

(17)0.01%双硫腙四氯化碳中间溶液:临用前将 0.05%双硫腙四氯化碳溶液用四氯化碳稀释 10 倍。

(18)0.000 4%双硫腙四氯化碳溶液:量取 0.01%双硫腙四氯化碳中间溶液 10 mL,用四氯化碳稀释至 250 mL,临用时配制。

(19)柠檬酸钠溶液:将 10 g 柠檬酸钠($C_6H_5O_7Na_3 \cdot 2H_2O$)溶解在 90 mL 水中,按上述方法用双硫腙四氯化碳溶液萃取纯化,此溶液用于玻璃器皿的最后洗涤。

(20)锌标准储备液:准确称取 0.100 0 g 锌粒(纯度 99.9%)溶于 2 mol/L 盐酸溶液 5 mL,移入 1 000 mL 容量瓶中,用水定容至标线,此溶液含锌 100 μg/mL。

(21)锌标准使用液:取锌标准储备液 10 mL 于 1 000 mL 容量瓶中,定容至标线,此溶液含锌 1.00 μg/mL。

(二)仪器

(1)分光光度计及 10 mm 或 20 mm 比色皿。

(2)60 mL 和 125 mL 分液漏斗,最好配有聚四氟乙烯活塞。

(3)其他常规实验用品、器具。

三、操作步骤

(一)采样

采样使用聚乙烯容器,使用前用(1+49)硝酸溶液浸泡 24 h,然后用无锌水冲洗干净。采样后立即酸化至 pH 为 1~2,一般每升水样加硝酸 2 mL。

(二)样品预处理

(1)清洁的地下水和地表水可直接进行测定。

(2)样品的消解。

比较混浊的地表水:每 100 mL 水样中加入 1 mL 硝酸,在电热板上加热微沸消解 10 min,冷却后用快速滤纸过滤,滤纸用(1+499)硝酸溶液(13)洗涤数次,然后用此酸稀释到一定体积,供测定用。

含悬浮物和有机物较多的地表水或废水:每 100 mL 水样中加入 5 mL 硝酸,置电热板上加热,消解到 10 mL 左右,稍冷却,再加入 5 mL 硝酸和 2 mL 高氯酸,继续加热消解,蒸至近干。冷却后用(1+499)硝酸溶液溶解残渣,冷却后,用快速滤纸过滤,滤纸用(1+499)硝酸洗涤数次,滤液用此酸定容后,供测定用。

如样品需要消解,则空白实验也需同时消解。

(3)样品的酸度调节:如取酸化保存的样品,则须放在石英蒸发皿中,蒸发至干,以除去过量酸。然后加无锌水,加热煮沸 5 min,用稀盐酸或经提纯的氨水调节样品 pH 至 2~3,最后以无锌水定容。

(三)显色萃取

取 10.00 mL(含锌量在 0.5~5 μg)样品置于 60 mL 或 125 mL 分液漏斗中,加入 5 mL 乙酸钠缓冲溶液及 1 mL 硫代硫酸钠溶液,混匀后,再加 10.0 mL 0.000 4%双硫腙四氯化碳溶液。振摇 4 min,静置分层后,将有机相用少许洁净脱脂棉过滤入 20 mm 比色皿中。以四氯化碳为参比,在 535 nm 波长处测定吸光度。

(四)空白实验

用等体积无锌水代替样品,按样品的测定步骤测定吸光度。每分析一批样品要平行做两个空白样品。

(五)标准曲线的绘制

取 7 个 125 mL 分液漏斗,分别加入锌标准使用液 0、0.50 mL、1.00 mL、2.00 mL、3.00 mL、4.00 mL、5.00 mL,加适量无锌水补充到 10 mL,向各分液漏斗中加入 5 mL 乙酸钠缓冲溶液及 1 mL 硫代硫酸钠溶液。混匀后,按样品测定步骤进行显色萃取和吸光度的测定。

校准系列的吸光度扣除零浓度标准使用液的吸光度后,对应相应锌含量绘制标准曲线,或统计回归方程。

四、结果表示

由样品测得的吸光度扣除空白实验吸光度后,由标准曲线或回归方程计算得到锌的含量。样品中锌的浓度 ρ(mg/L)按下式计算:

$$\rho = \frac{m}{V}$$

式中　m——由标准曲线或回归方程计算得到的锌的质量,μg;

V——样品体积, mL,结果以两位小数表示。

五、注意事项

(1)硫代硫酸钠是较强的络合剂,只有使锌从络合物 $Zn(S_2O_3)^{2-}$ 中释放出来,才能被双硫腙四氯化碳溶液萃取。而锌的释放又比较缓慢,因此振荡时间要保证 4 min,否则萃取不完全。为使样品和标准系列的萃取率一致,应尽量做到振摇强度、次数一致。

(2)如出现高而无规律的空白值,这种现象往往是来源于含氧化锌的玻璃,或表面被锌所污染的玻璃器皿。因此,须用酸彻底浸泡或用热酸荡洗后清洗干净,并保留一套专供测定锌用的玻璃器皿,单独存放。

(3)橡胶制品、活塞润滑剂、试剂级化学药品或蒸馏水,常含有相当量的锌,因此仪器的使用要特别注意。

(4)如双硫腙试剂不纯,可按下述步骤提纯:

①将上述双硫腙四氯化碳溶液滤去不溶物,滤液置分液漏斗中,每次用(1+100)氨水溶液 20 mL 提取,共提取 5 次,此时双硫腙进入水层,合并水层。然后用 6 mol/L 盐酸溶液中和,再用 200 mL 四氯化碳分 3 次提取,合并四氯化碳层。

②将此双硫腙四氯化碳溶液放入棕色瓶中,置于冰箱内备用。

第五节　水样中有机物指标的测定

随着现代社会的不断发展,人们的生活也越来越便利。与此同时,工业废水和居民生活废水的大量排放对水环境造成了很大的危害。水环境中的有机物污染也成为一项十分重要的环境监测指标,其中最常见的两类有机物污染是挥发酚和石油类污染。

随着社会的不断发展,石油类物质的需求日益加大,在石油开采、生产和使用的过程中不可避免地会出现水体的石油类污染。

任务一　挥发酚的测定

【知识目标】

了解挥发酚的危害和国标中几种常见的检测方法。

【技能目标】

熟悉、掌握挥发酚的测定方法及原理(HJ 503—2009),会配制测定中所使用的试剂,能用检测仪器对水体中挥发酚进行测定,会计算、分析检测结果和数据。

【项目导入】

挥发酚一般是指沸点在 230 ℃以下,可以随水蒸气一起挥发而和其他酚类化合物分离的单元酚类。

含酚废水是当今世界上危害大、污染范围广的工业废水之一,是环境中水污染的重要来源。高浓度的酚会引起人急性中毒,昏迷致死,若是人类长期饮用被酚污染的水,可能会引起头痛、出疹、贫血等各种神经系统疾病。水中的酚达到一定的浓度时可能会影响水生动植物的生存,抑制水中微生物的生长繁殖,影响水体的自净作用。比如,当水中含酚量达到 0.1~0.2 mg/L 时,鱼肉有异味;大于 5 mg/L 时,则鱼类中毒死亡。含酚浓度高的废水若用于农田灌溉,会使农作物枯死或减产。天然水体中的低浓度酚主要来自粪便和含氮有机物的分解,而高浓度的酚则来自工业废水,如焦化厂、煤气站、绝缘材料厂、化工厂、炼油厂、制药厂等。

通常采用 4-氨基安替比林分光光度法,含量较低(<0.5 mg/L)时,采用氯仿萃取法;含量较高(>0.5 mg/L)时,采用直接法。

【技能操作】

实训一　4-氨基安替比林分光光度法——氯仿萃取法(HJ 503—2009)

一、方法原理

用蒸馏法使挥发性酚类化合物蒸馏出,并与干扰物质和固定剂分离。由于酚类化合物的挥发速度随馏出液体积而变化,因此馏出液体积必须与试样体积相等。被蒸馏出的酚类化合物,于 pH=10.0±0.2 介质中,在铁氰化钾的作用下,与 4-氨基安替比林反应生成橙红色的安替比林染料,用三氯甲烷萃取后,在 460 nm 波长下有最大吸收。

二、试剂仪器

(一)试剂及药品

(1)无酚水:每升蒸馏水中加入 0.2 g 活性炭粉末,充分振摇后,放置过夜,用双层中速滤纸过滤。滤液中加入氢氧化钠使其呈强碱性,滴加高锰酸钾溶液至紫红色,移入全玻璃蒸馏器中加热蒸馏,集取馏出液,储于玻璃瓶中,取用时避免与橡胶制品接触。

(2)苯酚标准储备液:称取 1.00 g 无色苯酚(C_6H_5OH)溶于水,移入 1 000 mL 容量瓶中,稀释至标线,置于 4 ℃冰箱内保存,至少稳定 1 个月。

(3)酚标准中间液:吸取 5 mL 酚储备液置于 500 mL 容量瓶中,定容至标线,使用当天配制,浓度为 10.0 mg/L。

(4)酚标准使用液:吸取 10 mL 酚储备液置于 100 mL 容量瓶中,定容至标线,使用当天配制,浓度为 1.00 mg/L。

(5)缓冲溶液(pH=10):称取 20 g 氯化铵溶于 100 mL 氨水中,加塞,置于冰箱中保存。

(6)4-氨基安替比林溶液:称取 2 g 4-氨基安替比林溶于水,稀释至 100 mL,置于冰箱中保存,可使用 1 周。

(7)铁氰化钾溶液:称取 8 g 铁氰化钾溶于水,稀释至 100 mL,置于冰箱中保存,可使用 1 周。

(8)硫酸铜(1 g/L)。

(9)(1+9)磷酸。

(10)5%硫酸亚铁:称取 5 g 硫酸亚铁固体,溶入 100 mL 水中。

(11)甲基橙指示剂:0.5 g/L。

(12)三氯甲烷。

(二)仪器

分光光度计,30 mm 的比色皿,500 mL 锥形分液漏斗,500 mL 全玻璃蒸馏器,移液管等一般实验室常用仪器。

三、操作步骤

(一)样品处理

取 250 mL 样品于蒸馏瓶中,加数粒玻璃珠和甲基橙指示剂,用磷酸溶液调节 pH=4

(溶液呈橙红色),加入 5 mL 硫酸铜溶液。连接冷凝器,加热蒸馏,至馏出液约 225 mL 时,停止加热,冷却。向蒸馏瓶中加入 25 mL 无酚水,继续蒸馏至馏出液为 250 mL。同时,用无酚水作为空白。

(二)样品测定

将馏出液 250 mL 移入分液漏斗,另取 8 个分液漏斗,分别加入 100 mL 无酚水,并依次加入 0、0. 25 mL、0. 50 mL、1. 00 mL、3. 00 mL、5. 00 mL、7. 00 mL 和 10. 00 mL 酚标准使用液,再加无酚水至 250 mL。

依次加入 2 mL 缓冲溶液、1. 0 mL 4-氨基安替比林溶液、1. 5 mL 铁氰化钾溶液,混匀,放置 10 min 显色。

加入 10. 0 mL 三氯甲烷,振摇 2 min,静置分层。在颈管内塞一小团干脱脂棉或滤纸,将三氯甲烷层通过干脱脂棉团或滤纸,弃去最初滤出的数滴萃取液后,将余下的三氯甲烷直接放入光程为 30 mm 的比色皿中,以三氯甲烷为参比测定其吸光度值。

四、结果表示

样品中挥发酚的浓度:

$$\rho = \frac{A_s - A_b - a}{bV}$$

式中 ρ—— 试样中挥发酚的浓度,mg/L;

A_s—— 试样的吸光度值;

A_b—— 空白的吸光度值;

a——标准曲线的截距值;

b——标准曲线的斜率;

V——试样的体积,mL。

当计算结果<0. 1 mg/L 时,有效数字为小数点后四位;当计算结果≥0. 1 mg/L 时,保留三位有效数字。

实训二　4-氨基安替比林分光光度法——直接分光光度法(HJ 503—2009)

一、方法原理

被蒸馏出的酚类化合物,于 pH=10. 0±0. 2 介质中,在铁氰化钾的作用下,与 4-氨基安替比林反应,生成橙红色的吲哚酚安替比林染料,其水溶液在 510 nm 波长处有最大吸收。

二、试剂仪器

(一)试剂及药品

(1)无酚水:每升蒸馏水中加入 0. 2 g 活性炭粉末,充分振摇后,放置过夜,用双层中速滤纸过滤。滤液中加入氢氧化钠使其呈强碱性,滴加高锰酸钾溶液至紫红色,移入全玻璃蒸馏器中加热蒸馏,集取馏出液,储于玻璃瓶中,取用时避免与橡胶制品接触。

(2)苯酚标准储备液：称取1.00 g无色苯酚(C_6H_5OH)溶于水，移入1 000 mL容量瓶中，稀释至标线，置于4 ℃冰箱内保存，至少稳定1个月。

(3)酚标准溶液：吸取5 mL酚储备液置于500 mL容量瓶中，定容至标线，摇匀，浓度为10.0 mg/L。使用当天配制。

(4)酚标准溶液：吸取50 mL酚储备液置于500 mL容量瓶中，定容至标线，摇匀，浓度为1.00 mg/L。使用当天配制。

(5)缓冲溶液(pH=10)：称取20 g氯化铵溶于100 mL氨水中，加塞，置于冰箱中保存。

(6)4-氨基安替比林溶液：称取2 g 4-氨基安替比林溶于水，稀释至100 mL，置于冰箱中保存，可使用1周。

(7)铁氰化钾溶液：称取8 g铁氰化钾溶于水，稀释至100 mL，置于冰箱中保存，可使用1周。

(8)硫酸铜(1 g/L)。

(9)(1+9)磷酸。

(10)5%硫酸亚铁：称取5 g硫酸亚铁固体，溶于100 mL水中。

(11)甲基橙指示剂：0.5 g/L。

(二)仪器

分光光度计，20 mm的比色皿，比色管，500 mL全玻璃蒸馏器，移液管等一般实验室常用仪器。

三、操作步骤

(一)样品处理

取250 mL样品于蒸馏瓶中，加数粒玻璃珠和甲基橙指示剂，用磷酸溶液调节pH至4(溶液呈橙红色)，加入5 mL硫酸铜溶液。连接冷凝器，加热蒸馏，至馏出液约225 mL时，停止加热，冷却。向蒸馏瓶中加入25 mL无酚水，继续蒸馏至馏出液为250 mL。同时，用无酚水作为空白。

(二)样品测定

取馏出液50 mL加入50 mL比色管中，同时取8支50 mL比色管，分别加入0、0.50 mL、1.00 mL、3.00 mL、5.00 mL、7.00 mL、10.00 mL和12.50 mL酚标准中间液(10.0 mg/L)，加入0.5 mL缓冲溶液、1.0 mL 4-氨基安替比林溶液、1.0 mL铁氰化钾溶液，标准系列还需要加无酚水至标线。充分混匀后，放置10 min。

于510 nm波长，用光程为20 mm的比色皿，以无酚水为参比，30 min内测定溶液的吸光度值。

四、结果表示

样品中挥发酚的浓度：

$$\rho = \frac{A_s - A_b - a}{bV} \times 1\ 000$$

式中 ρ——试样中挥发酚浓度,mg/L;

A_s——试样的吸光度值;

A_b——空白实验的吸光度值;

a——标准曲线的截距值;

b——标准曲线的斜率;

V——试样的体积,mL。

当计算结果<1 mg/L 时,有效数字为小数点后三位;当计算结果≥1 mg/L 时,保留三位有效数字。

任务二　石油类的测定

【知识目标】

了解石油类对水环境的危害和国标中几种常见的检测方法。

【技能目标】

熟悉、掌握石油类的测定方法及原理,会配制测定中所使用的试剂,能用检测仪器对水体中挥发酚进行测定,会计算、分析检测结果和数据。

【项目导入】

随着社会的不断发展,石油类物质的需求日益加大,在开采、生产和使用的过程中不可避免地会出现水体的石油类污染。石油类污染物浮于水体表面,可以迅速扩散并形成油膜,进而通过扩散、蒸发、溶解、乳化、光降解及生物降解和吸收等作用,影响氧气的交换,并且消耗水中的溶解氧造成水中生物的死亡,也引起水质恶化、黑臭。石油类污染物会在水中鱼类等生物体内富集,人类吃了含有此类物质的食物,会造成神经系统、呼吸系统、造血系统、皮肤黏膜等的一系列疾病。因此,水环境中石油类物质的检测十分重要。石油类物质的检测方法主要有重量法和红外分光光度法。重量法适用于10 mg/L 以上的含油样品,红外分光光度法适用于含量为0.06~0.24 mg/L 的石油类物质检测,本节主要介绍红外分光光度法。

【技能操作】

实训　石油类的测定——红外分光光度法(HJ 637—2018)

一、方法原理

水样在 pH≤2 的条件下用四氯乙烯萃取后使用硅酸镁吸附去除动植物油类等极性物质后,可以测定石油类。根据石油类物质在吸光度 $A_{2\,930}$、$A_{2\,960}$ 和 $A_{3\,030}$ 处有吸收,测定石油类的含量。

二、试剂仪器

(一)试剂及药品

(1)硅酸镁:称取适量的硅酸镁于磨口玻璃瓶中,根据硅酸镁的重量,按6%(m/m)比例加入适量的蒸馏水,密塞并充分振荡数分钟,放置约12 h后使用。

(2)盐酸溶液。

(3)四氯乙烯。

(4)无水硫酸钠。

(5)正十六烷标准储备液,$\rho \approx 10\ 000$ mg/L:称取1.0 g(准确至0.1 mg)正十六烷,用四氯乙烯定容100 mL,摇匀。0~4 ℃冷藏、避光保存。

(6)正十六烷标准使用液,$\rho = 1\ 000$ mg/L:将正十六烷标准储备液用四氯乙烯定容100 mL。

(7)异辛烷标准储备液,$\rho \approx 1\ 000$ mg/L:称取1.0 g(准确至0.1 mg)异辛烷于100 mL容量瓶中,用四氯乙烯定容100 mL,摇匀。0~4 ℃冷藏、避光,可保存1年。

(8)异辛烷标准使用液,$\rho = 1\ 000$ mg/L:将异辛烷标准储备液用四氯乙烯定容100 mL。

(9)苯标准储备液,$\rho \approx 1\ 000$ mg/L:称取1.0 g(准确至0.1 mg)苯,用四氯乙烯定容100 mL,摇匀。0~4 ℃冷藏、避光可保存1年。

(10)苯标准使用液,$\rho = 1\ 000$ mg/L:将苯标准储备液用四氯乙烯定容100 mL。

(二)仪器

4 cm石英比色皿、50 mL三角瓶、水平振荡器、玻璃棉、玻璃漏斗、25 mL的比色管、容量瓶。

三、操作步骤

(一)样品处理

取25 mL萃取液和空白溶液(加入盐酸溶液调节pH≤2的蒸馏水)分别倒入装有5 g硅酸镁的50 mL三角瓶中,置于水平振荡器上,连续振荡20 min,静置,将玻璃棉置于玻璃漏斗中,萃取液倒入玻璃漏斗过滤至25 mL比色管中。

(二)样品测定

1. 测定校正系数

取2.00 mL正十六烷标准使用液、2.00 mL异辛烷标准使用液和10.00 mL苯标准使用液于3个100 mL容量瓶中,用四氯乙烯定容至标线,摇匀。正十六烷、异辛烷和苯标准溶液的浓度分别为20.0 mg/L、20.0 mg/L和100 mg/L。

以4 cm石英比色皿加入四氯乙烯为参比,分别测量正十六烷、异辛烷和苯标准溶液在2 930 cm^{-1}、2 960 cm^{-1}、3 030 cm^{-1}处的吸光度$A_{2\,930}$、$A_{2\,960}$、$A_{3\,030}$。将正十六烷、异辛烷和苯标准溶液在上述波数处的吸光度按照式(1)联立方程式,经求解后分别得到相应的校正系数X、Y、Z和F。

$$\rho = XA_{2\,930} + YA_{2\,960} + Z(A_{3\,030} - \frac{A_{2\,930}}{F}) \tag{1}$$

式中　ρ——四氯乙烯中油类的含量,mg/L;

$A_{2\,930}$、$A_{2\,960}$、$A_{3\,030}$——各对应波数下测得的吸光度;

X、Y、Z——与各种 C—H 键吸光度相对应的系数;

F——脂肪烃对芳香烃影响的校正因子,即正十六烷在 2 930 cm^{-1} 与 3 030 cm^{-1} 处的吸光度之比。

对于正十六烷和异辛烷,由于其芳香烃含量为 0,即 $A_{3\,030} - \frac{A_{2\,930}}{F} = 0$,则:

$$F = \frac{A_{2\,930}(\mathrm{H})}{A_{3\,030}(\mathrm{H})} \tag{2}$$

$$\rho(\mathrm{H}) = XA_{2\,930}(\mathrm{H}) + YA_{2\,960}(\mathrm{H}) \tag{3}$$

$$\rho(\mathrm{I}) = XA_{2\,930}(\mathrm{I}) + YA_{2\,960}(\mathrm{I}) \tag{4}$$

由式(2)可得 F 值,由式(3)和(4)可得 X 和 Y 值。

对于苯,则有:

$$\rho(\mathrm{B}) = XA_{2\,930}(\mathrm{B}) + YA_{2\,960}(\mathrm{B}) + [A_{3\,030}(\mathrm{B}) - \frac{A_{2\,930}(\mathrm{B})}{F}] \tag{5}$$

由式(5)可得 Z 值。

式中　$\rho(\mathrm{H})$——正十六烷标准溶液的浓度,mg/L;

$\rho(\mathrm{I})$——异辛烷标准溶液的浓度,mg/L;

$\rho(\mathrm{B})$——苯标准溶液的浓度,mg/L。

$A_{2\,930}(\mathrm{H})$、$A_{2\,960}(\mathrm{H})$、$A_{3030}(\mathrm{H})$——各对应波数下测得正十六烷标准溶液的吸光度;

$A_{2\,930}(\mathrm{I})$、$A_{2\,960}(\mathrm{I})$、$A_{3\,030}(\mathrm{I})$——各对应波数下测得异辛烷标准溶液的吸光度;

$A_{2\,930}(\mathrm{B})$、$A_{2\,960}(\mathrm{B})$、$A_{3\,030}(\mathrm{B})$——各对应波数下测得苯标准溶液的吸光度。

2. 样品的测定

用四氯化碳萃取水中的石油类物质(pH≤2),然后加入硅酸镁吸附动植物的油类物质,总萃取物和石油类的含量均由波数分别为 2 930 cm^{-1}、2 960 cm^{-1} 和 3 030 cm^{-1} 处的吸光度进行测量并计算。

$$\rho = [XA_{2\,930} + YA_{2\,960} + Z(A_{3\,030} - \frac{A_{2\,930}}{F})] \cdot \frac{V_0 \cdot D}{V_{\mathrm{W}}}$$

式中　ρ ——样品中石油类的浓度,mg/L;

X、Y、Z、F——校正系数;

$A_{2\,930}$、$A_{2\,960}$、$A_{3\,030}$——各对应吸光度下测得萃取液的吸光度;

V_0——萃取溶剂的体积, mL;

V_{W}——样品体积, mL;

D——萃取液稀释倍数。

【拓展知识】

石油类的测定——重量法

一、原理

取一定量的水样加入硫酸酸化，再用石油醚萃取，蒸出石油醚，称重，可以计算出石油的含量。

二、实验仪器、试剂

分析天平、恒温箱、恒温水浴锅、500 mL 分液漏斗、干燥器、中性定性滤纸；石油醚、无水硫酸钠、(1+1)硫酸、氯化钠。

三、实验步骤

采集约 400 mL 的水样，移至分液漏斗中，加入 10～20 g 的氯化钠、5 mL(1+1)硫酸，用 15 mL 石油醚洗涤采样瓶并将其倒入分液漏斗，充分混匀后，静置分层，将有机相转入 100 mL 锥形瓶中。用石油醚重复萃取水样两次，每次用量 15 mL，合并 3 次萃取液于锥形瓶中。在萃取液中加入适量无水硫酸钠(至不再结块为止)，加盖放置半小时。用石油醚洗涤过的定性滤纸过滤，并收集滤液于锥形瓶中。用石油醚重复萃取水样两次，每次 15 mL。于(65±5)℃水浴，将石油醚蒸出。几乎蒸干后，于(65±5)℃恒温箱中烘干 1 h，然后放入干燥器中冷却 30 min 后称量。

$$\rho(\mathrm{mg/L})=\frac{(m_1-m_2)\times 10^6}{V}$$

式中　m_1——烧杯加油的总质量，g；

m_2——烧杯的质量，g；

V——水样的体积，mL。

第六节　水样中生物指标的测定

由于社会的快速发展，大量的工业废水以及生活废水排放，水环境问题日益严峻。排出的废水中一般存在大量有机物质，适于各种微生物的生长；其中有些微生物可能导致一些肠道传染病的传播，影响人们的健康。因此，通过对水样中的生物指标进行检测，评价水质情况，以保证水质的卫生安全。而在实际工作中，是无法对水中所有可能存在的致病微生物都进行检测的。一般选择具有代表性的一类微生物作为指示菌，通过检测其是否存在，来判断水质是否被污染。

任务一　细菌总数的测定

【知识目标】

了解测定目的和国标中几种常见的检测方法。

【技能目标】

熟悉、掌握细菌总数的测定方法及原理，能完成微生物无菌操作以及灭菌锅、微生物培养箱的操作,能分析检测结果和数据。

【项目导入】

水体中细菌总数测定是评价水中的微生物污染状况的主要卫生指标,所测得的水样中的菌落总数越多,则说明水被微生物污染的程度越严重,并且有病原微生物存在的可能,但无法检测出污染的来源。也可判定自来水厂净化消毒的效果。《生活饮用水卫生标准》(GB 5749—2006)规定,菌落总数不能超过100 CFU/mL。

实训　细菌总数的测定——HJ 1000—2018

【技能操作】

一、方法原理

将采集的水样接种于营养琼脂培养基中,在36 ℃培养48 h后,查出培养基上所生长的需氧菌以及兼性厌氧菌的菌落总数即为水样中的细菌菌落总数。

二、试剂仪器

(一)试剂及药品

1. 营养琼脂培养基

营养琼脂培养基见表6-9。

表6-9　营养琼脂培养基

成分	质量(g)	成分	质量(g)
蛋白胨	10	氯化钠	5
牛肉膏	3	琼脂	15~20

将上述成分溶于1 000 mL水中,调节pH至7.4~7.6,分装于玻璃容器中,121 ℃高压蒸汽灭菌20 min,避光干燥保存。

2. 无菌水

取适量实验用水,1 ℃高压蒸汽灭菌20 min,备用。

(二)仪器

高压蒸汽灭菌锅、均质器、恒温培养箱、电炉、天平、无菌平皿、无菌试管、无菌刻度吸管或移液枪、无菌锥形瓶、酒精灯、菌落计数器。

三、操作步骤

(一)样品采集

水样采集一般在距离水面10~15 cm处使用采样瓶采集水样;从水龙头采集自来水时,要先放水3~5 min后关闭水龙头,使用火焰灼烧或者酒精消毒后再放水1 min,使用采样瓶采集水样。

(二)样品测定

1. 样品稀释

在无菌操作下吸取 10 mL 的水样,注入装有 90 mL 的无菌水的锥形瓶内,混合均匀,则为 1∶10 的水样稀释液。再次吸取 10 mL 的 1∶10 水样稀释液,注入装有 90 mL 的无菌水的锥形瓶内,此时则为 1∶100 的水样稀释液。重复上述方法,依次稀释成 1∶1 000、1∶10 000 的稀释液,每个样品最少需要稀释 3 个稀释度。

2. 接种培养

在无菌操作下取 1 mL 水样或是稀释过的水样,注入灭菌培养皿中,倾注 15~20 mL 的融化过并冷却到 44~47 ℃的营养琼脂培养基,来回转动培养基,使水样与培养基混合均匀。同时,在旁边使用另一个培养皿只注入无菌水替代水样作为其空白对照。待培养基凝固后放入培养箱,调节温度在 36 ℃培养 48 h,然后进行菌落计数。

3. 计数方法

(1)首先选择的是菌落总数在 30~300 的样品,若只有一个稀释度的平均菌落数符合此范围,则将其菌落总数乘以稀释的倍数作为细菌总数。

(2)当有两个稀释度的水样的菌落数都在 30~300 时,则计算二者之间的比值,如果比值小于 2,则报告两者的平均数;如果比值大于 2,则报告稀释度较小的菌落数。

(3)如果所有稀释度的菌落总数都大于 300,则报告稀释度最高的菌落总数乘以稀释倍数。

(4)所有稀释度的菌落总数都小于 30 时,则报告稀释度最低的菌落总数乘以稀释倍数。

(5)所有稀释度的菌落总数都不在 30~300 时,则报告最接近 30 或 300 的稀释倍数。

稀释倍数及菌落总数见表 6-10。

表 6-10　稀释倍数及菌落总数

不同倍数稀释度的平均菌落数			两个稀释度的菌落数比	菌落总数(CFU/mL)
10	100	1 000		
365	164	20	—	16 400
2 760	295	46	1. 6	37 750
2 890	271	60	2. 2	27 100
150	30	8	2	1 500
无法计数	1 650	513	—	513 000
27	11	5	—	270
无法计数	305	12	—	30 500

任务二　总大肠菌群数的测定

【知识目标】

了解水中大肠杆菌检测的重要性。掌握水中大肠菌群检测的常见方法。

【技能目标】

熟悉、掌握总大肠菌群数的测定方法及原理，能完成实验，并分析检测结果和数据。

【项目导入】

大肠杆菌是人和许多动物肠道中最主要且数量最多的一种细菌，是周身有鞭毛，能运动的一种无芽孢杆菌。主要生活在大肠内，在肠道中大量繁殖，在粪便中占有很大的比例。大肠杆菌的代谢类型是异养兼性厌氧型，所以在外界环境中不能正常存活很长时间。在环境卫生不良的情况下，常随粪便散布在周围环境中。

若在水中检出此菌，可认为此水被粪便污染，从而可能有肠道病原菌的存在。因此，大肠菌群数常作为饮用水的卫生学标准。《生活饮用水卫生标准》(GB 5749—2006)规定总大肠菌群(MPN/100 mL 或 CFU/100 mL)不得检出。测定方法有纸片快速法、酶底物法、多管发酵法。

【技能操作】

实训　总大肠菌群数测定——纸片快速法(HJ 755—2015)

一、方法原理

总大肠菌群指的是在 37 ℃培养 24 h 后能够发酵乳糖、产酸产气，需氧和兼性厌氧的革兰氏阴性无芽孢杆菌。

按 MPN 法，将一定量的水样以无菌操作的方式接种到吸附有适量指示剂(溴甲酚紫和 2,3,5-氯化三苯基四氮唑，即 TTC)以及乳糖等营养成分的无菌滤纸上，在 37 ℃培养 24 h。因为细菌生长繁殖会产酸使 pH 降低，所以溴甲酚紫指示剂由紫色变黄色。同时，在产气过程中，相应的脱氢酶在适宜的 pH 内会催化底物脱氢还原 TTC 形成红色的不溶性三苯甲臜(TTF)，即可在产酸后的黄色背景下显示出红色斑点(或红晕)。

通过上述指示剂的颜色变化就可对是否产酸产气进行判断，从而确定是否有总大肠菌群的存在，通过查 MPN 表得出相应的大肠菌群浓度。

二、试剂仪器

(一)试剂及药品

(1)水质总大肠菌群测试纸片：10 mL 水样量纸片、1 mL 水样量纸片。

(2)无菌水：取适量实验用水，1 ℃高压蒸汽灭菌 20 min，备用。

(二)仪器

高压蒸汽灭菌锅、恒温培养箱、试管、无菌刻度吸管或移液枪、采样瓶。

三、操作步骤

(一)样品采集

采集江、河、湖、库等地表水样时,可握住瓶子下部直接将带塞采样瓶插入水中,距水面10~15 cm处,瓶口朝水流方向,拔瓶塞,使水样灌入瓶内然后盖上瓶塞,将采样瓶从水中取出。如果没有水流,可握住瓶子水平前推。采好水样后,迅速扎上无菌包装纸。

从龙头装置采集样品时,不要选用漏水的龙头,采水前将龙头打开至最大,放水3~5 min;然后将龙头关闭,用火焰灼烧约3 min灭菌,开足龙头,再放水1 min,以充分除去水管中的滞留杂质。

(二)样品测定

清洁水样,接种水样总量为55.5 mL,10 mL水样量纸片5张,每张接种水样10 mL,1 mL水样量纸片10张,其中5张各接种水样1 mL,另外5张各接种1∶10的稀释水样1 mL。受污染水样,接种3个不同稀释度的1 mL稀释水样各5张。若纸片上出现红斑或红晕且周围变黄,则为阳性;纸片全片变黄,无红斑或红晕,为阳性;纸片部分变黄,无红斑或红晕,为阴性;纸片的紫色背景上出现红斑或红晕,而周围不变黄,为阴性;纸片无变化,为阴性。同时,用无菌水做空白实验,培养后的纸片上不得有任何颜色反应,否则该次样品测定结果无效。

清洁水样的参考接种量分别为10 mL、1 mL、0.1 mL,受污染水样参考接种量根据污染程度可接种1 mL、0.1 mL、0.01 mL或0.1 mL、0.01 mL、0.001 mL等。大肠菌群不同样品种类的接种量见表6-11。

表6-11　大肠菌群不同样品种类的接种量

样品种类	接种量(mL)							
	10	1	0.1	10^{-2}	10^{-3}	10^{-4}	10^{-5}	10^{-6}
湖水、水源水	▲	▲	▲					
河水			▲	▲	▲			
生活污水					▲	▲	▲	
医疗机构排放污水		▲	▲	▲				
养殖业排放废水						▲	▲	▲

注:▲为各类型水样接种量。

(三)结果计算

根据不同接种量的阳性纸片数量,查MPN表(见表6-12)得到MPN值(MPN/100 mL),按下式换算并报告1 L水样中总大肠菌群数或粪大肠菌群数:

$$C = 100 \times \frac{M}{Q}$$

式中　C——水样总大肠菌群或粪大肠菌群浓度,MPN/L;

M——查MPN表得到的MPN值,MPN/100 mL;

Q——实际水样最大接种量,mL。

表 6-12　大肠菌群最大可能数(MPN)

各接种量阳性份数			MPN/100 mL	95%可信限值		各接种量阳性份数			MPN/100 mL	95%可信限值	
10 mL管	1 mL管	0.1 mL管		下限	上限	10 mL管	1 mL管	0.1 mL管		下限	上限
0	0	0	<2			4	2	1	26	9	78
0	0	1	2	<0.5	7	4	3	0	27	9	80
0	1	0	2	<0.5	7	4	3	1	33	11	93
0	2	0	4	<0.5	11	4	4	0	34	12	93
1	0	0	2	<0.5	7	5	0	0	23	7	70
1	0	1	4	<0.5	11	5	0	1	34	11	89
1	1	0	4	<0.5	11	5	0	2	43	15	110
1	1	1	6	<0.5	15	5	1	0	33	11	93
1	2	0	6	<0.5	15	5	1	1	46	16	120
2	0	0	5	<0.5	13	5	1	2	63	21	150
2	0	1	7	1	17	5	2	0	49	17	130
2	1	0	7	1	17	5	2	1	70	23	170
2	1	1	9	2	21	5	2	2	94	28	220
2	2	0	9	2	21	5	3	0	79	25	190
2	3	0	12	3	28	5	3	1	110	31	250
3	0	0	8	1	19	5	3	2	140	37	310
3	0	1	11	2	25	5	3	3	180	44	500
3	1	0	11	2	25	5	4	0	130	35	300
3	1	1	14	4	34	5	4	1	170	43	190
3	2	0	14	4	34	5	4	2	220	57	700
3	2	1	17	5	46	5	4	3	280	90	850
3	3	0	17	5	46	5	4	4	350	120	1 000
4	0	0	13	3	31	5	5	0	240	68	750
4	0	1	17	5	46	5	5	1	350	120	1 000
4	1	0	17	5	46	5	5	2	540	180	1 400
4	1	1	21	7	63	5	5	3	920	300	3 200
4	1	2	26	9	78	5	5	4	1 600	640	5 800
4	2	0	22	7	67	5	5	5	≥2 400	800	

【拓展知识】

总大肠菌群数测定——酶底物法(HJ 1001—2018)

一、实验原理

酶底物法测定总大肠菌群,其原理是利用大肠菌群能产生β-半乳糖苷酶并可以将ONPG分解为黄色OPN,以此来检测大肠菌群数。

二、实验仪器、试剂

Minimal medium ONPG-MUG培养基,无菌水、97孔的定量盘、标准阳性比色盘、高压蒸汽灭菌锅、均质器、恒温培养箱、无菌刻度吸管或移液枪、无菌锥形瓶、量筒。

三、测定步骤

量取100 mL的水样于锥形瓶中,加入2.7 g的Minimal medium ONPG-MUG培养基,充分混匀后置于97孔的定量盘内,除去气泡后,封口,放入恒温培养箱中,在37 ℃培养24 h,若在可见光下水样呈黄色,则说明有大肠菌群存在,通过查MPN表得出大肠菌群数。

任务三 粪大肠菌群测定

【知识目标】

了解水中粪大肠菌群检测的目的。掌握水中大肠菌群检测的常见方法。

【技能目标】

熟悉、掌握粪大肠菌群的测定方法及原理,能完成实验,并能分析检测结果和数据。

【项目导入】

粪大肠菌群是总大肠菌群中的一部分,主要来源于人畜的粪便,在44.5 ℃培养24 h可以发酵乳酸产酸产气的大肠菌群称为粪大肠菌群。

它能够反映水质受粪便污染的情况。水体粪大肠菌群反映水质存在肠道致病菌污染的可能性,潜伏着水中毒和流行病的威胁。

通过提高培养温度,抑制自然环境中的大肠菌群的生长,使培养出来的菌群主要为来自粪便中的大肠菌群,从而更准确地反映水质受粪便污染的情况。常用多管发酵法检测。

【技能操作】

实训 粪大肠菌群测定——多管发酵法(HJ 347.2—2018)

一、方法原理

多管发酵法是以最可能数(MPN)来表示实验结果的,是用概率来推算水体中的大肠杆菌密度的最近似数值的一种方法。

大肠菌群在乳糖蛋白胨培养基中生长繁殖,会分解乳糖产酸产气,使得溴甲酚紫指示剂由紫色变为黄色。44.5 ℃复发酵培养,培养基中的胆盐三号可抑制革兰氏阳性菌的生长，最后产气的为粪大肠菌群。通过查 MPN 表，得出粪大肠菌群浓度。

二、仪器试剂

（一）试剂及药品

（1）单倍乳糖蛋白胨培养基（见表 6-13）。

表 6-13　单倍乳糖蛋白胨培养基

成分	质量（g）	成分	体积（mL）
蛋白质	10	1.6%溴甲酚紫乙醇溶液	1
牛肉浸膏	3		
乳糖	5		
氯化钠	5		

将蛋白质、牛肉浸膏、乳糖、氯化钠加热溶解于 1 000 mL 水中，调节 pH 至 7.2~7.4，加入 1.6%溴甲酚紫乙醇溶液 1 mL，充分混匀，115 ℃高压蒸汽灭菌 20 min，避光干燥保存。

（2）三倍乳糖蛋白胨培养液：按上述方法称取 3 倍培养基的营养成分的量，溶于 1 000 mL 水中，配成三倍乳糖蛋白胨培养基。

（3）EC 培养基（见表 6-14）。

表 6-14　EC 培养基

成分	质量（g）	成分	质量（g）
胰胨	20	磷酸氢二钾	4
乳糖	5	磷酸二氢钾	1.5
胆盐三号	1.5	氯化钠	5

将上述成分加热溶解于 1 000 mL 水中，115 ℃高压蒸汽灭菌 20 min，灭菌后 pH 应在 6.9 左右。

（4）无菌水：取适量实验用水，1 ℃高压蒸汽灭菌 20 min，备用。

（二）仪器

高压蒸汽灭菌锅、恒温培养箱、试管、无菌刻度吸管或移液枪、采样瓶。

三、操作步骤

（一）样品采集

采集江、河、湖、库等地表水样时，可握住瓶子下部直接将带塞采样瓶插入水中，距水面 10~15 cm 处，瓶口朝水流方向，拔瓶塞，使水样灌入瓶内然后盖上瓶塞，将采样瓶从水中取出。如果没有水流，可握住瓶子水平前推。采好水样后，迅速扎上无菌包装纸。

从龙头装置采集样品时，不要选用漏水的龙头，采水前将龙头打开至最大，放水 3~5 min；然后将龙头关闭，用火焰灼烧约 3 min 灭菌，开足龙头，再放水 1 min，以充分除去水管中的滞留杂质。

(二)样品测定

(1)将水样充分混匀后,根据水样污染的程度确定样品接种量(见表6-15)。例如,相对未受污染的水样接种量为10 mL、1 mL、0.1 mL;受污染的水样接种量根据污染程度接种1 mL、0.1 mL、0.01 mL或0.1 mL、0.01 mL、0.001 mL等。接种体积为10 mL时,则使用三倍浓度乳糖蛋白胨培养基;接种体积≤1 mL时,则使用单倍乳糖蛋白胨培养基。并同时准备一组空白对照。

(2)将接种过的水样和空白对照放入恒温培养箱,在37 ℃培养24 h,若试管内培养基变黄、有气泡产生,则为阳性。

(3)取呈阳性的水样,用接种环转接到EC培养基中,30 min内放入恒温培养箱,在44.5 ℃培养24 h,若有气泡产生,则说明粪大肠杆菌呈阳性。

表6-15　粪大肠菌群不同样品种类的接种量

样品种类			接种量(mL)						
			10	1	0.1	10	10	10	10
地表水	水源		▲	▲	▲				
	湖泊、水库		▲	▲	▲				
	河流			▲	▲	▲			
废水	生活污水						▲	▲	▲
	工业废水	处理前					▲	▲	▲
		处理后	▲	▲	▲				
地下水			▲	▲	▲				

注:不同类型水样的接种量。

(4)查MPN表(见表6-16)计算水样中粪大肠菌群数(MPN/L)。

$$C = \frac{MPN\text{值} \times 100}{f}$$

式中　C——水样中的大肠菌群数,MPN/L;

MPN值——每100 mL水样中含有的大肠菌群数,MPN/100 mL;

f——水样的最大接种量,mL。

粪大肠菌群15管法最大可能数(MPN)见表6-16。

表 6-16　粪大肠菌群 15 管法最大可能数(MPN)

各接种量阳性份数			MPN/100 mL	95%可信限值		各接种量阳性份数			MPN/100 mL	95%可信限值	
10 mL 管	1 mL 管	0.1 mL 管		下限	上限	10 mL 管	1 mL 管	0.1 mL 管		下限	上限
0	0	0	<2			4	2	1	26	9	78
0	0	1	2	<0.5	7	4	3	0	27	9	80
0	1	0	2	<0.5	7	4	3	1	33	11	93
0	2	0	4	<0.5	11	4	4	0	34	12	93
1	0	0	2	<0.5	7	5	0	0	23	7	70
1	0	1	4	<0.5	11	5	0	1	34	11	89
1	1	0	4	<0.5	11	5	0	2	43	15	110
1	1	1	6	<0.5	15	5	1	0	33	11	93
1	2	0	6	<0.5	15	5	1	1	46	16	120
2	0	0	5	<0.5	13	5	1	2	63	21	150
2	0	1	7	1	17	5	2	0	49	17	130
2	1	0	7	1	17	5	2	1	70	23	170
2	1	1	9	2	21	5	2	2	94	28	220
2	2	0	9	2	21	5	3	0	79	25	190
2	3	0	12	3	28	5	3	1	110	31	250
3	0	0	8	1	19	5	3	2	140	37	310
3	0	1	11	2	25	5	3	3	180	44	500
3	1	0	11	2	25	5	4	0	130	35	300
3	1	1	14	4	34	5	4	1	170	43	190
3	2	0	14	4	34	5	4	2	220	57	700
3	2	1	17	5	46	5	4	3	280	90	850
3	3	0	17	5	46	5	4	4	350	120	1 000
4	0	0	13	3	31	5	5	0	240	68	750
4	0	1	17	5	46	5	5	1	350	120	1 000
4	1	0	17	5	46	5	5	2	540	180	1 400
4	1	1	21	7	63	5	5	3	920	300	3 200
4	1	2	26	9	78	5	5	4	1 600	640	5 800
4	2	0	22	7	67	5	5	5	≥2 400	800	

第七章　综合实训

一、实训目的

掌握常见的水体监测项目的监测原理、方法与技术；了解锦江河城区段断面水样采样点位的设置和不同水样的采集方法，了解水样采集器具的使用方法和水样保存的基本要求，掌握相应的保存剂种类、作用及使用范围；掌握采样器的正确使用方法，解决采样现场遇到的一般性技术问题；掌握水质采样质控方法。

本项实训主要对锦江河城区段进行监测，以巩固所学知识和练习各项实验操作，同时监测两条河流的各项指标，得出数据，并结合《地表水环境质量标准》（GB 3838—2002）对其进行初步评价。

通过此次监测实训加强学生对"水体监测"这门课程的综合应用能力；提高资料的收集与整理、野外调查和实验动手能力；同时，培养团队队员之间的团结协作意识。

二、确定监测方案

（一）监测对象的基础资料

锦江河，又名辰水、麻阳河，是古武陵五溪之一。在贵州省东部、湖南省西部。源出武陵山脉海拔 2 494 m 梵净山东南麓，西南流至江口县折向偏东流，经江口、铜仁两县，于铜仁市牛角坪入湖南省。东流经麻阳县城东接纳黄土溪后称辰水，又东至辰溪县城郊入沅江。干流全长 289 km，其中贵州省境内长 144 km，流域面积 7 536 km^2。多年平均流量 180 m^3/s，自然落差 657 m，平均比降 2. 26%。主城区段的宽度在 50～100 m，深度在 5～10 m。

（二）样点布设情况

河流、湖泊（水库）采样垂线布设方法与要求，对锦江河城区段设置鹭鸶岩、木杉河口、大明边城、下南门、三江公园、三中、清水桥、小江口等 8 个点位。河流（潮汐河段）采样垂线的布设见表 7-1、采样点的布设情况见表 7-2。

表 7-1　河流（潮汐河段）采样垂线的布设

水面宽（m）	垂线数	说明
≤50	1 条（中泓线）	1. 断面上垂线的布设应避开岸边污染带，有必要对岸边污染带内酌情增设垂线； 2. 对无排污口河段并有充分数据证明断面上水质均匀时，可只设中泓 1 条垂线
50～100	2 条（左、右近岸有明显水流处）	
>100	3 条（左、中、右）	

表 7-2 采样点的布设情况

水深(m)	采样点数	位置	说明
≤5	1	水面下 0.3~0.5 m 处	1. 水深不足 1 m 时,在 1/2 处采样; 2. 如沿垂线水质分布均匀,可酌情减少采样; 3. 潮汐河流设置分层采样
5~10	2	在水面下 0.5 m 处和河底以上约 0.5 m	
>10	3	水面下 0.3~0.5 m 处 1 点,河底以上约 0.5 m 处 1 点,1/2 水深处 1 点	
水深超过 50 m 时,应酌情增加采样点数			

三、实施监测内容

(一)监测项目与分析方法

根据实验室条件确定的监测项目有 pH、DO(溶解氧)、COD、叶绿素-a、K、Na、Ca、Mg、总磷、总硅、碱度、大肠杆菌、总氮、Cl^-、SO_4^{2-}、电导率等,见表 7-3。

(二)采样容器

通常使用的容器有聚乙烯塑料容器和硬质玻璃容器。为了避免引入干扰成分,塑料容器常用于金属和无机物的监测项目;玻璃容器常用于有机物和生物等的监测项目。惰性材料常用于特殊监测项目。

(三)采样方法

(1)水样一般采集瞬时样。

(2)水桶适用于采表层水,在水流较急时,应将水桶固定在铁杆上。水下采样一般采用直立式采水器或有机玻璃采水器。采集时间混合水样,可使用连续自动采水器。

(3)质量控制样品的采集。采集数量应为水样总数的 10%~20%,每批水样不得少于 2 个。本项目根据实际情况采用时间混合水样进行分析。

表 7-3 监测项目与分析方法

序号	基本项目	分析方法	方法来源
1	pH	玻璃电极法	GB 6920—86
2	DO	碘量法	GB 7489—89
3	COD	重铬酸钾法	HJ 828—2017
4	叶绿素-a	乙醇+分光光度法	
5	K	原子吸收分光光度法	
6	Na	原子吸收分光光度法	
7	Ca	原子吸收法	
8	Mg	原子吸收法	
9	总磷	分光光度法	

续表 7-3

序号	基本项目	分析方法	方法来源
10	总硅	重量法	
11	碱度	酸碱滴定法	
12	大肠杆菌	多管发酵法	
13	总氮	紫外分光光度法	
14	Cl^-	硝酸银测定法	
15	SO_4^{2-}	分光光度法、离子色谱法	
16	电导率	电导仪法	

(四)现场测定

地表水现场测试项目有 pH、色度、水温、浊度、透明度、电导率和溶解氧等。

四、样品保存、运输及分析

(一)水样的保存

各种水质的水样,从采集到监测这段时间内,水样组分常易发生变化,及时运输,尽快分析,必要的保护措施等是解决问题的关键。引起水样变化的因素有以下几点:

(1)物理因素。物理因素有挥发和吸附作用等,如水样中 CO_2 挥发可引起 pH、总硬度、酸(碱)度发生变化,水样中某些组分可被容器壁或悬浮颗粒物表面吸附而损失。

(2)化学因素。化学因素有化合、配合、水解、聚合、氧化还原等,这些作用将会导致水样组成发生变化。

(3)生物因素。由于细菌等微生物的新陈代谢活动使水样中有机物的浓度和溶解氧浓度降低。

针对上述水样发生变化的原因,保存水样有以下几种方法:

(1)冷藏。水样置冰箱或冰水浴中于暗处,冷藏温度为 4 ℃左右。因不加化学试剂,对以后测定无影响。

(2)冷冻。把水样置于冰柜或制冷剂中储存,冷冻温度为-20 ℃左右。注意冷冻时水的膨胀作用。冷藏和冷冻抑制生物活动,减缓物理挥发和化学反应速率。

(3)化学方法。为防止样品中某些被测组分在保存、运输中发生分解、挥发、氧化还原等变化,常加入化学保护剂。

①加入生物抑制剂。加入 $HgCl_2$、$CuSO_4$、$CHCl_3$ 等抑制微生物作用,加何种试剂视具体情况而定。如在测定氨氮、COD 时,水样中加入 $HgCl_2$,可抑制生物的氧化还原作用;测定酚的水样用 H_3PO_4 调至 pH 为 4 时,加入 $CuSO_4$,即可抑制苯酚菌的分解活动。

②加入酸或碱。加入强酸(如 HNO_3)或强碱(如 NaOH)改变水样的 pH,从而使待测组分处于稳定状态。例如,测定重金属时加 HNO_3 至 pH 为 1~2,既可防止水解沉淀,又可避免被器壁吸附;测氰化物时,则加 NaOH 至 pH 为 12 保存。

③加入氧化剂或还原剂。如测定汞的水样需加入 HNO_3(至 pH<1)和 $K_2Cr_2O_4$,使汞

保持高价态;测定硫化物的水样加入抗坏血酸,可以防止被测物被氧化。

应当注意,化学法加入的保存剂不能干扰以后的测定,保存剂最好是优级纯的,加入的方法要正确,避免玷污,同时还应进行空白实验,扣除保存剂空白,对测定结果进行校正。水样采集与保存按表 7-4 完成。

表 7-4　水样采集与保存

待测项目	容器类别	保存方法	分析地点	可保存时间	建议
COD	G	在 2~5 ℃暗处冷藏	实验室	短暂	COD 低时,最好用玻璃保存
叶绿素-a	P 或 G	在 2~5 ℃下冷藏 过滤后冷冻滤渣	实验室 实验室	24 h、 1 个月	
K	P	酸化至 pH<2	实验室		
Na	P	酸化至 pH<2	实验室		
Ca	P 或 G	过滤后将滤液酸化至 pH<12	实验室	数月	
Mg	P 或 G	过滤后将滤液酸化至 pH<12			
碱度(HCO_3^-)	P 或 G	在 2~5 ℃暗处冷藏	实验室	24 h	水样充满整个容器
总磷	BG	用 H_2SO_4 酸化至 pH<2	实验室	数月	
总硅	P		实验室	数月	
大肠菌群	G		实验室		
总氮	G 或 P	加 H_2SO_4,pH<2	实验室	7 天	
Cl^-					
SO_4^{2-}					

注:P 为塑料瓶;G 为玻璃瓶。

(二)水样的运输

采集的水样除供部分项目在现场监测使用外,大部分水样要运到实验室进行监测,在水样运输过程中,为使水样不受污染、损坏和丢失,保证水样的完整性、代表性,应注意以下几点:

(1) 用塞子塞紧采样容器,塑料容器塞紧内、外塞子,有时用封口胶、石蜡封口(测油类水样除外)。

(2)采样容器装箱,用泡沫塑料或纸条做衬里和隔板,防止碰撞损坏。

(3)需冷藏的样品,应配备专门的隔热容器,放入制冷剂,将样品置于其中;冬季应采取保温措施,防止冻裂样品容器;避免日光直接照射。

(4)根据采样记录和样品登记表,运送人和接收人必须清点和检查水样,并在登记表上签字,写明日期和时间,送样单和采样记录应由双方各保存 1 份待查。

(5)水样运输允许的最长时间为 24 h。

(三)采样记录与水样标签

对采集到的每一个水样都要做好记录,并在每一个瓶子做上相应的标记。要记录足够的资料,为日后水样鉴别提供详细依据,同时记述水样采集者的姓名、气候条件等。在现场观测时,现场测量值及备注等资料可直接记录在如表 7-5、表 7-6 所示的记录表格上。

表 7-5 地表水采样记录

水体名称		断面名称		经度	度 分 秒		断面周边环境描述	
				纬度	度 分 秒			
采样日期		天气状况		气温		河宽(m)	约	断面水质表观
				气压		河深(湖库)(m)	约	

采样位置		采样时间	样品编号	监测项目	样品储存容器			采样体积	保存剂		保存方式	样品状态感观描述	水温	pH	电导率
垂线	深度				材质	颜色	容量		名称	添加量					

备注	1. G 为玻璃瓶;P 为塑料瓶。 2. 保存方式:①加硫酸至 pH<2; ②加盐酸至 pH<2; ③加盐酸 5 mL; ④加硝酸 5 mL;⑤加氢氧化钠至 pH:8~9; ⑥加氢氧化钠至 pH>12; ⑦加磷酸至 pH:3~4,再加入五水硫酸铜 0.5 mg; ⑧加乙酸锌-乙酸钠 1 mL,再加氢氧化钠至胶体产生; ⑨加甲醛 2 mL; ⑩低温保存(冷藏)

采样人: 年 月 日

送样人: 年 月 日

收样人: 年 月 日

表 7-6 现场测定项目记录

项目名称:		检测人员:	送样日期:	检测日期:
采样点	序列	检测项目	数值	判定标准
采样点 1	1	水温		
	2	透明度		
	3	pH		
	4	电导率		

五、数据处理与评价方法

(一)数据处理

对监测中获得的众多数据,应进行科学的计算和处理,并按照要求的形式在监测报告中表达出来。质量保证概括了保证水质监测数据正确可靠的全部活动和措施。质量保证贯穿监测工作的全过程。实施进度计划是实施监测方案的具体安排,要切实可行,使各环节工作有序、协调地进行。

由于监测误差存在于水环境监测的全过程,只有在可靠的采样和分析测试的基础上运用数理统计的方法处理数据,才能得到符合客观要求的数据,并将监测数据上报。

(二)评价方法

1. 水质平均污染指数(WQI)

采用水质平均污染指数进行水质综合评价,水质平均污染指数反映水质总体水平和综合污染情况,以确定水质级别,并对水质状况进行简要描述。

水质平均水体指数计算公式为:

$$WQI = \frac{1}{n}\sum_{i=1}^{n} P_i$$

对其他项目,单项指标评价公式为

$$P_i = \frac{C_i}{C_s}$$

式中 P_i——项目的单项污染指数;

C_i——水质参数i的实测浓度;

C_s——水质参数的标准值。

2. 内梅罗指数

内梅罗指数对水体的水质状况进行评价。计算公式为:

$$I = \sqrt{\frac{\max_i^2 + \text{ave}_i^2}{2}}$$

式中 $\max_i$——各单因子环境质量指数中最大者;

ave_i——各单因子环境质量指数的平均值。

内梅罗指数特别考虑了污染最严重的因子,内梅罗指数在加权过程中避免了权系数中主观因素的影响,是应用较多的一种环境质量指数。

六、撰写监测报告

(一)监测报告的要求

(1)严格按照负责具体监测业务管理工作的授权签字人出具的"监测任务单"中的要求(监测项目、报告完成时间等),及时、准确、清晰、客观地表述监测结果,出具监测报告,同时提供与监测有关的足够信息。监测结果的表述应易于理解,不生歧义。

(2)在无特殊要求的情况下,无须给出判定监测结果超标与否的执行标准;确需给出的,在判定信息(企业建成年限、锅窑炉启用年限、烟囱高度、污水排入的水域等)齐全并有负责人签字确认的前提下，按先行业后综合的原则酌情给出。

（二）监测报告的格式

（1）监测目的。

（2）采样地点：以监测室上报的采样记录（水）中的地点为准。

（3）样品状态及特征：颜色、形态（固、液、气）、样品的封装方式及封装用材质、分析前样品是否保存完好。

（4）采（送）样日期：××××年××月××日。

（5）采（送）样人：同一人在某一时刻在不同的地点采样。

（6）分析时间：××××年××月××日（要注意采样与分析的逻辑错误，满足分析的前处理要求）。

（7）分析人或监测人：现场参数为现场仪器自动测定，应填写监测人姓名；实验室分析的数据应填写分析人或监测人。

（8）监测项目、监测依据、监测仪器：监测项目不可写化学式或缩写，要用汉字。监测项目名称、监测依据的标准（方法）名称及编号（年号）要与实验室资质认证时批准的资质认定监测能力表中的内容保持一致。仪器的型号及名称要填写全称（不可简写），每个项目采样及分析仪器均要提供。

（9）监测位置示意图 。

（10）监测结果。

附表　地表水样品采集及保存

序号	项目	保存剂	采样容器	采样体积	保存条件及时间	方法依据
1	高锰酸盐指数	—	硬质玻璃瓶	250 mL	2 天	《水质 高锰酸盐指数的测定》(GB 11892—1989)
2	化学需氧量	硫酸，pH≤2	硬质玻璃瓶	250 mL	4 ℃下 5 天内分析	《水质 化学需氧量的测定 重铬酸盐法》(GB/T 11914—1989)
3	氨氮、总磷、总氮	硫酸，pH≤2	聚乙烯瓶（可用玻璃瓶）	500 mL	2~5 ℃下 7 天内分析	《水质 氨氮的测定 纳氏试剂分光光度法》(HJ 535—2009)、《水质 总磷的测定 钼酸铵分光光度法》(GB 11893—89)、《水质 总氮的测定 碱性过硫酸钾消解紫外分光光度法》(HJ 636—2012)
4	铜、锌、镉、铅、铁、锰、钼、钴、铍、硼、镍、钡、钒、铊、钛、硒、砷、锑	500 mL 水样加 5 mL 浓硝酸	聚乙烯瓶	500 mL	14 天	《生活饮用水标准检验方法 金属指标》(GB/T 5750.6—2006)
5	汞	500 mL 水样加 5 mL 盐酸	聚乙烯瓶	500 mL	14 天	《水质 总汞的测定 冷原子吸收分光光度法》(HJ 597—2011)
6	氟化物、阴离子表面活性剂	—	聚乙烯瓶	500 mL	24 h	《水质 氟化物的测定 离子选择电极法》(GB/T 7484—87)、《水质 阴离子表面活性剂的测定 亚甲蓝分光光度法》(GB/T 7494—1987)
7	六价铬	加 NaOH 至 pH=8 左右	聚乙烯瓶	500 mL	14 天	《水质 六价铬的测定 二苯碳酰二肼分光光度法》(GB/T 7467—1987)
8	氰化物	加 NaOH 至 pH>12	聚乙烯瓶	500 mL	4 ℃下 24 h 内分析	《水质 氰化物的测定 容量法和分光光度法》(HJ 484—2009)
9	石油类	加盐酸至 pH≤2	硬质玻璃瓶	1 000 mL	7 天	《水质 石油类和动植物油类的测定 红外分光光度法》(HJ 637—2012)

续附表

序号	项目	保存剂	采样容器	采样体积	保存条件及时间	方法依据
10	挥发酚	硫酸亚铁加磷酸至pH=4，再加适量硫酸铜	硬质玻璃瓶	1 000 mL	24 h	《水质 挥发酚的测定 4-氨基安替比林分光光度法》（HJ 503—2009）
11	硫化物	1 L水样加氢氧化钠至pH=9，加5%抗坏血酸5 mL、饱和EDTA 3 mL，滴加饱和醋酸钠至胶体产生	聚乙烯瓶	500 mL	24 h	《水质 硫化物的测定 亚甲基蓝分光光度法》（GB/T 16489—1996）
12	粪大肠菌群	—	已灭菌的磨口玻塞棕色广口瓶	250 mL	4 ℃，6 h（从严保存要求，主要参考《水和废水监测分析方法》）	《水质 粪大肠菌群的测定 多管发酵法和滤膜法（试行）》（HJ/T 347—2007）
13	硫酸盐、氯化物、硝酸盐	—	硬质玻璃瓶或聚乙烯瓶	500 mL	常温下，硝酸盐24 h；硫酸盐和氯化物30天	《水质 无机阴离子的测定 离子色谱法》（HJ/T 84—2001）
14	五日生化需氧量	—	棕色玻璃瓶	1 000 mL	12 h内分析	《水质 五日生化需氧量（BOD_5）的测定 稀释与接种法》（HJ 505—2009）
15	氯乙烯 乙醛 丙烯醛 丙烯腈 吡啶 松节油	—	直接用棕色40 mL VOC瓶采集，采样时不留顶上空间和气泡，加聚四氟乙烯垫片盖密封保存	40 mL	避光保存在4 ℃无其他有机物干扰的冰箱中，24 h内完成分析	省站作业指导书、《水质 氯乙烯、乙醛、丙烯醛、丙烯腈、吡啶和松节油的测定 吹扫捕集-气相色谱质谱法》

续附表

序号	项目	保存剂	采样容器	采样体积		保存条件及时间	方法依据
16	苯	—	具磨口实心塞的细口棕色玻璃瓶,充满不留空气	5 L	10 mL	4 ℃,14 天	《水质 苯系物的测定 气相色谱法》(GB 11890—1989)
	甲苯						
	乙苯						
	二甲苯						
	异丙苯						
	苯乙烯						
17	丙烯酰胺				10 mL(两种物质共取样 10 mL 统一保存,分别在不同色谱条件下分析)	2~5 ℃,7 天	省站作业指导书、《水质 丙烯酰胺的测定 液相色谱-质谱/质谱法》
18	苦味酸						省站作业指导书、《水质 苦味酸的测定 液相色谱-质谱/质谱法》
19	水合肼				250 mL	24 h	《水质 肼和甲基肼的测定 对二甲氨基苯甲醛分光光度法》(HJ 674—2013)
20	四乙基铅				1 L	-	《生活饮用水标准检验方法 金属指标》(GB/T 5750.6—2006)24.1 四乙基铅双硫腙比色法
21	滴滴涕				250 mL	4 ℃,7 天	《水质 六六六、滴滴涕的测定 气相色谱法》(GB/T 7492—1987)
	林丹						
	环氧七氯						
22	百菌清				1 L	4 ℃,7 天	《水质 百菌清及拟除虫菊酯类农药的测定 气相色谱—质谱法》(HJ 753—2015)
	溴氰菊酯						
23	黄磷				250 mL	4 ℃避光,7 天	《水质 黄磷的测定 气相色谱法》(HJ 701—2014)
24	阿特拉津				200 mL	4 ℃,7 天	《水质 阿特拉津的测定 气相色谱法》(HJ 754—2015)
25	多氯联苯				1 L	4 ℃避光,7 天	《水质 多氯联苯的测定 气相色谱-质谱法》(HJ 715—2014)

续附表

<table>
<tr><th>序号</th><th>项目</th><th>保存剂</th><th>采样容器</th><th colspan="2">采样体积</th><th>保存条件及时间</th><th>方法依据</th></tr>
<tr><td rowspan="2">26</td><td>邻苯二甲酸二丁酯</td><td rowspan="2">—</td><td rowspan="2">具塞玻璃瓶或具聚四氟乙烯衬垫螺旋瓶盖的玻璃瓶，用锡纸将聚四氟乙烯垫与水样隔开。为防止瓶口玷污，最好使用锡纸保护。采样前，将洗净的玻璃器皿用农药分析纯丙酮洗涤3次，控干后备用</td><td colspan="2" rowspan="2">250 mL</td><td rowspan="2">4 ℃，7天</td><td rowspan="2">《水和废水监测分析方法》（第四版）</td></tr>
<tr><td>邻苯二甲酸二(2-乙基己基)酯</td></tr>
<tr><td>27</td><td>微囊藻毒素-LR</td><td>—</td><td>磨口玻璃瓶或具特氟龙材质隔垫的棕色螺纹口玻璃瓶</td><td colspan="2">5 L</td><td>—</td><td>《生活饮用水标准检验方法 有机物指标》（GB/T 5750.8—2006）13.1 微囊藻毒素高压液相色谱法</td></tr>
<tr><td rowspan="11">28</td><td>三氯甲烷</td><td rowspan="15">如水中有余氯，加0.3~0.5 g抗坏血酸或硫代硫酸钠</td><td rowspan="15">具磨口实心塞的细口棕色玻璃瓶，充满不留空气[苯并(a)芘采样前不能预洗采样瓶]</td><td rowspan="15">5 L</td><td rowspan="11">10 mL</td><td rowspan="11">4 ℃，7天</td><td rowspan="11">《水质 挥发性卤代烃的测定 顶空气相色谱法》（HJ 620—2011）</td></tr>
<tr><td>四氯化碳</td></tr>
<tr><td>三溴甲烷</td></tr>
<tr><td>二氯甲烷</td></tr>
<tr><td>1,2-二氯乙烷</td></tr>
<tr><td>1,1-二氯乙烯</td></tr>
<tr><td>1,2-二氯乙烯</td></tr>
<tr><td>三氯乙烯</td></tr>
<tr><td>四氯乙烯</td></tr>
<tr><td>氯丁二烯</td></tr>
<tr><td>六氯丁二烯</td></tr>
<tr><td>29</td><td>三氯乙醛</td><td>20 mL</td><td>4 ℃，尽快分析</td><td>《生活饮用水标准检验方法 消毒副产物指标》（GB/T 5750.10—2006）</td></tr>
<tr><td rowspan="2">30</td><td>苯胺</td><td rowspan="2">1 L</td><td rowspan="3">4 ℃，7天</td><td rowspan="2">省站作业指导书、《水质 苯胺和联苯胺的测定 高效液相色谱法》</td></tr>
<tr><td>联苯胺</td></tr>
<tr><td>31</td><td>苯并(a)芘</td><td>1 L</td><td>《水质 多环芳烃的测定 液液萃取和固相萃取高效液相色谱法》（HJ 478—2009）</td></tr>
</table>

续附表

序号	项目	保存剂	采样容器	采样体积		保存条件及时间	方法依据
32	甲醛	1 mL 浓硫酸/1 L 样品，使 pH <2	具磨口实心塞的细口棕色玻璃瓶，充满不留空气	5 L	100 mL	24 h	《水质 甲醛的测定 乙酰丙酮分光光度法》(HJ 601—2011)
33	氯苯				1 L	2~5 ℃，7 天	《水质 氯苯类化合物的测定 气相色谱法》(HJ 621—2011)
	1,2-二氯苯						
	1,4-二氯苯						
	三氯苯						
	四氯苯						
	六氯苯						
34	硝基苯				1 L	24 h（无保存剂）或 7 天内萃取	《水质 硝基苯类化合物的测定 气相色谱法》(HJ 592—2010)
	2,4-二硝基甲苯						
	2,4,6-三硝基甲苯						
	二硝基苯						
	硝基氯苯						
	2,4-二硝基氯苯						
35	2,4-二氯苯酚				500 mL	4 ℃避光，7 天	省站作业指导书、《水质 2,4-二氯苯酚、2,4,6-三氯苯酚和五氯酚的测定 气相色谱-质谱法》
	2,4,6-三氯苯酚						
	五氯酚						